住房和城乡建设部“十四五”规划教材
全国住房和城乡建设职业教育教学指导委员会土建施工专业指导委员会规划推荐教材
高等职业教育本科土建施工类专业系列教材

地下工程项目管理

王学平　主　编

蔡永元
潘龙文　副主编

周晓龙　主　审

中国建筑工业出版社

图书在版编目（CIP）数据

地下工程项目管理 / 王学平主编 ；蔡永元，潘龙文副主编. — 北京 ：中国建筑工业出版社，2023.10

住房和城乡建设部“十四五”规划教材　全国住房和城乡建设职业教育教学指导委员会土建施工专业指导委员会规划推荐教材　高等职业教育本科土建施工类专业系列教材

ISBN 978-7-112-29108-3

Ⅰ. ①地…　Ⅱ. ①王… ②蔡… ③潘…　Ⅲ. ①地下工程-工程项目管理-高等职业教育-教材　Ⅳ. ①TU9

中国国家版本馆 CIP 数据核字（2023）第 167741 号

本教材是住房和城乡建设部“十四五”规划教材、全国住房和城乡建设职业教育教学指导委员会土建施工专业指导委员会规划推荐教材、高等职业教育本科土建施工类专业系列教材，全书共分 12 章，内容包括：绪论、地下工程项目组织管理、地下工程项目进度控制、地下工程项目成本管理、地下工程项目质量控制、地下工程施工组织设计、项目安全生产与绿色施工管理、地下工程项目合同管理、地下工程施工资源管理、地下工程项目信息管理、地下工程竣工验收及后续管理、地下工程风险控制与沟通管理；每个单元均设教学目标、思维导图、单元总结、思考及练习；本书适合作为高等职业教育本科土建施工类相关专业的教材使用，也可作为自学考试和高职院校教师及各类技术人员培训的指定教材。

为方便教学，作者自制课件资源，索取方式为：

1. 邮箱：jckj@cabp.com.cn；2. 电话：（010）58337285；3. 建工书院：http：//edu.cabplink.com。

责任编辑：王予芊
责任校对：张　颖

住房和城乡建设部“十四五”规划教材
全国住房和城乡建设职业教育教学指导委员会土建施工专业指导委员会规划推荐教材
高等职业教育本科土建施工类专业系列教材

地下工程项目管理

王学平　主　编
蔡永元
潘龙文　副主编
周晓龙　主　审

*

中国建筑工业出版社出版、发行（北京海淀三里河路 9 号）
各地新华书店、建筑书店经销
北京鸿文瀚海文化传媒有限公司制版
天津安泰印刷有限公司印刷

*

开本：787 毫米×1092 毫米　1/16　印张：18½　字数：459 千字
2023 年 9 月第一版　2023 年 9 月第一次印刷
定价：**53.00** 元（赠教师课件）
ISBN 978-7-112-29108-3
（41112）

出版说明

党和国家高度重视教材建设。2016 年，中办国办印发了《关于加强和改进新形势下大中小学教材建设的意见》，提出要健全国家教材制度。2019 年 12 月，教育部牵头制定了《普通高等学校教材管理办法》和《职业院校教材管理办法》，旨在全面加强党的领导，切实提高教材建设的科学化水平，打造精品教材。住房和城乡建设部历来重视土建类学科专业教材建设，从“九五”开始组织部级规划教材立项工作，经过近 30 年的不断建设，规划教材提升了住房和城乡建设行业教材质量和认可度，出版了一系列精品教材，有效促进了行业部门引导专业教育，推动了行业高质量发展。

为进一步加强高等教育、职业教育住房和城乡建设领域学科专业教材建设工作，提高住房和城乡建设行业人才培养质量，2020 年 12 月，住房和城乡建设部办公厅印发《关于申报高等教育职业教育住房和城乡建设领域学科专业“十四五”规划教材的通知》（建办人函〔2020〕656 号），开展了住房和城乡建设部“十四五”规划教材选题的申报工作。经过专家评审和部人事司审核，512 项选题列入住房和城乡建设领域学科专业“十四五”规划教材（简称规划教材）。2021 年 9 月，住房和城乡建设部印发了《高等教育职业教育住房和城乡建设领域学科专业“十四五”规划教材选题的通知》（建人函〔2021〕36 号）。为做好“十四五”规划教材的编写、审核、出版等工作，《通知》要求：（1）规划教材的编著者应依据《住房和城乡建设领域学科专业“十四五”规划教材申请书》（简称《申请书》）中的立项目标、申报依据、工作安排及进度，按时编写出高质量的教材；（2）规划教材编著者所在单位应履行《申请书》中的学校保证计划实施的主要条件，支持编著者按计划完成书稿编写工作；（3）高等学校土建类专业课程教材与教学资源专家委员会、全国住房和城乡建设职业教育教学指导委员会、住房和城乡建设部中等职业教育专业指导委员会应做好规划教材的指导、协调和审稿等工作，保证编写质量；（4）规划教材出版单位应积极配合，做好编辑、出版、发行等工作；（5）规划教材封面和书脊应标注“住房和城乡建设部‘十四五’规划教材”字样和统一标识；（6）规划教材应在“十四五”期间完成出版，逾期不能完成的，不再作为《住房和城乡建设领域学科专业“十四五”规划教材》。

住房和城乡建设领域学科专业“十四五”规划教材的特点，一是重点以修订教育部、住房和城乡建设部“十二五”“十三五”规划教材为主；二是严格按照专业标准规范要求编写，体现新发展理念；三是系列教材具有明显特点，满足不同层次和类型的学校专业教学要求；四是配备了数字资源，适应现代化教学的要求。规划教材的出版凝聚了作者、主审及编辑的心血，得到了有关院校、出版单位的大力支持，教材建设管理过程有严格保障。希望广大院校及各专业师生在选用、使用过程中，对规划教材的编写、出版质量进行反馈，以促进规划教材建设质量不断提高。

住房和城乡建设部“十四五”规划教材办公室

2021 年 11 月

前言

21世纪将是地下工程建设的高峰期，铁路、公路、地铁隧道，水电隧洞，地下能源洞库，跨江跨海通道建设都进入发展期。本教材紧扣课程标准、教学大纲，并根据近年隧道及地下工程施工技术的发展以及编者多年工作和教学实践进行编写。

本教材以“全面素质为基础”“职业能力为本位”的教学理念，凸显理论联系实际、贴近施工现场一线管理人员岗位工作的内容，遵循项目管理体系为原则，并对接建造师考试等重点内容。教材编排中引入大量的地下工程项目案例，使学生系统地了解、熟悉、掌握地下工程项目管理的基本内容、基本程序和基本方法；为了让学生更加直观地认识和理解基本概念和知识点，同时方便教师教学讲解，编者自制配套数字资源，通过扫描文中所附的二维码进行浏览，以节约搜索、整理学习资料的时间。此外，编者也会根据行业发展情况，不定期更新二维码链接资源，以使教材内容与行业发展更为结合紧密。

本教材坚持把立德树人作为中心，深挖地下工程项目管理中蕴含的思想政治教育资源，把思想政治工作贯穿地下工程项目管理教育教学全过程，充分发挥课程教学与思想政治教育同向同行的协同效应，培育学生的职业道德、行为规范和科学精神，做到担当责任、贡献国家、服务社会。

本教材由浙江建设职业技术学院教授级高工王学平任主编，浙江省建投交通基础建设集团有限公司蔡永元、杭州西湖城市建设投资集团有限公司潘龙文任副主编，其中王学平编写教学单元1、4、7；蔡永元编写教学单元6、8；潘龙文编写教学单元2、9；浙江省建投交通基础建设集团有限公司吴青宏编写教学单元5、12；浙江建设职业技术学院徐瑞东编写教学单元3；浙江建设职业技术学院汪蕾编写教学单元11；浙江亿桥工程技术研究有限公司郑明玉编写教学单元10；浙江建设职业技术学院方荣、吕学金、陈桂珍参加书稿整理和校核工作；浙江省建工集团有限公司张乾坤负责教材配套资源制作；本教材由杭州科技职业技术学院周晓龙教授主审。

本教材在编写过程中，参考了大量文献资料，在此向资料的作者们表示衷心的感谢。

由于编者水平有限，本教材难免存在不足之处，敬请批评指正。

目录

教学单元 1

绪论 1

1.1 项目管理的产生与发展 2

1.2 地下工程项目管理的有关概念 5

1.3 项目管理的基本内容与各方主体 10

单元总结 15

思考及练习 15

教学单元 2

地下工程项目组织管理 17

2.1 地下工程项目管理组织机构 18

2.2 项目经理部的设立 25

2.3 工程执业资格制度 31

2.4 某地下工程项目三级管理体系 33

单元总结 43

思考及练习 43

教学单元 3

地下工程项目进度控制 45

3.1 项目进度控制与进度计划系统 46

3.2 进度计划的编制 49

3.3 进度计划的调整方法 69

3.4 项目进度控制措施 71

单元总结 73

思考及练习 74

教学单元 4

地下工程项目成本管理 76
4.1 地下工程项目成本 77
4.2 成本计划 86
4.3 成本控制 96
4.4 成本核算和分析 102
单元总结 106
思考及练习 106

教学单元 5

地下工程项目质量控制 108
5.1 地下工程项目质量概述 109
5.2 地下工程施工项目质量控制 113
5.3 地下工程施工质量验收 123
5.4 地下工程施工质量事故的处理 125
单元总结 129
思考及练习 129

教学单元 6

地下工程施工组织设计 132
6.1 地下工程施工组织设计 133
6.2 工程概况 134
6.3 施工部署 135
6.4 进度计划 137
6.5 施工准备工作与资源配置 139
6.6 主要施工方案 141
6.7 施工总平面布置 143
6.8 主要技术经济指标及保证体系 147
单元总结 148
思考及练习 148

教学单元 7

项目安全生产与绿色施工管理 150
7.1 职业健康安全管理 151
7.2 安全生产管理基本概念 153
7.3 安全生产管理理念 156
7.4 安全生产管理体系 160
7.5 地下工程施工安全管理措施 164
7.6 绿色施工与环境保护 173
单元总结 180
思考及练习 180

教学单元 8

地下工程项目合同管理 183
8.1 工程合同管理概述 184
8.2 工程项目合同的管理 193
8.3 工程项目索赔管理 208
单元总结 216
思考及练习 216

教学单元 9

地下工程施工资源管理 219
9.1 地下工程项目资源管理概述 220
9.2 人力资源管理 221
9.3 劳务管理策划 223
9.4 施工机具管理 226
9.5 施工材料管理 231
9.6 工程项目资金管理 239
单元总结 243
思考及练习 243

教学单元 10

地下工程项目信息管理 245

10.1 地下工程项目信息管理 246

10.2 地下工程项目信息的分类、编码和处理方法 247

10.3 基于 BIM 的工程项目管理信息系统设计 251

单元总结 255

思考及练习 256

教学单元 11

地下工程竣工验收及后续管理 258

11.1 工程竣工验收 259

11.2 资料归档及移交 261

11.3 工程竣工结算 263

单元总结 268

思考及练习 268

教学单元 12

地下工程风险控制与沟通管理 270

12.1 地下工程项目风险控制与管理 271

12.2 地下工程项目沟通管理 278

单元总结 283

思考及练习 283

参考文献 285

教学单元1　绪论

教学目标

1. 知识目标：了解项目管理的产生与发展；理解项目、地下工程项目及地下工程项目管理的概念；理解地下项目管理的特点及分类；掌握地下工程项目管理的目标，掌握地下工程施工过程中重点管控的风险点，掌握地下工程项目风险应对措施。

2. 能力目标：能够有效地应用所学知识，分析确定地下工程相关分类，能正确说出地下工程项目管理目标。

3. 素质目标：通过我国古代的伟大工程遗产和现代大国工程，结合项目管理发展史和近些年我国大基建地下工程项目的飞速发展，培养学生家国情怀，强化使命感和责任感。

思政映射点：家国情怀；使命感和责任感

实现方式：课堂讲解；课外阅读

参考案例：万里长城、都江堰等伟大工程遗产

思维导图

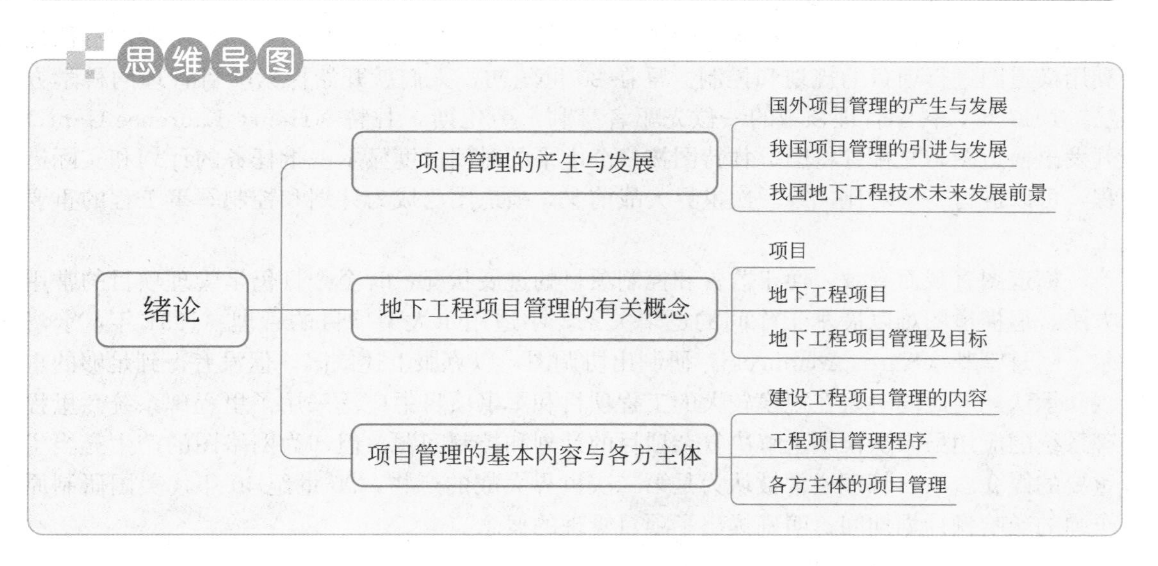

引文

目前我国已进入了地下工程建设的飞速发展阶段，地下工程建设由于其特殊性，属于高风险建设项目；地下工程项目的质量不仅关系地下工程的适用性，同时也关系着人民生命和财产的安全；工程项目管理作为重要的应用学科，其应用和研究也逐渐受到各方面的重视；以地下工程项目管理为中心，加强项目全过程控制，以期获得最好的经济效益和社会效益，是地下工程项目管理的最终目标。

1.1 项目管理的产生与发展

1.1.1 国外项目管理的产生与发展

项目管理的发展是人类生产实践活动发展的必然产物，项目管理从经验走向科学的过程，经历了相当漫长的历史时期，从原始潜意识的项目管理经过长期大量的项目实践之后，才逐渐形成了现代项目管理的理念。

1. 潜意识的项目管理阶段

20世纪30年代以前，人们是无意识地按照项目的形式运作。人类早期的项目可以追溯到数千年以前，如古埃及的金字塔、古罗马的尼姆水道桥、古代中国的都江堰和万里长城等。这些前人的杰作在展示人类智慧的同时，也展示了项目管理的成就。但是直到20世纪30年代，项目管理还没有形成一套科学完整的管理方法，对项目的管理还只是凭个人的经验、智慧和直觉，缺乏普遍性和规律性。

2. 传统项目管理阶段

传统项目管理阶段，是指从20世纪30年代到20世纪50年代初期。本阶段的特征是利用横道图进行项目的规划和控制。早在20世纪初，人们就开始探索项目管理的科学方法。1917年，科学管理领域的一位先驱者亨利·劳伦斯·甘特（Henry Laurence Gantt）开发出横道图，又称甘特图。甘特图按一个水平的时间尺度显示一批任务的计划和实际进程，可以进行一一对比，第一次世界大战前夕，横道图已成为计划和控制军事工程的重要工具。

横道图直观而有效，便于监督和控制项目的进展状况，时至今日仍是管理项目的常用方法。但横道图难以展示工作间的逻辑关系，不适用于大型项目的管理。1931年，卡洛尔·阿丹密基（Karol Adamiecki）研制出协调图，以克服上述缺陷，但没有得到足够的重视和承认。与此同时，在规模较大的工程项目和军事项目中广泛采用了里程碑系统。里程碑系统的应用虽未从根本上解决复杂项目的计划和控制问题，但却为网络图的产生充当了重要的媒介。项目管理通常被认为是第二次世界大战的产物，20世纪40年代美国研制原子弹的曼哈顿计划期间，明确提出了项目管理的概念。

3. 现代项目管理发展

现代项目管理发展是从20世纪80年代至今。此阶段的特点表现为项目管理应用范围的扩大以及与其他学科的交叉渗透和相互促进。进入20世纪80年代后，项目管理的应用范围由最初的航空、航天、国防、化工、建设行业等领域，广泛普及到医药、矿山、石油、电信、软件、信息、金融等领域。计算机技术、价值工程和行为科学在项目管理中的应用，极大地丰富和推动了项目管理的发展。在这一阶段，项目管理在理论和方法上得到了更加全面和深入的研究，逐步把计划和控制技术、系统论、组织理论、经济学、管理学、行为科学、心理学、价值工程、计算机技术等与项目管理的实践结合起来，并吸收了控制论、信息论及其他学科的研究成果，发展成为一门具有完整理论和方法的学科体系。

1.1.2 我国项目管理的引进与发展

我国项目管理的发展最早应起源于20世纪60年代华罗庚推广的“统筹法”，现代项目管理学科是由于统筹法的应用而逐渐形成的。此外，我国“两弹一星”的研制中推行的系统工程方法也是项目管理体系形成的重要基础。

1. 项目管理方法的产生和引进

20世纪60年代初期，华罗庚教授引进和推广了网络计划技术，并结合我国“统筹兼顾，全面安排”的指导思想，将这一技术称为“统筹法”。当时华罗庚组织并带领小分队深入重点工程项目中进行推广应用，取得了良好的经济效益。20世纪80年代，随着现代化管理方法在我国的推广应用，进一步促进了统筹法在项目管理过程中的应用。这个阶段，项目管理有了科学的系统方法，但当时主要应用在国防和建设领域，项目管理的主要任务是强调质量、费用和进度三个目标的实现。

2. 现代项目管理体系的引进和推广

1984年，在我国建设的鲁布革水电站引水导流工程中，日本建设企业运用项目管理方法对这一工程的施工进行了有效的管理，使得该工程的投资总额降低了约40%，工期也大大缩短，取得了很好的效果。这给当时我国的整个投资建设领域带来了很大的冲击，人们切身体会到项目管理技术的作用，基于鲁布革工程的经验，1987年，国家计委、建设部等有关部门联合发出通知，在一批试点企业和建设单位要求采用项目管理施工法（项目法），并开始建立中国的项目经理认证制度。1991年，建设部进一步提出把试点工作转变为全行业推进的综合改革，全面推广项目管理和项目经理负责制。例如，在二滩水电站、三峡水利枢纽建设和其他大型工程建设中，都采用了项目管理这一有效手段，并取得了良好的效果。

3. 项目管理专业学会和协会的成立

1991年6月，在西北工业大学等单位的倡导下，成立了我国第一个项目管理专业学术组织“中国项目管理研究委员会”（PMRC）。PMRC成立是中国项目管理学科体系开始走向成熟的标志，PMRC自成立至今每年都在开展专业的项目管理学术活动，推动了我国项目管理事业的发展和学科体系的建立，促进了我国项目管理与国际项目管理专业领域的沟通与交流，推进了我国项目管理专业化与国际化。

目前，许多行业也纷纷成立了相应的项目管理组织，如中国建筑业协会工程项目管理委员会，中国国际工程咨询协会项目管理工作委员会，中国工程咨询协会项目管理指导工作委员会，中国宇航学会系统工程与项目管理专业委员会等都是中国项目管理日益得到发展与应用的体现。

1.1.3 我国地下工程技术未来发展前景

1. 隧道技术发展前景

随着我国经济的持续发展和综合国力的不断增强，高新技术日新月异，国民生活水平不断提高，国民对美好生活的向往也对基础建设提出了更高要求，国家逐渐提高了对城市交通高效性、安全性和稳定性的标准。随着我国高速公路干线网不断完善，岛与陆地的连接、岛与岛之间的跨海连接以及我国交通向西部多山地区的延伸都需要大量的隧道工程来支撑，我国铁路隧道、公路隧道的单体长度及数量纪录都将不断刷新。目前，我国海底隧道的建设技术早已趋于成熟，世界上最大的水电站已经建成，这代表着我国在水电隧道领域方面已经处于世界隧道建设领域的领先地位，我国也将这一技术用于西部建设上，推动西部地区的铁路和公路隧道加速发展，带动国家经济。除了国内基础建设，我国隧道技术也用在了"一带一路"倡议这条促进共同发展、实现共同繁荣的合作共赢之路上，2022年中国企业承建的"一带一路"倡议标志性项目印度尼西亚雅万高铁 2 号隧道工程顺利完工，也是我国高铁首次全系统、全要素、全产业链在海外建设项目，项目建成后，雅加达到万隆的旅行时间将由 3 个多小时缩短至 40 分钟。

2. 地下工程技术发展前景

为推动城市的发展，促进城市配套设施的完善，各城市在建设发展过程中，对土地的利用量逐渐提升，导致我国很多城市因土地资源紧张，发展速度减慢。而使用地下工程发展项目，可以缓解地上土地资源紧张的问题，运用我国目前先进的地下定位及挖掘技术可以提升城市的建设及各方面的运转速度。以地下调水工程为例，我国目前南水北调工程已经通水，目前还有正在建设的供水工程，雅砻江引水洞长 131km。除此之外，还有很多特长的隧道正在实施建设，正在建设的隧洞具有较大规模，技术和建设难度都是空前的。我国地下工程的建设方面，技术已经有很大的提升。与此同时，地下工程的建设和使用将带动更多地区发展，实现资源共享。

3. 能源储备需求

截至 2020 年我国的石油能源无法完全满足国内的需求，我国开始逐步从外引进，值得关注的是能源引进量高达 70%，天然气也存在同样的问题，需要引进其他的国家的资源，引进量高达 50%。这就要求我国必须建设较大的地下洞库，用来储存引进的能源等，依据我国的资源分配量及储存考虑，洞库多数建设在沿海地带。

4. 城市交通需求

截至 2021 年底，我国大陆地区共有 50 个城市开通城市轨道交通，运营线路约 9206.8km。随着经济的发展、社会的进步，城市不断涌入外来人口，城市规模扩大，需要更多的交通路线来支撑。除此之外，很多城市主干线建设完成后，开始逐步完善网路，这些都推动了交通隧道的发展。

1.2　地下工程项目管理的有关概念

1.2.1　项目

1. 项目的概念

项目是在一定的时间、成本、资源等条件的约束下，完成具有特定目标的活动总和。项目的范围非常广泛，常见的项目内容包括：

视频微课

1. 项目

（1）科学研究项目，如基础科学研究项目应用科学研究项目等。

（2）开发项目，如资源开发项目、工业产品开发项目。

（3）地下工程建设项目，如道路桥梁工程、地铁工程、工业与民用建筑工程、水利工程等。

（4）大型体育及文艺项目，如奥运会、世界杯足球赛等。

2. 项目的特征

项目通常具有如下基本特征：

（1）一次性或单件性

项目的一次性或单件性是项目最显著的特征。任何项目从总体上看都是一次性的、不可重复的，都必然经历前期策划、批准、计划、实施、运行等过程，直到最后结束。项目的一次性，意味着一旦在项目实施过程中出现较大失误，其损失就不可挽回。项目的一次性或单件性决定：只有根据项目的具体特点和要求，有针对性地对项目进行科学管理，才能保证项目一次性成功。

项目的一次性是项目管理区别于企业管理最显著的标志之一。通常的企业管理工作，特别是企业的职能管理工作，虽然具有阶段性，但它是循环的、有继承性的；而项目管理却是一个独立的管理过程，它的组织、计划、控制都是一次性的。

（2）目标性

目标是项目存在的前提，任何项目都有预定的目标，目标可以概括为能效、时间和成本。

1）能效。如某工业产品开发项目，能效目标包括产品的特性、使用功能、质量等方面。

2）时间。项目的时间性目标主要是指一个项目必须在限定的时间内完成，通常由项目的准备时间、持续时间和结束时间构成。如某城市的地铁工程在某年某月某日正式通车。

3）成本。成本目标是以尽可能少的消耗（投资、成本）实现预定的项目目标，实现预期的功能要求，获得预期的经济效益。

（3）约束性

项目的约束性主要来源于项目的成就条件，主要有资金约束、人力资源和物质资源约束、其他约束条件等。

1）资金约束。无论是科研项目、工业产品研发项目还是地下工程建设项目，都会有资金约束。通常情况下必须按照投资者所具有的或能够提供的资金情况进行项目策划，必须按照项目的实施计划合理安排资金使用计划。如地下工程建设项目的限额设计，就充分体现了资金对项目的约束性。

2）人力资源和物质资源约束。一个项目从前期策划、批准、设计、计划、实施到运行，每个阶段都必须有与之相适应的人力资源进行组织、协调和管理工作，以保证项目的实现，如建设工程项目需要技术咨询类、管理类、鉴定类以及具体操作的各技术工种类的人力资源，如果缺乏某一方面的人力资源，实现项目目标可能缺乏保障。除此之外，任何项目的完成都要有必需的物质资源，同时也受其约束，如地下工程建设项目需要的物质资源主要有工程材料、完成地下工程建设项目的各种工程施工机械、实验设备、仪器仪表等。当完成项目过程中缺乏某些物质资源时，项目可能就会发生变更，以至于需要修正项目设计方案。

3）其他约束条件。如技术、信息资源、地理条件、气候条件、空间条件等，有的项目可能还会受历史文化背景的影响及约束。

（4）整体性

任何项目中的一切活动或资源的投入都是相互关联的，一起构成密不可分的统一的整体，如果缺少某些活动、过程或资源的投入，项目就会受到影响，甚至失败。

（5）不可逆性

项目是按一定程序进行的活动，不可逆转，必须保证一次成功。也说明项目具有一定的风险性。

3. 项目的分类

项目按专业特征可以分为科研项目、工程项目、维修项目和咨询服务项目等。

1.2.2 地下工程项目

1. 建设工程项目

建设项目是为完成依法立项的新建、改建、扩建的各类工程（土木工程、建筑工程及安装工程等）而进行、有起止日期、达到规定要求的一组相互关联的受控活动组成的特定过程，包括策划、勘察、设计、采购、施工、试运行、竣工验收和移交等活动。有时也简称为项目。

建设工程项目是建设项目中的主要组成内容，我们也称建筑产品，建筑产品的最终形式是建筑物和构筑物，它除具有建设项目所有的特点以外，还有以下特点：庞大性、固定性、多样性、持久性。而地建设工程施工产品的施工又具有季节性、流动性、复杂性、连续性。

视频微课

2. 地下工程项目组成

2. 地下工程项目

21世纪是地下空间迅速发展，特别是随着城市的快速发展，城市人口越来越多，人口密集导致交通拥挤问题严重，因此人们不得不向地下发展活动空间，推进地下工程的建设，以缓解土地资源紧张而带来的压力。地下工程（Underground Engineering）项目，就是指深入地面以下为开发利用地下空间资源所建造的地下土木工程项目。它包括地下房屋和地下构筑物、地下铁道、公路隧道、水下隧道、地下共同沟和过街地下通道等项目。

3. 地下工程项目的组成

一个地下工程项目往往由一个或几个单项工程组成。

1）单项工程（项目工程）

单项工程，是指在一个地下工程建设项目中，单独立项、具备独立使用功能和运营能力的城市轨道交通工程。如某市地铁×号线土建项目、机电安装项目、铺轨项目等。

2）单位工程（子单位）

单位工程，是指具备独立设计文件，并能形成独立使用功能的建造物或构筑物。对于规模较大的工程，可将其能形成独立使用功能的部分作为一个子单位工程。

单位工程是单项工程的组成部分。根据工程的复杂性、施工的阶段性以及合同标段划分等因素，一个单位工程可划分为几个子单位工程。如某地铁项目的车站工程、区间工程、车辆基地综合工程为一个独立单位工程，车站工程的子单位工程分为主体土建工程、附属土建工程、车站设备安装工程（含临近半区间）、车站装饰装修工程。

3）分部工程（子分部）

分部工程，是单位工程的组成部分，应按专业性质、建筑部位确定。一般车站主体土建工程子单位工程的分部工程包括地基基础及支护结构、防水工程、主体结构等。

当分部工程较大或较复杂时，可按材料种类、施工特点、施工程序、专业系统及类别将其划分为若干个子分部工程，如地基基础及支护结构的子分部工程为土方工程、支护工程、地基基础处理、桩基础、混凝土基础等。

4）分项工程

分项工程，是分部工程的组成部分，一般按施工工艺、设备类别等进行划分。如土方开挖工程、土方回填工程、钢筋工程、模板工程、混凝土工程、砖砌体工程、木门窗制作与安装工程、玻璃幕墙工程等，分项工程是计算工、料及资金消耗的最基本构成要素。

4. 地下工程分类

（1）按其使用性质分类：地下交通工程、地下市政管道工程、地下工业建筑、地下民用建筑、地下军事工程、地下仓储工程、地下文娱设施、地下体育设施。

（2）按施工方法分类：明挖法、盖挖法、暗挖法、沉井法、盾构法、顶管法、新奥法（钻爆）、矿山法。

（3）按周围岩土性质分类：软土地下工程、硬土（岩石）地下工程、海（河、湖）底或悬浮工程。

（4）按照地下工程所处围岩介质的覆盖层厚度分类有：深埋、浅埋、中埋。

1.2.3 地下工程项目管理及目标

1. 地下工程项目管理

项目管理就是通过选择适宜的管理方式、构建科学的管理体系和规范有序的管理，合理使用和组合项目资源，确保投资建设各阶段、各环节的工作协调和顺畅，力求建设方案最佳、工程质量最优、投资效益最好，实现预期的工程项目目标。项目管理现已成为现代管理学的重要分支，并且越来越受到重视。每个企业都有着自己的项目管理流程，甚至在每一个项目中都有着不一样的管理流程，从项目的开始到项目完成，项目管理工作从不缺席。项目管理中包括安全、进度、质量、成本等内容，项目管理已逐渐成为在当今急剧变化时代中企业求生存谋发展的利器。按照传统的做法，当企业开展一个项目，通常会有几个部门共同参与，包括财务部门、经营部门、行政部门等。而不同部门在运作项目过程中不可避免地会产生摩擦，须进行协调，这些无疑会增加项目的成本，影响项目实施的效率。项目管理是将不同职能部门的成员组成团队，项目经理则是项目团队的领导者，他所肩负的责任就是领导他的团队准时、优质地完成全部工作，在不超出预算的情况下实现项目目标。项目的管理者不仅仅是项目执行者，他还参与项目需求确定、项目选择、计划直至收尾的全过程，并在时间、成本、质量、风险、合同、采购、人力资源等各个方面对项目进行全方位的管理，因此项目管理可以帮助企业处理需要跨领域解决的复杂问题，并实现更高的运营效率。

视频微课

3. 地下工程项目管理

地下工程项目管理则是针对地下工程而言，在一定约束条件下，以地下工程某一项目为对象，以最优实现工程项目目标为目的，以工程项目经理负责制为基础，以工程承包合同为纽带，对地下工程项目进行高效率的计划、组织、协调、控制和监督的系统管理活动。

2. 地下工程项目管理特点

（1）地下工程项目特点

总体来说，地下工程项目的特点主要由地下工程施工的特殊性及不确定性所决定；与其他建筑工程相比较，地下工程体积庞大、复杂多样、整体难分、不易移动，项目实施难度大，地下工程项目有以下特点：

1）项目流动性

项目机构随着地下构筑物所在位置变化而整个项目管理属地也随之改变；在一个项目建设过程中施工人员和各种机械、电气设备随着施工部位的不同而沿着施工对象上下左右流动，不断转移操作场所。

2）形式多样

由于地下工程种类不同，结构、规模、施工方式、施工工艺也各不相同以及所处的自然条件和用途也不同，施工方法必将随之变化，呈现多样化。

3）施工技术复杂

地下工程施工分类很多，需要根据不同的地质条件及周边的环境因素而采取不同的施工技术，施工中还需要进行多工种配合作业，多单位（土石方、土建、爆破、吊装、安装、运输等）交叉施工，所用的物资和设备种类复杂，因而施工组织和施工技术管理的要求较高。

城市地下工程除了上述特点外还具有以下重要特点：

1）地质条件差

目前，我国城市地下工程埋深多在 20m 以内，而在此深度范围内大多为第四纪冲积或沉积层，或为全、强风化岩层，地层多松散无胶结，存在水层滞水或潜水。同时我国部分城市，如武汉、南京、杭州、上海等区域承压水位高，承压水含水层顶板埋藏浅，存在地质条件差（多数情况下富含地下水）的状况。

2）周边环境复杂

城市地下工程的修建往往较城市道路、管道及楼宇的建设滞后，尤其是城市地铁工程主要建在建筑物高度集中的地区，地下工程从城市道路下及各种管线附近通过，施工管理区域环境较复杂。

3）结构埋置浅、与临近结构相互影响

城市地下工程具有埋置浅的特点，多在 3～20m，城市地下的管网设施、商业街、停车场等构筑物鳞次栉比，有些地下工程的基础与既有构筑物的基础紧邻产生相互作用，不但形成上、下位置临接关系，还存在平面上的临接、冲突问题。

（2）地下工程项目管理的特点

1）项目管理具有复杂性

地下工程项目建设时间跨度长、涉及面广、过程复杂，内外部各环节链接运转难度大。项目管理需要各方面人员组成协调的团队，要求全体人员能够综合运用专业技术、经济、法律等多种学科知识，步调一致地进行工作，随时解决工程项目建设过程中发生的问题。

2）项目管理具有创造性

地下工程项目具有一次性的特点，没有完全相同的两个工程项目。即使是十分相似的项目，在时间、地点、材料、设备、人员、地质条件以及其他外部环境等方面，也都存在不同或差异。项目管理者在项目决策和实施过程中，必须从实际出发，结合项目的具体情况，因地制宜、举一反三地处理和解决工程项目实际问题。因此，地下工程的项目管理就是将前人总结的建设知识和经验，创造性地运用于工程管理实践。

3）项目管理具有专业性

地下工程项目管理需对资金、人员、材料、设备等多种资源、进行优化配置和合理使用，专业技术性强，需要专门机构、专业人才进行专业化管理。

3. 地下工程项目管理的目标

项目管理是对项目全过程的计划、组织、指挥、协调和控制，地下工程项目管理的核心任务是控制项目三大目标（造价、质量、进度），最终实现项目的功能，以满足使用者的需求。

地下工程项目的造价、质量、进度三大目标是一个相互关联的统一整体，三大目标之间对立统一，相互制约，在工程管理过程中，应注意统筹兼顾，合理确定三大目标。

（1）造价目标

工程项目的造价目标，是在保证地下工程建设项目质量目标的前提下，在目标工期内，保证按既定的投资完成工程建设任务而作出的规定。

（2）质量目标

工程项目的质量目标，是指对工程项目实体、功能和使用价值以及参与工程建设的有关各方工作质量的要求或需要的标准和水平，也就是对项目符合有关法律、法规、规范、标准的程度和满足业主要求程度作出的明确规定。

（3）进度目标

工程项目进度目标，是项目最终启用的计划时间，即工业项目负荷联动试车、民用及其他地下工程建设项目交付使用的计划时间。

1.3 项目管理的基本内容与各方主体

1.3.1 建设工程项目管理的内容

根据《建设工程项目管理规范》GB/T 50326—2017，建设工程项目管理的内容包括建立项目管理组织、编制项目管理规划、项目目标控制（项目进度控制、项目质量控制、项目资金控制、项目成本控制）、项目资源管理（人力资源管理、材料管理、项目机械设备管理、项目技术管理、项目资金管理）、项目合同管理、项目信息管理、项目现场管理、项目组织协调、项目竣工管理、项目考核评价、项目回访保修。

从广义上理解，还应包括项目招标投标管理和合同的签订。

1. 建立项目管理组织

（1）由项目建设的参与方根据需要确定项目管理组织，并选聘称职的项目负责人或项目经理；

（2）选用恰当的组织方式，建立项目管理机构，明确责、权、利；

（3）根据项目的需要建立各项管理制度。

2. 编制项目管理规划

项目管理规划是对项目管理目标、内容、方法、步骤、重点等进行预测和决策，并作出安排的文件。按照我国《建设工程项目管理规范》GB/T 50326—2017 规定，项目管理规划包括项目管理规划大纲和项目管理实施规划两大类。

项目管理规划大纲的内容有：项目概况、项目实施条件分析、项目管理目标、项目组织结构、质量目标和施工方案、工期目标和施工总进度计划、成本目标、项目风险预测、项目安全目标、项目现场管理和施工平面图、招标投标和签订合同、文明施工与环境保护。

项目管理实施规划的内容有：工程概况、施工部署、施工方案、进度计划、资源供应计划、施工准备工作计划、施工平面图、施工技术组织措施、项目风险管理、项目信息管理、技术经济指标计算与分析。

3. 项目目标控制

项目目标控制主要是控制进度目标、质量目标、成本目标、职业健康安全目标。

4. 项目资源管理

项目资源管理主要针对项目的人力、机械设备、材料、技术、资金进行管理。

5. 项目合同管理

项目合同管理是项目管理的核心，贯穿于项目管理的全过程。建立合同管理制度，应设立专门机构或人员负责合同管理工作。

合同管理应包括合同的订立、实施、控制和综合评价等工作。

6. 项目信息管理

项目信息管理是一项复杂的管理活动，对工程的目标控制、动态管理必须依靠信息管理。

7. 项目现场管理

施工现场是施工企业的主战场，是企业经济目标向物质成果转化的场所。加强现场管理是施工企业管理工作的重要方面。施工项目现场管理的好坏，直接体现企业的管理水平和整体实力。现场管理工作主要从三个阶段（即项目施工准备阶段、项目施工阶段和项目竣工验收阶段）入手，对项目目标保证体系、管理要素实施动态控制。

1.3.2 工程项目管理程序

工程项目管理的程序应依次为：编制项目管理规划大纲→编制投标书并进行投标→签订施工合同→选定项目经理→项目经理接受企业法定代表人的委托组建项目经理部→企业法定代表人与项目经理签订项目管理目标责任书→项目经理部编制项目管理实施规划→进行项目开工前的准备→施工期间按项目管理实施规划进行管理→在项目竣工验收阶段进行竣工结算、清理各种债权债务、移交资料和工程→进行经济分析→作出项目管理总结报告并送企业管理层有关职能部门审计→企业管理层组织考核委员会→对项目管理工作进行考核评价，并兑现项目管理目标责任书中的奖惩承诺→项目经理部解体→在保修期满前企业管理层根据工程质量保修书的约定进行项目回访保修。

1.3.3 各方主体的项目管理

在项目建设中，业主、设计单位和施工项目承包人各处于不同的位置，对同一个项目各自承担的任务也不相同，其项目管理的任务也是不相同的。如在费用控制方面，业主要控制整个项目建设的投资总额，而施工项目承包人考虑的是控制该项目的施工成本。又如在进度控制方面，业主应控制整个项目的建设进度，而设计单位主要控制设计进度，施工项目承包人控制所承包部分的工程施工进度。

1. 工程项目建设管理的各方主体

在地下工程项目管理规范中明确了管理的主体分为：项目发包人（简称发包人）和项目承包人（简称承包人）。项目发包人是按合同中约定、具有项目发包主体资格和支付合同价款能力的当事人以及取得该当事人资格的合法继承人。项目承包人是按合同中约定、被发包人接受的具有项目承包主体资格的当事人以及取得该当事人资格的合法继承人。有时承包人也可以作为发包人出现，例如在项目分包过程中。

（1）项目发包人包括：

1）国家机关等行政部门。

2）国内外企业。

3）在分包活动中的原承包人。

（2）项目承包人包括：

1）勘察、设计单位。

① 专业设计院。

② 其他设计单位（如林业勘察设计院、铁路勘察设计院、轻工勘察设计院等）。

2）中介机构：

① 专业监理咨询机构。

② 其他监理咨询机构。

3）施工企业：

① 综合性施工企业（总包）。

② 专业性施工企业（分包）。

4）设备材料供应商。

5）加工、运输商。

2. 地下工程各方主体的项目管理

参与地下工程项目建设管理的各方在工程项目建设中均存在项目管理。项目承包人受业主委托承担地下工程建设项目的勘察、设计及施工，他们有义务对地下工程项目进行管理。一些大、中型工程项目，发包人（业主）因缺乏项目管理经验，也可委托项目管理咨询公司成立“工程项目指挥部”代为进行项目管理。

（1）业主方项目管理（建设监理）

业主方的项目管理是全过程、全方位的管理，包括项目实施阶段的各个环节，主要有：组织协调，合同管理，信息管理，投资、质量、进度、安全四大目标控制，概括为“一协调二管理四控制”或“四控制二管理一协调”。

由于地下工程项目的实施是一次性的任务，因此，业主方进行项目管理往往有很大的局限性。因此，在市场经济体制下，工程项目业主完全可以依靠咨询方为其提供项目管理服务，这就是建设监理。

监理单位接受工程业主的委托，提供全过程监理服务，由于建设监理的性质是属于智力密集型咨询服务，因此，它可以向前延伸到项目投资决策阶段，包括立项和可行性研究等。这是建设监理和项目管理在时间范围、实施主体和所处地位、任务目标等方面的不同之处。

（2）设计（勘察）方项目管理

设计单位受业主委托承担工程项目的设计任务，以设计合同所界定的工作目标及其责任义务作为该项工程设计管理的对象、内容和条件，通常简称设计项目管理。设计项目管理也就是设计单位对履行工程设计合同和实现设计单位经营方针目标而进行的设计管理。

尽管其地位、作用和利益追求与项目业主不同，但它也是建设工程设计阶段项目管理的重要方面。

（3）工程项目总承包（EPC）方的项目管理

业主在项目决策之后，通过招标择优选定总承包商全面负责地下工程项目的实施全过程，直至最终交付使用功能和质量符合合同文件规定的工程项目。因此，总承包方的项目管理是集设计、施工于一体的设计施工总承包方，亦称 EPC 项目总承包，它贯穿于项目实施全过程的管理，既包括设计阶段也包括施工安装阶段，以实现其承建工程项目的经营方针和项目管理的目标，取得预期经营效益。显然，总承包方必须在合同条件的约束下，依靠自身的技术和管理优势，通过优化设计及施工方案，在规定的时间内，保质保量并且安全地完成工程项目的承建任务。

（4）施工方（承包人）项目管理

项目承包人通过工程施工投标取得地下工程施工的承包合同，并以施工合同所界定的工程范围组织项目管理，简称施工项目管理。从完整的意义上说，这种施工项目应该指施工承包的完整工程项目，包括其中的土建工程施工和地下设备工程施工安装，最终成果能形成独立使用功能的地下工程产品。

承包商的项目管理是对所承担的施工项目目标进行的策划、控制和协调，项目管理的任务主要集中在施工阶段，也可以向后延伸到运营阶段和保修阶段。

为了实现施工项目各阶段目标和最终目标，承包商必须加强施工项目管理工作。在投标、签订工程承包合同以后，施工项目管理的主体，便是以施工项目经理为首的项目经理部（即项目管理层）。

管理的客体是具体的施工对象、施工活动及相关的劳动要素。

管理的内容包括建立施工项目管理组织、进行施工项目管理规划、进行施工项目的目标控制、对施工项目劳动要素进行优化配置和动态管理、施工项目的组织协调、施工项目的合同管理和信息管理以及施工项目管理总结等。

施工方项目管理工作内容具体如下：

1）建立施工项目管理组织

由企业采用适当的方式选聘称职的施工项目经理；根据施工项目组织原则，选用适当的组织形式，组建施工项目管理机构，明确责任、权限和义务；在遵守企业制度的前提下，根据施工项目管理的需要，制订施工项目管理制度。

2）进行施工项目管理前期策划

施工项目管理前期策划是地下工程中标后，开工前对施工项目管理组织、内容、方法、步骤、重点进行预测和决策，作具体安排的纲领性文件。施工项目管理策划的内容主要有：进行工程项目分解，形成施工对象分解体系，以便确定阶段控制目标，从局部到整体地进行施工活动和施工项目管理；建立施工项目管理工作体系及人员结构；编制施工计划、成本计划；设定项目的安全、质量、进度、成本目标，确定管理亮点，形成文件，以利于执行。

3）进行施工项目的目标控制

施工项目的目标有阶段性目标和最终目标。实现各项目标是施工项目管理的目的。所以应当坚持以控制论原理和理论为指导，进行全过程的科学控制。

施工项目的控制目标有以下几项：进度控制目标；质量控制目标；成本控制目标；安全控制目标。由于在施工项目目标的控制过程中会不断受到各种客观因素的干扰，各种风险因素都有发生的可能性，故应通过组织协调和风险管理对施工项目目标进行动态控制。

4）劳动要素管理和施工现场管理

施工项目的劳动要素是施工项目目标得以实现的保证，它主要包括：劳动力、材料、机械设备、资金和技术（即“5M”）。施工现场的管理对于节约材料、节省投资、保证施工进度、创建文明工地等方面都至关重要。

这部分的主要内容如下：

分析各项劳动要素的特点；按照一定原则、方法对施工项目劳动要素进行优化配置，并对配置状况进行评价；对施工项目的各项劳动要素进行动态管理；进行施工现场平面图设计，做好现场的调度与管理。

5）施工项目的组织协调

组织协调为目标控制服务，其内容包括人际关系的协调；组织关系的协调；配合关系的协调；供求关系的协调；约束关系的协调。

这些关系发生在施工项目管理组织内部、项目管理组织与其外部相关单位之间。

6）施工项目的合同管理

由于施工项目管理是在市场条件下进行的特殊交易活动的管理，这种交易活动从招标投标工作开始，并持续于项目管理的全过程，因此必须依法签订合同，进行履约经营。合同管理体制的好坏直接影响项目管理及工程施工的技术经济效果和目标实现。因此要从招标投标开始，加强工程承包合同的签订、履行管理。合同管理是一项执法、守法活动，市场有国内市场和国际市场，因此合同管理势必涉及国内和国际上有关法规和合同文本、合同条件，在合同管理中应予高度重视。为了取得经济效益，还必须注意做好工程索赔，研究方法和技巧，为获取索赔提供充分的证据。

7）施工项目的信息管理

现代化管理要依靠信息。施工项目管理是一项复杂的现代化的管理活动。进行施工项目管理、施工项目目标控制、动态管理，必须依靠信息管理，而信息管理又要依靠计算机进行辅助。

8）施工项目管理总结

从管理的循环来说，管理的总结阶段既是对管理计划、执行、检查阶段经验和问题的提炼，又是进行新的管理所需信息的来源，其经验可作为新的管理标准和制度，其问题有待于下一循环管理予以解决。施工项目管理由于其一次性，更应注意总结，不断提高管理水平，丰富和发展工程项目管理学科。

（5）供货方的项目管理

从地下工程建设项目管理的系统分析角度看，建设物资供应工作也是工程项目实施的一个子系统，有明确的任务和目标，明确的制约条件以及项目实施子系统的内在联系。因此制造厂、供应商同样可以将加工生产制造和供应合同所界定的任务作为项目进行目标管理和控制，以适应地下工程建设项目总目标控制的要求。

（6）建设管理部门的项目管理

建设管理部门的项目管理就是对项目实施过程中的可行性、合法性、政策性、方向性、规范性、计划性进行监督管理。

单元总结

本单元从项目管理的产生与发展开始，依次介绍了地下工程项目管理的有关概念、地下工程项目管理的基本内容与各方主体等内容，通过本单元的学习，使学生对项目管理这门课有个初步的认识。

思考及练习

一、单选题

1. 项目管理规划应包括（　　）和项目管理实施规划两类文件。

A. 项目管理计划　　B. 项目管理实施细则

C. 项目管理操作规划　　D. 项目管理规划大纲

2. 下列不属于项目目标控制的是（　　）。

A. 进度目标　　B. 计划目标

C. 质量目标　　D. 成本目标

3. 地下工程建设项目工程总承包方的项目管理工作主要在项目的（　　）。

A. 决策阶段，实施阶段，使用阶段　　B. 实施阶段

C. 设计阶段，施工阶段，保修阶段　　D. 施工阶段

4. 施工企业委托工程项目管理咨询对项目管理的某个方面提供的咨询服务属于（　　）项目管理的范畴。

A. 业主方　　B. 设计方　　C. 施工方　　D. 供货方

5. 下列不是建设施工项目总承包方的项目管理的是（　　）。

A. 设计前准备段　　B. 设计阶段

C. 施工阶段　　D. 项目的运营

6. 我国项目管理的发展最早应起源于20世纪60年代华罗庚推广的“（　　）”。

A. 系统工程法　　B. 统筹法

C. 统计法　　D. 筹划法

7. 土方开挖工程是（　　）。

A. 单项工程　　B. 单位（子单位）工程

C. 分部（子分部）工程　　D. 分项工程

二、多选题

1. 工程项目的特征包括（　　）。

A. 一次性或单件性　　B. 目标性

C. 约束性　　D. 可逆性

E. 复杂性

2. 地下工程分类中，按施工方法进行分类的有（　　）。

A. 明挖法　　B. 暗挖法

C. 沉井法
D. 盾构法
E. 支架法

3. 项目管理按建设工程项目不同参与方的工作性质和组织特征，可划分为（　　）方。
A. 业主
B. 建设物资供货
C. 地下工程建设项目总承包
D. 设计
E. 投标

4. 施工方项目管理的目标主要包括（　　）。
A. 施工的投资目标
B. 施工的进度目标
C. 施工的安全管理目标
D. 施工的质量目标
E. 施工的成本目标

5. 施工项目的劳动要素是施工项目目标得以实现的保证，它主要包括（　　）和技术。
A. 劳动力
B. 资金
C. 机械设备
D. 材料
E. 环境

6. 项目按专业特征可以分为（　　）等。
A. 科研项目
B. 基础项目
C. 工程项目
D. 维修项目
E. 咨询服务项目

7. 地下工程项目可分为（　　）。
A. 检验批
B. 单项工程
C. 单位（子单位）工程
D. 分部（子分部）工程
E. 分项工程

三、简答题

1. 什么是地下工程项目管理？
2. 地下工程项目管理的目标有哪些？
3. 施工方（承包方）项目管理工作的内容包括哪些方面？
4. 项目管理实施规划的内容有哪些？
5. 项目管理的产生与发展的阶段有哪些？
6. 工程项目建设管理的各方主体有哪些？

教学单元 2 地下工程项目组织管理

教学目标

1. 知识目标：了解项目经理部的基本构成；了解工程职业资格制度的基本规定；了解一级建造师、二级建造师专业类别，项目部定编标准，掌握项目经理部的职能，项目经理的职责。

2. 能力目标：能根据工程项目情况选择合适的项目组织形式；能正确描述一个地铁项目部的岗位设置；能区分一级建造师与二级建造师异同、项目经理部职能部门、项目经理职责的能力。

3. 素质目标：理解并认同协作共进的团队精神，具备敬业创新的职业精神；具有一定环境适应能力和吃苦耐劳的精神，忠于职守，克己奉公。

思政映射点：协作共进的团队精神，敬业创新的职业精神

实现方式：小组讨论；课外阅读

参考案例：港珠澳大桥等我国大型工程

思维导图

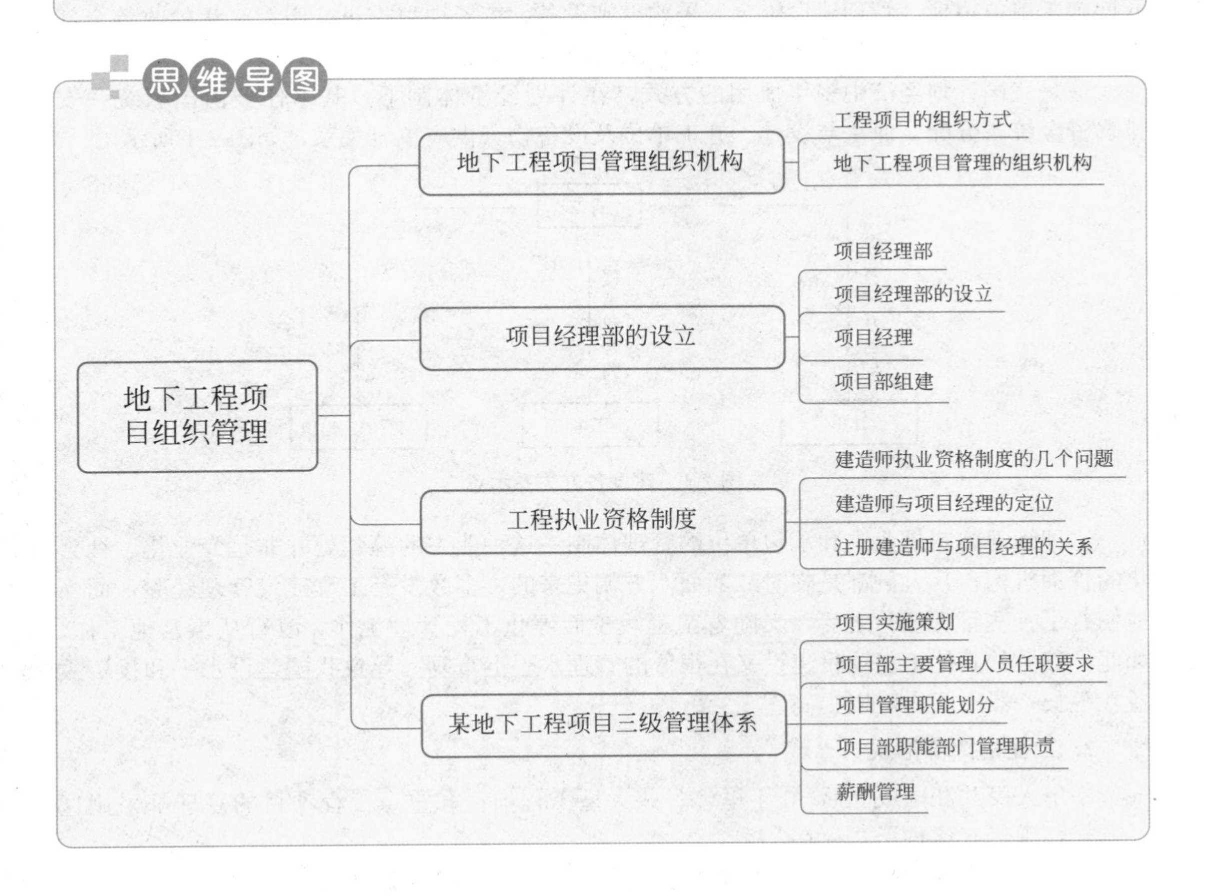

本单元主要阐述地下工程项目组织管理的一些基本概念，如项目组织机构、项目经理部的设立、工程职业资格制度等，并结合具体实际案例介绍了某地下工程项目建设全过程、施工企业项目三级管理体系、施工企业地铁项目部岗位设置标准等。

2.1 地下工程项目管理组织机构

2.1.1 工程项目的组织方式

建设工程项目的组织方式即为管理工程项目的组织建制。国内外常见的工程项目的组织方式有以下几种：

1. 业主自管方式

由业主自己设置基建机构（筹建处），负责委托设计单位和监理单位、办理前期手续、开展施工单位招标、管理建设资金、采购设施设备、统筹项目推进、组织工程验收等全部工作；有的还自行组织设计、施工队伍直接进行设计和施工（自营方式）。

这是我国计划经济中多年惯用的方式，在计划经济体制下，基本任务由国家统一安排、资金统一分配。业主与设计、施工单位及设备物资供应单位关系，如图 2-1 所示。

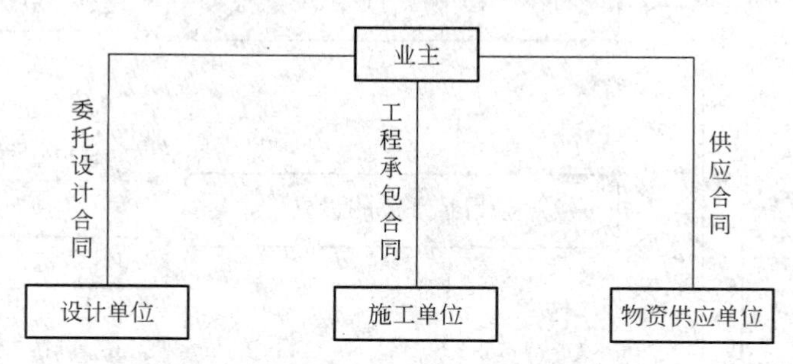

图 2-1　建设各方关系示意

这种管理体制是业主和承包单位的管理体制。这种业主的筹建处并非是专业化、社会化的管理机构，其人员都是临时从四面八方调集来的，多数没有工程建设管理经验，而当他们有了一些管理经验之后，又随着工程竣工而停止工程管理工作，改行从事其他工作。如此，其后的其他工程项目建设又在很低的管理水平上重复，导致我国建设水平和投资效益在很长一段时间内难以提高。

2. 工程指挥部形式

中华人民共和国成立后 30 年里，一些大型工程项目和重点工程项目的管理都采用这种方式，现仍有这种形式存在。

这种建设指挥部是由专业部门和地方高级行政领导兼任正副指挥长，用行政手段组织指挥工程建设，由下属的设计和施工队伍承担工程项目的设计与施工。指挥部的组成如图 2-2 所示。

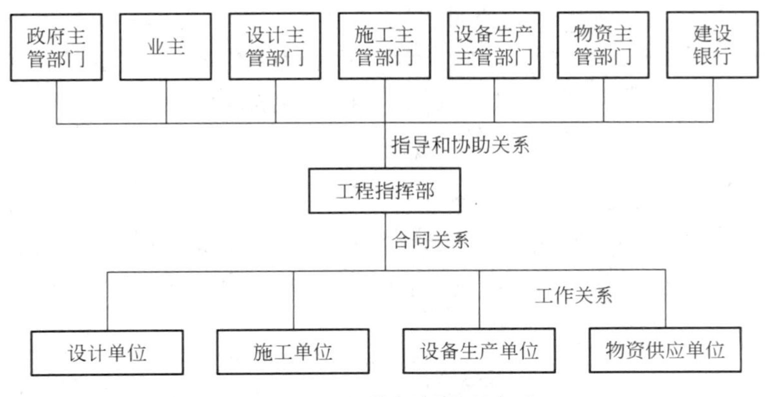

图 2-2 工程指挥部管理方式

这种工程指挥部对工程项目建设不承担经济责任，业主在指挥部中处于次要的地位，也无明确的经济责任。设计和施工单位与建设指挥部的关系都属于行政隶属关系，无严格的承包合同，不承担履行合同的责任，这是当时历史条件下的产物。

3. 项目总承包形式

项目总承包形式，即业主仅提出工程项目的使用要求，而将勘察设计、设备选购、工程施工、材料供应、试车验收等工作委托一家承包公司去做，竣工后接过钥匙即可启用。承担这种任务的承包企业有的是科研、设计、施工一体化公司，有的是设计、施工、物资供应和设备制造厂家以及咨询公司等组成的联合集团。我国把这种管理形式叫作“全过程承包”，或“工程项目总承包”。这种总承包的管理组织形式如图 2-3 所示。

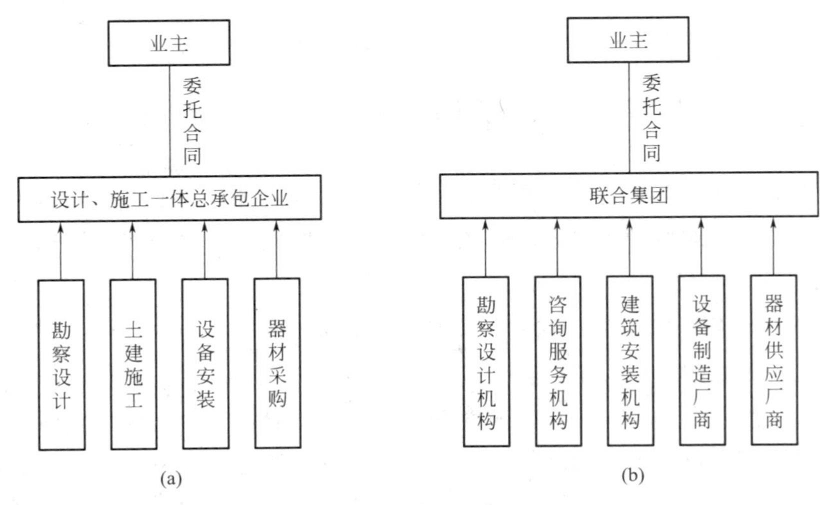

图 2-3 项目总承包形式

（a）设计、施工一体总承包企业；（b）联合集团

4. 工程托管（代建公司）形式

业主将整个工程项目的全部工作，包括可行性研究、设计、施工、材料供应、设备安装等，都委托给工程项目管理专业公司（代建公司），项目管理公司派出项目经理，再进行招标或组织有关专业公司共同完成整个地下工程建设项目，项目管理公司可以是设计单位、咨询单位、监理单位、施工单位等具有项目管理资质的企业。这种管理方式如图 2-4 所示。

5. 三角管理形式

由业主分别与承包单位和咨询公司签订合同，由咨询公司代表业主对承包单位进行管理，这是国际上通行的传统工程管理方式。三方关系如图 2-5 所示。

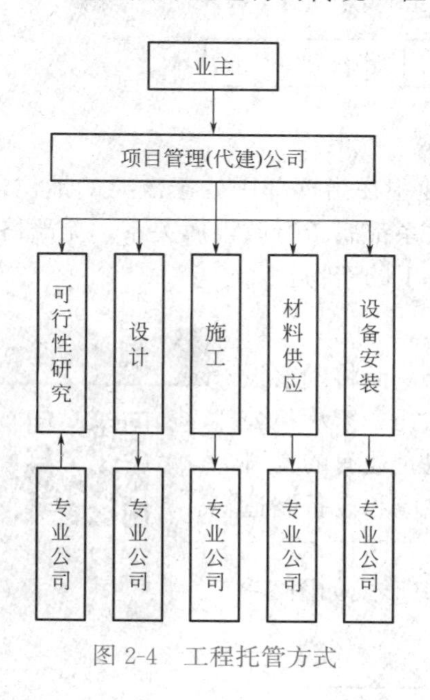

图 2-4 工程托管方式

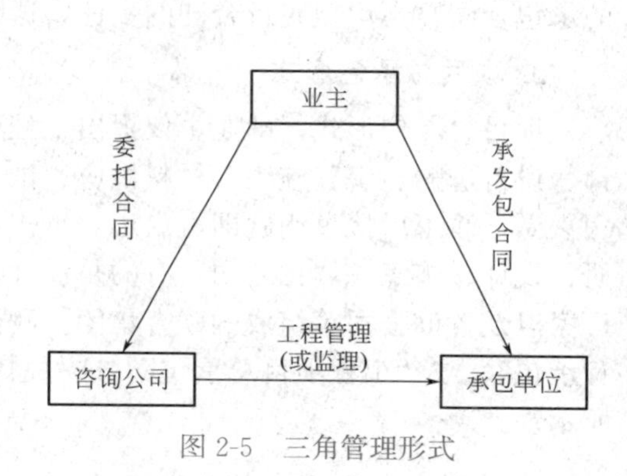

图 2-5 三角管理形式

2.1.2 地下工程项目管理的组织机构

项目经理部是一个施工企业在某个项目的派出机构，是对地下工程项目施工进行管理的主体。一个施工企业接到项目之前就应考虑，对该项目管理设一个怎样的组织机构，才能充分发挥其管理效用。

1. 项目管理组织机构设置的目的和原则

（1）项目管理组织机构设置的目的

组织机构设置的目的是进一步充分发挥项目管理功能，为项目管理服务，提高项目管理整体效率以达到项目管理的最终目标。因此，企业在项目施工中合理设置项目管理组织机构是一个至关重要的问题。高效率项目管理体系和组织机构的建立是施工项目管理成功的组织保证。

（2）项目管理组织机构的设置原则

1）高效精干的原则

项目管理组织机构在保证履行必要职能的前提下，要尽量简化机构，减少层次，从严控制二、三线人员，做到人员精干、一专多能、一人多职。

2）管理跨度与管理分层统一的原则

项目管理组织机构设置、人员编制是否得当合理，关键是根据项目大小确定管理跨度的科学性。同时大型项目经理部的设置，要注意适当划分几个层次，使每一个层次都能保持适当的工作跨度，以便各级领导集团力量在职责范围内实施有效的管理。

3）业务系统化管理和协作一致的原则

项目管理组织的系统化原则是由其自身的系统性所决定的。项目管理作为一个整体，是由众多小系统组成的；各子系统之间，系统内部各单位之间，不同区段、工种、工序之间都存在着大量的“结合部”，这就要求项目组织又必须是个完整的组织结构系统，也就是说各业务科室的职能之间要形成一个封闭性的相互制约、相互联系的有机整体。协作，是指在专业分工和业务系统管理的基础上，将各部门的分目标与企业的总目标协调起来，使各级和各个机构在职责和行动上相互配合。

4）因事设岗、按岗定人、以责授权的原则

项目管理组织机构设置和定员编制的根本目的在于保证项目管理目标的实施。所以，应该依据目标设办事机构、按办事职责范围确定人员编制的数量。坚持因事设岗、按岗定人、以责授权的原则，是目前施工企业推行项目管理进行体制改革中必须解决的重点问题。

5）项目组织弹性、流动的原则

组织机构的弹性和管理人员的流动，是由工程项目单件性所决定的。因为项目对管理人员的需求具有质和量的双重因素，所以管理人员数量和管理的专业要随工程任务的变化而相应的变化，要始终保持管理人员与管理工作相匹配。

2. 项目管理组织机构（项目经理部）的主要模式

（1）直线制式（图 2-6）

直线制式机构中各职位都按直线排列，项目经理直接进行单线垂直领导，适用于中小型项目。优点：人员相对稳定，接受任务快，信息传递迅捷，人事关系容易协调；缺点：专业分工差，横向联系困难。

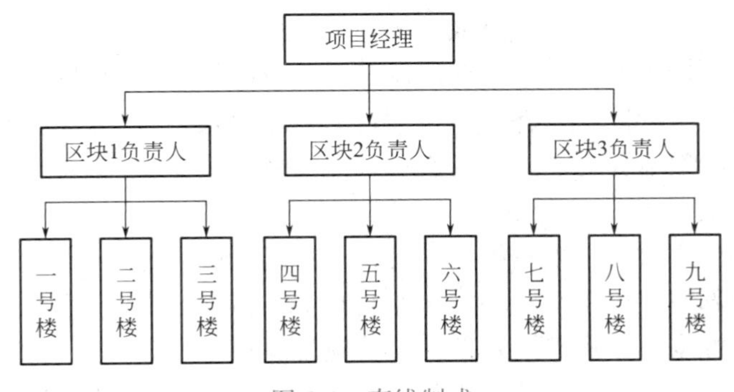

图 2-6　直线制式

（2）工程队式（图 2-7）

工程队式是完全按照对象原则的项目管理机构，企业职能部门处于服务地位。一般由公司任命项目经理，由项目经理在企业内招聘或抽调职能人员组成，由项目经理指挥，独立性大。管理班子成员与原部门脱离领导与被领导关系，原单位只负责业务指导和考察。

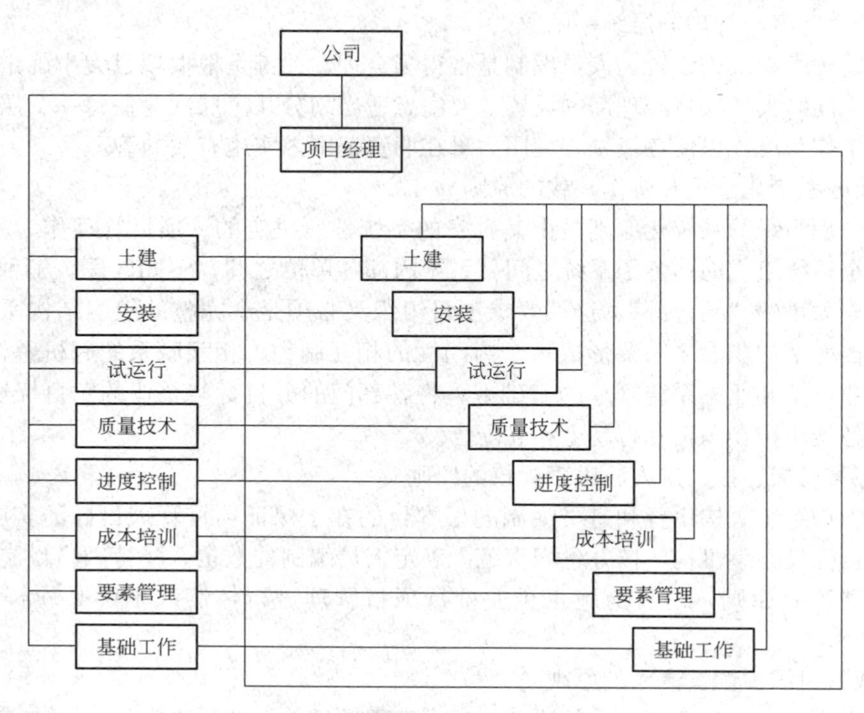

图 2-7 工程队式

管理机构与项目工期同寿命。项目结束后，机构撤销，人员回原部门和岗位。适用于大型项目、工期紧迫的项目以及要求多工种多部门密切配合的项目。

优点：人员均为各职能专家，可充分发挥专家作用，各种人才都在现场，解决问题迅速，减少了扯皮和时间浪费；项目经理权力集中、横向干涉少、决策及时，有利于提高工作效率；减少了结合部，不打乱企业原建制，易于协调关系、避免行政干预，项目经理易于开展工作。

缺点：由于临时组合，人员配合工作需一段磨合期，而且各类人员集中在一起，同一时期工作量可能差别很大，很容易造成忙闲不均、此窝工彼缺人，导致人工浪费。由于同一专业人员分配在不同项目上，相互交流困难，专业职能部门的优势无法发挥作用，致使在一个项目上早已解决的问题，在另一个项目上重复探索、研究。基于以上原因，当人才紧缺而同时有多个项目需要完成时，不宜采用此项目组织类型。

（3）部门控制式（图 2-8）

它是按照职能原则建立的项目组织，是在不打乱企业现行建制的条件下，把项目委托给企业内某一专业部门或施工队，由单一部门的领导负责组织项目实施的项目组织形式。适用于小型的专业性强、不需涉及众多部门的施工项目。例如，煤气管道施工、电信和电缆铺设等只涉及少量技术工种，只交给某地专业施工队即可，如需要专业工程师，可以从

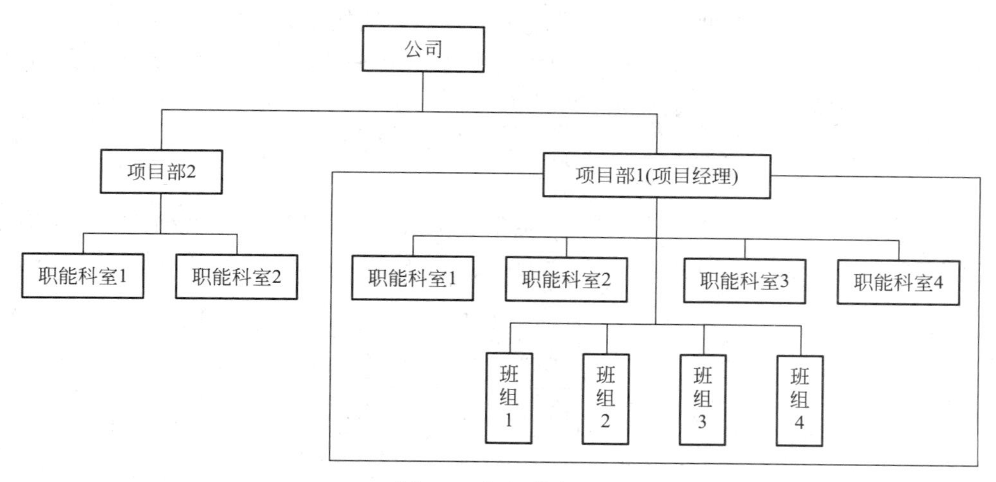

图 2-8 部门控制式

技术部门临时借调，该项目可以从这个施工队指定项目经理全权负责。

优点：机构启动快；职能明确，职能专一，关系简单，便于协调；项目经理无须专门训练便能进入状态。

缺点：人员固定，不利于精简机构，不能适应大型复杂项目或者涉及各个部门的项目，因而局限性较大。

（4）矩阵式（图 2-9）

矩阵式组织是现代大型项目管理中应用最广泛的新型组织形式，是目前推行项目法施工的一种较好的组织形式。它吸收了部门控制式和工程队式的优点，发挥职能部门的纵向优势和项目组织的横向优势，把职能原则和对象原则结合起来。从组织职能上看，矩阵式组织将企业职能和项目职能有机地结合在一起，形成了一种纵向职能机构和横向项目机构相交叉的矩阵式组织形式。

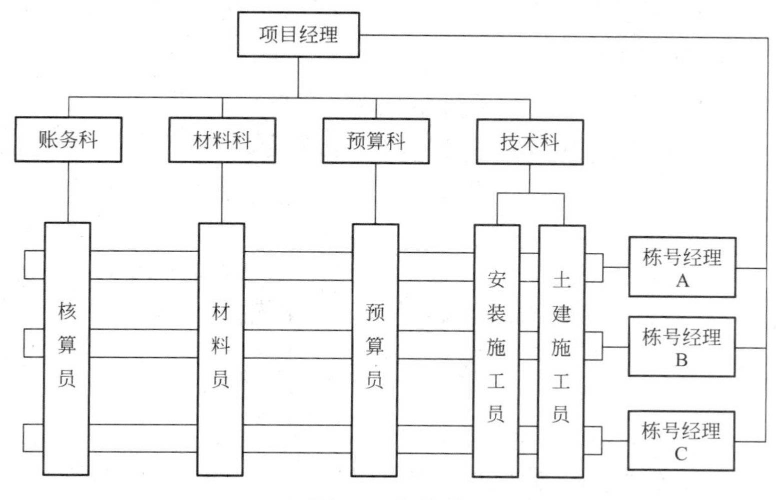

图 2-9 矩阵式

适用范围：适用于同时承担多个项目管理的企业；适用于大型、复杂的施工项目。

优点：兼有部门控制式和工程队式两者的优点，解决了企业组织和项目组织的矛盾；能以尽可能少的人力实现多个项目管理的高效率。

缺点：双重领导造成的矛盾；身兼多职造成管理上顾此失彼。

（5）事业部式

事业部式项目管理组织，在企业内作为派往项目的管理班子，对企业外具有独立法人资格。图 2-10 是事业部式项目组织机构示意。

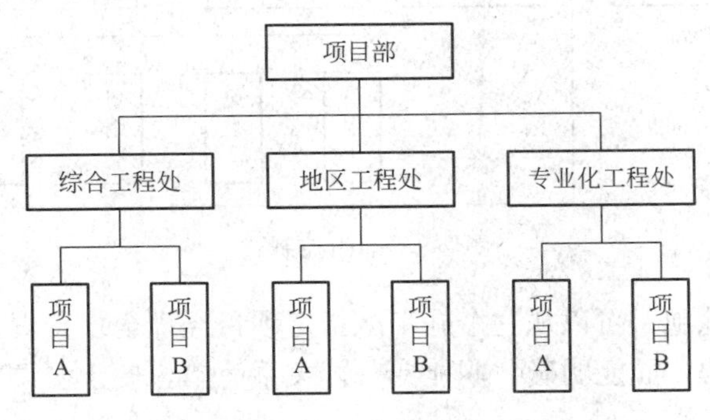

图 2-10　事业部式

适用范围：事业部式项目组织适用于大型经营性企业的工程承包，特别适用于远离公司本部的工程承包。需要注意的是，一个地区只有一个项目，没有后续工程时，不宜设立地区事业部，适用于在一个地区内有长期市场或一个企业有多种专业化施工力量时采用。在这些情况下，事业部与地区市场同寿命，地区没有项目时，该事业部应予撤销。

优点：事业部式项目组织有利于延伸企业的经营职能，扩大企业的经营业务，便于开拓企业的业务领域。还有利于迅速适应环境变化以加强项目管理。

缺点：事业部式项目组织的缺点是企业对项目经理部的约束力减弱，协调指导的机会减少，故有时会造成企业结构松散，必须加强制度约束，加大企业的综合协调能力。

3. 项目管理组织机构的选择思路

选择项目管理组织机构时，应将企业的素质、任务、条件、基础同工程项目的规模、性质、内容、要求的管理方式结合起来分析，选择最适宜的项目组织机构，不能生搬硬套某一种形式，更不能不加分析盲目作出决策。一般说来，可按下列思路选择项目管理组织机构形式：

（1）大型综合企业，人员素质好、管理基础强、业务综合性强，可以承担大型任务，宜采用矩阵式、工程队式、事业部式的项目管理组织机构。

（2）简单项目、小型项目、承包内容专一的项目，应采用部门控制式项目管理组织机构。

（3）在同一企业内可以根据项目情况采用几种组织形式，如将事业部式与矩阵式结合使用，或将工程队式与事业部式结合使用等，但不能同时采用矩阵式及工程队式方式，以免造成管理渠道和管理秩序的混乱。表 2-1 可供选择项目管理组织机构形式时参考。

选择项目管理组织机构模式参考因素 表 2-1

项目管理组织机构主要模式	项目性质	施工企业类型	企业人员素质	企业管理水平
工程队式	大型项目，复杂项目，工期紧的项目	大型综合施工企业，有得力项目经理的企业	人员素质较强，专业人才多，职工和技术素质较高	管理水平较高，基础工作较强，管理经验丰富
部门控制式	小型项目，简单项目，只涉及个别少数部门的项目	小施工企业，事务单一的企业，大中型基本保持直线职能制的企业	素质较差，力量薄弱，人员构成单一	管理水平较低，基础工作较差，项目经理难找
矩阵式	多工种、多部门、多技术配合的项目，管理效率要求很高的项目	大型综合施工企业，经营范围很宽、实力很强的施工企业	文化素质、管理素质、技术素质很高，但人才紧缺，管理人才多，人员"一专多能"	管理水平很高，管理渠道畅通，信息沟通灵敏，管理经验丰富
事业部式	大型项目，远离企业基地项目，事业部式企业承揽的项目	大型综合施工企业，经营能力很强的企业，海外承包企业，跨地区承包企业	人员素质高，项目经理强，专业人才多	经营能力强，信息手段强，管理经验丰富，资金实力大

2.2 项目经理部的设立

2.2.1 项目经理部

1. 项目经理部定义

项目经理部是由项目经理在企业的支持下组建并领导项目管理的组织机构。它是施工项目现场管理的一次性并具有弹性的施工生产组织机构，负责施工项目从开工到竣工的全过程施工生产经营的管理工作，既是企业某一施工项目的管理层，又对劳务作业层负有管理与服务的职能。

项目经理部由项目经理、项目副经理以及其他技术和管理人员组成。项目经理部各类管理人员的选聘，先由项目经理或企业人力资源部门推荐，或由本人自荐，经项目经理与企业法定代表人或企业管理组织协商同意后按组织程序聘任。

2. 项目经理部的地位

项目经理部直属项目经理领导，接受企业业务部门的指导、监督、检查和考核，是项目管理工作的具体执行机构和监督机构，是在项目经理领导下的施工项目管理层。其职能是对施工项目从开工到竣工实行全过程的综合管理。

确立项目经理部的地位，关键在于正确处理项目经理与项目经理部之间的关系。项目经理是项目经理部的一个成员，但由于其地位的特殊，一般都把他同项目经理部并列。从总体上说，项目经理与项目经理部的关系可以总结为：

（1）项目经理部是在项目经理领导下的机构，要绝对服从项目经理的统一指挥。

（2）项目经理是项目利益的代表和全权负责人，其一切行为必须符合项目经理部的整体利益。但在实际工作中，由于施工项目经济责任的形式不同，施工项目经理与施工项目经理部的关系远非如此简单，施工项目经理部的职责权利落实也存在着多种情况，需要具体分析。

3. 项目经理部的性质

施工项目经理部是施工企业内部相对独立的一个综合性的责任单位，其性质可以归纳为三个方面：

（1）施工项目经理部的相对独立性。施工项目经理部的相对独立性，是指其与企业存在着双重关系。一方面，它作为施工企业的下属单位，同施工企业存在着行政隶属关系，要绝对服从企业的全面领导；另一方面，它又是一个施工项目机构独立利益的代表，同企业形成一种经济责任关系。

（2）施工项目经理部的综合性。施工项目经理部的综合性，主要指如下几个方面：首先，应当明确施工项目经理部是施工企业的经济组织，主要职责是管理施工项目的各种经济活动，但其又要负责一定的行政管理，比如施工项目的思想政治工作；其次，其管理职能是综合的，包括计划、组织、控制、协调、指挥等多方面；第三，其管理业务是综合的，从横向看包括人、财、物、生产和经营活动；从纵向看包括施工项目实施的全过程。

（3）施工项目经理部的单体性和临时性。施工项目经理部的单体性，是指其仅是企业中一个施工项目的责任单位；施工项目经理部的临时性，是指其随着施工项目的开工而成立，随着施工项目终结而解体。

4. 项目经理部的作用

6. 项目经理部的作用

项目经理部是施工项目管理的工作班子，置于项目经理的领导之下。为了充分发挥项目经理部在项目管理中的主体作用，必须对项目经理部的机构设置特别重视，设计好、组建好、运转好，从而发挥其应有功能。

（1）负责施工项目从开工到竣工全过程的施工生产经营的管理，对作业层负有管理与服务的双重职能。因此作业层工作的质量取决于项目经理的工作质量。

（2）为项目经理的决策提供信息依据，当好参谋，同时又要执行项目经理的决策意图，向项目经理全面负责。

（3）项目经理部作为组织体，应完成企业所赋予的基本任务即项目管理任务。凝聚管理人员的力量，调动其积极性，促进管理人员的合作，建立为事业献身的精神；协调部门之间、管理人员之间的关系，发挥每个人的岗位作用，为共同目标进行工作；影响和改变管理人员的观念和行为，使个人的思想、行为变为组织文化的权变因素；实行责任制，搞好管理；沟通部门之间、项目经理部与作业队之间、与公司之间的关系。

（4）项目经理部是代表企业履行工程承包合同的主体，对项目产品和建设单位全面、全过程负责，使每个施工项目经理部成为市场竞争的主体成员。

2.2.2 项目经理部的设立

1. 地下工程项目经理部设立的要求

地下工程项目部的设立应根据项目的大小及其项目结构实际需要进行，一般情况下，将中标的某个标段（一个或多个地铁车站和一段或多段区间隧道）设立一个某标段项目经理部，也可将一个车站或者一段区间隧道设立一个项目经理部。承包人必须在地下工程施工现场设立项目经理部，而不能用其他组织方式代替。在项目经理部内，应根据目标控制和主要管理的需要设立专业职能部门。

2. 项目经理部设立的基本原则

（1）根据设计的项目组织形式设置项目经理部。项目组织形式不仅与企业对施工项目的管理方式有关，而且与企业对项目经理部的授权有关。不同的组织形式对项目经理部的管理力量和管理职责提出了不同要求，同时也提供了不同的管理环境。

（2）项目经理部是一个具有弹性的一次性的管理组织，不应搞成一级固定性组织。项目经理部不应有固定的作业队伍，而应根据施工的需要，从劳务分包公司吸收人员，进行优化组合和动态管理。

（3）项目经理部的人员配置应面向现场，满足现场的计划与调度、技术与质量、成本与核算、劳务与物资、安全与文明施工的需要，而不应设置与项目施工关系较少的非生产性管理部门。

3. 项目经理部的设立步骤

地下工程项目经理部的设立应遵循下列步骤：

（1）根据企业批准的“项目管理规划大纲”确定项目经理部的管理任务和组织形式。

项目经理部的组织形式和管理任务的确定应充分考虑工程项目的特点、规模以及企业管理水平和人员素质等因素。组织形式和管理任务的确定是项目经理部设置的前提和依据，对项目经理部的结构和层次起着决定性的作用。

（2）确定项目经理部的层次，设立职能部门与工作岗位。根据项目经理部的组织形式和管理任务进一步确定项目经理部的结构层次，如果管理任务比较复杂，层次就应多一些；如果管理任务比较单一，层次就应简化。此外，职能部门和工作岗位的设置除适应企业已有的管理模式外，还应考虑命令传递的高效化和项目经理部成员工作途径的适应性。

（3）根据部门和岗位进一步定人、定岗，划分各类人员的职责、权限，以及沟通途径和指令渠道。

（4）在组织分工确定后，项目经理即应根据“项目管理目标责任书”对项目管理目标进行分解、细化，使目标落实到岗、到人。

（5）在项目经理的领导下，进一步制定项目经理部的管理制度，做到责任具体、权力到位、利益明确。在此基础上，还应详细制定目标责任考核和奖惩制度，使勤有所奖、懒有所罚，从而保证项目经理部运行有章可循。

2.2.3 项目经理

1. 项目经理的条件及产生

项目管理班子是以项目经理为核心，共享利益，共担风险，对外代表企业履行与建设单位签订的工程承包合同，对内则是工程项目建设的承包经营者。

项目管理班子应本着满足工作需要，高效、精干、一专多能的原则，依据项目大小、繁简和承包范围确定人员配备。根据一些企业的经验，一级项目经理部为30～45人，二级项目经理部为20～30人，三级项目经理部为15～20人。一般项目可设有技术员、施工员、预算员、统计员、劳务员、材料员、质量员、安全员、标准员和机械员等职能岗位。

项目班子的主要职责是以较低的成本，尽可能好的质量，尽可能合理的工期，安全地完成工程建设任务。

(1) 项目经理的条件

工程项目管理是以项目经理个人负责制为基础的，即项目经理负责制。项目经理作为建设单位的代表或施工单位委托的管理者，其主要职责是在总体上掌握和控制工程项目建设的全过程，以确保工程项目总目标最优地实现。项目经理是决定项目管理成败的关键人物，是项目管理的柱石，是项目实施的最高决策者、管理者、组织者、指挥者、协调者和责任者。因此，要求项目经理必须具备以下基本条件：

1) 具有较高的技术、业务管理水平和实践经验。

2) 有组织领导能力，特别是管理能力。

3) 政治素质好，作风正派，廉洁奉公，政策性强，处理问题能把原则性、灵活性和耐心结合起来；具有较强的判断能力，敏捷思考问题的能力和综合、概括的能力。

4) 决策准确、迅速，工作有魄力，敢于承担风险。

5) 工作积极热情，精力充沛，能吃苦耐劳。

6) 具有一定的社交能力和交流沟通的能力。

(2) 项目经理的产生

目前，项目经理的产生有以下几个途径：

1) 行政派出，即直接由企业领导决定项目经理人选。

2) 人事部门推荐，企业聘任，即授权人事部门对干部、职工进行综合考核，提出项目经理候选人名单，由领导决定聘任。

3) 招标确定，即通过自荐、宣布施政纲领、群众选举，并经过领导综合考核产生；

4) 职工推选，即由职工代表大会或全体职工直接投票选举产生。

2. 项目经理的责、权、利

(1) 项目经理的任务

项目经理的任务主要包括：保证项目按照规定的目标高速、优质、低耗、全面的完成；保证各生产要素在项目经理授权范围内最大限度地优化配置。具体包括：

1）确定项目管理组织机构的构成并配备人员，制定规章制度，明确有关人员的职责，组织项目经理部开展工作。

2）确定管理总目标和阶段性目标，进行目标分解，实行总体控制，确保项目建设成功。

3）及时、适当地作出项目管理决策，包括投标报价决策、人事任免决策、重大技术组织措施决策、财务工作决策、资源调配决策、进度决策、合同签订及变更决策，对合同执行情况进行严格管理。

4）协调本组织机构与各协作单位之间的协作配合及经济、技术工作，在授权范围内代理（企业法人）进行有关签证，并进行相互监督、检查，确保质量、工期、成本控制和节约。

5）建立完善的内部及对外信息管理系统。

6）实施合同，处理好合同变更、洽商纠纷和索赔，处理好总分包关系，搞好与有关单位的协作配合，与建设单位的相互监督。

（2）项目经理的基本职责

项目经理的基本职责包括：

1）代表企业实施施工项目管理，贯彻执行国家法律、法规、方针、政策和强制性标准，执行企业的管理制度，维护企业的合法权益。

2）履行“项目管理目标责任书”规定的任务。

3）组织编制项目管理实施规划。

4）对进入现场的生产要素进行优化配置和动态管理。

5）建立质量管理体系和安全管理体系并组织实施。

6）在授权范围内负责与企业管理层、劳务作业层、各协作单位、发包人、分包人和监理工程师等的协调，解决项目中出现的问题。

7）按“项目管理目标责任书”处理项目经理部与国家、企业、分包单位以及职工之间的利益分配。

8）进行现场文明施工管理，发现和处理突发事件。

9）参与工程竣工验收，准备结算资料和分析总结，接受审计，处理项目经理部的善后工作。

10）协助企业进行项目的检查、鉴定和评奖申报。

（3）项目经理的权限

项目经理在授权和企业规章制度范围内，在实施项目管理过程中享有以下权限：

1）项目投标权。项目经理参与企业进行施工项目投标和签订施工合同。

2）人事决策权。项目经理经授权组建项目经理部确定项目经理部的组织结构，选择、聘任管理人员，确定管理人员的职责，组织制定施工项目的各项管理制度，并定期进行考核、评价和奖惩。

3）财务支付权。项目经理在企业财务制度规定范围内，根据企业法定代表人授权和施工项目管理的需要，决定资金的投入和使用，决定项目经理部组成人员的计酬办法。

4）物资采购管理权。项目经理在授权范围内，按物资采购程序的文件规定行使采购权。

5）作业队伍选择权。根据企业法定代表人授权或按照企业的规定，项目经理自主选择、使用作业队伍。

6）进度计划控制权。根据项目进度总目标和阶段性目标的要求，对项目建设的进度进行检查、调整，并在资源上进行调配，从而对进度计划进行有效的控制。

7）技术质量决策权。根据项目管理实施规划或项目组织设计，有权批准重大技术方案和重大技术措施，必要时召开技术方案论证会，把好技术决策关和质量关，防止技术上决策失误，主持处理重大质量事故。

8）现场管理协调权。项目经理根据企业法定代表人授权，协调和处理与施工项目管理有关的内部与外部事项。

（4）项目经理的利益

项目经理最终的利益是项目经理行使权力和承担责任的结果，也是市场经济条件下责、权、利、效相互统一的具体体现。主要表现在：

1）获得基本工资、岗位工资和绩效工资。

2）在全面完成“项目管理目标责任书”确定的各项责任目标、交工验收并结算后，接受企业的考核和审计，除按规定获得物质奖励外，还可获得表彰、记功、优秀项目经理等荣誉称号和其他精神奖励。

3）经考核和审计，未完成“项目管理目标责任书”确定的责任目标或造成亏损的，按有关条款承担责任，并接受经济或行政处罚。

2.2.4 项目部组建

1. 基本规定

（1）项目启动后，集团工程管理部、人力资源部应拟定项目部主要管理人员，协助项目投标、合同谈判。

（2）项目中标后，集团工程管理部、人力资源部、总经理办公室、党群工作部等相关部门，组建项目部、任命项目经理和项目部主要管理人员、建立党群组织。

（3）项目部是根据企业授权、直接对施工项目进行管理的临时性管理机构；项目部在项目经理的领导下，接受本部相关部门的业务领导、监督、检查和考核，负责对项目资源进行合理使用和动态管理；项目部在工程承包合同签订后成立，在项目履约完成后撤销。

2. 项目部组织机构

项目部应按照“合理配置、精干高效、动态管理”的原则设置机构和管理岗位。在满足施工现场管理基本需要的情况下，鼓励“一岗多职、一专多能”。项目部应依据项目规模和施工难易程度设置内设机构，大型及以上工程一般由项目领导班子（项目经理、党支部书记、总工、生产经理、商务经理、生产安全经理）、综合部、工程部、安全部、质检部、合约部、财务部、材料设备部、工地实验室主任（道桥类项目）等组成（图 2-11），中小型工程参照执行。

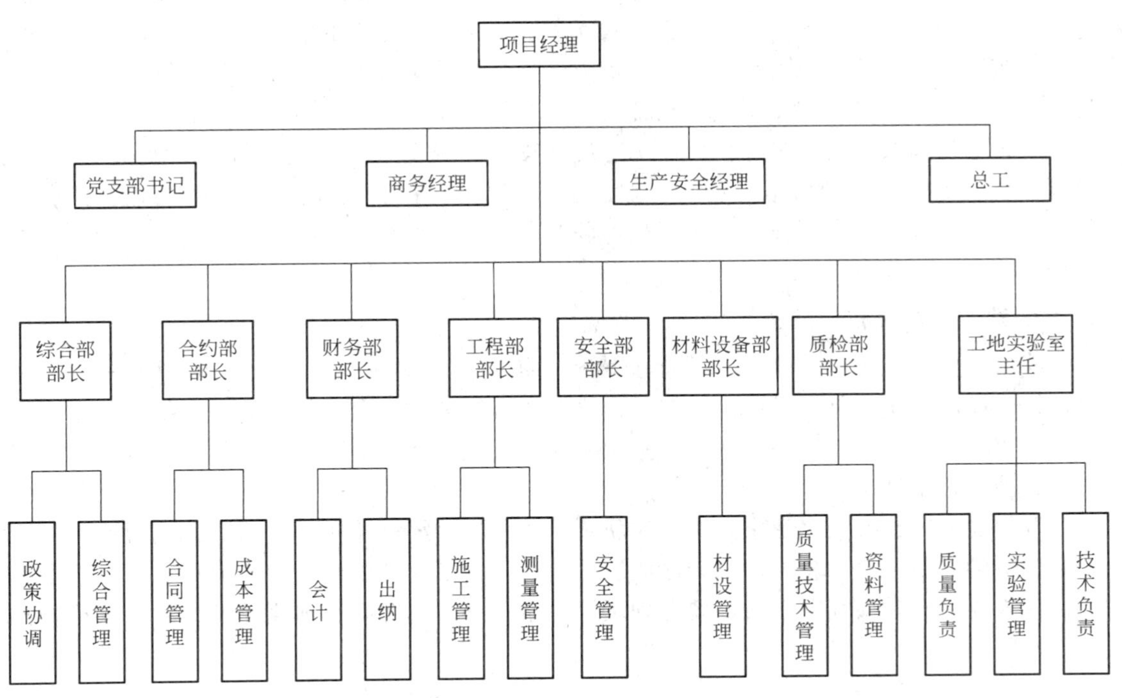

图 2-11 （大型及以上工程）项目部组织机构图

2.3 工程执业资格制度

《中华人民共和国建筑法》（以下简称《建筑法》）第十四条规定，从事建筑活动的专业技术人员，应当依法取得相应的执业资格证书，并在执业证书许可的范围内从事建筑活动。改革开放以来，按照《建筑法》的要求，我国在建设领域已设立了注册建造师、注册结构工程师、注册监理工程师、注册造价工程师、注册房地产估价工程师、注册规划师、注册岩土工程师等执业资格。人力资源和社会保障部和住房和城乡建设部联合印发关于《建造师执业资格制度暂行规定》的通知（人发〔2002〕111 号），标志着我国建立建造师执业资格制度的工作正式启动。

目前，住房和城乡建设部对建造师执业资格制度这项工作非常重视，现已作为企业资质晋级和保级必备条件，是施工企业选派项目经理条件之一。

2.3.1 建造师执业资格制度的几个问题

1. 建造师的级别与专业

建造师分为一级建造师和二级建造师，分级管理。一级注册建造师可以担任《建筑业企业资质标准》中规定的甲级施工企业承担的建设工程项目施工的项目经理；二级注册建造师只可以担任乙级施工企业承担的建设工程项目施工的项目经理。不同类型、不同性质的建设工程项目，有着各自的专业性和技术特点，对项目经理的专业要求也有很大不同。建造师实行分专业管理，就是为了适应各类工程项目对建造师专业技术的不同要求，也是为了与现行建设管理体制相衔接，充分发挥各有关专业部门的作用。

一级建造师共划分为 10 个专业：建筑工程、公路工程、铁路工程、民航机场工程、港口与航道工程、水利水电工程、矿业工程、市政公用工程、通信与广电工程、机电工程。二级建造师分 6 个专业：建筑工程、公路工程、水利水电工程、市政公用工程、机电工程、矿业工程。

2. 建造师的资格与注册

建造师要通过考试才能获取执业资格。一级建造师执业资格考试：全国统一考试大纲、统一命题、统一组织考试。二级建造师执业资格考试：全国统一考试大纲，各省、自治区、直辖市命题并组织考试。符合报考条件的人员，考试合格即可获得一级或者二级建造师的执业资格证书。

取得建造师执业资格证书且符合注册条件的人员，经过注册登记后，即获得一级或者二级建造师注册证书和执业印章。注册后的建造师方可受聘执业。建造师执业资格注册有效期为 6 年，有效期前一个月，要办理延续注册手续。建造师必须接受继续教育，更新知识，不断提高业务水平。

2.3.2 建造师与项目经理的定位

1. 建造师的定位

建造师是一种执业资格注册制度。执业资格注册制度是政府对某种责任重大、社会通用性强、关系公共安全利益的专业技术工作实行的市场准入控制。它是专业技术人员从事某种专业技术工作学识、技术和能力的必备条件。所以，要想取得建造师执业资格，就必须具备一定的条件，比如，规定的学历、从事工作年限等，同时还要通过全国建造师执业资格统一考核或考试，并经国家主管部门授权的管理机构注册后方能取得建造师执业资格证书。建造师从事建造活动，是一种执业行为，取得资格后可使用建造师名称，依法单独执行建造业务，并承担法律责任。

建造师又是一种证明某个专业人士从事某种专业技术工作知识和实践能力的体现。

2. 项目经理的定位

首先，要了解经理的含义。经理或项目经理与建造师不仅是名称不同，其内涵也不一样。经理通常解释为经营管理，这是广义概念，狭义的解释即负责经营管理的人，可以是经理、项目经理和部门经理。作为项目经理，理所当然是负责工程项目经营管理的人，对工程项目的管理是全方位、全过程的。对项目经理的要求，不但在专业知识上要求有建造师资格，更重要的是还必须具备领导素质、组织协调、对外洽谈能力以及工程项目管理的实践经验。

其次，要明确项目经理的地位。工程项目管理活动是一个特定的工程对象，项目经理就是一个特定的项目管理者。《国务院关于取消第二批行政审批项目和改变一批行政审批项目管理万式的决定》（国发〔2003〕5 号）规定，取消建筑施工企业项目经理资质核准，由注册建造师代替，并设立过渡期。决定中指出，项目经理岗位是保证工程项目建设质量、安全、工期的重要岗位。《建设工程项目管理规范》GB/T 50326—2017 也对项目经理的地位做了明确说明：项目经理是根据企业法定代表人的授权范围、时间和内容，对施工项目自开工准备至竣工验收，实施全过程、全方位管理。

2.3.3　注册建造师与项目经理的关系

1. 项目经理

项目经理是施工企业实施工程项目管理设置的一个岗位职务，项目经理根据企业法定代表人的授权，对工程项目自开工准备至竣工验收实施全过程的组织管理。项目经理的资质由行政审批获得。建造师是从事建设工程管理包括工程项目管理的专业技术人员的执业资格，按照规定具备一定条件，并参加考试合格的人员，才能获得这个资格。获得建造师执业资格的人员，经注册后可以担任工程项目的项目经理及其他有关岗位职务。项目经理责任制与建造师执业资格制度是两个不同的制度，但在工程项目管理中是具有联系的两个制度。

2. 注册建造师

如前文所述，注册建造师与项目经理定位不同，但所从事的都是建设工程的管理。注册建造师执业的覆盖面较大，可涉及工程建设项目管理的许多方面，担任项目经理只是建造师执业中的一项，而项目经理则仅限于企业内某一特定工程的项目管理。建造师选择工作的权利相对自主，可在社会市场上有序流动，有较大的活动空间，项目经理岗位则是企业设定的，项目经理是由企业法人代表授权或聘用的、一次性的工程项目施工管理者。

2.4　某地下工程项目三级管理体系

2.4.1　项目实施策划

1. 项目部机构设置及人员任命发文

项目三级管理体系即集团级、公司级、项目部级；项目中标后，由集团项目管理委员会牵头，实施策划组会同项目所属单位（分公司、项目部）进行项目实施策划，形成项目部机构设置及人员配备方案，报集团工程管理部，经集团项目管理委员会审核批复后实施。项目所属二级单位依据项目实施策划向集团人力资源部提出申请成立项目部及人员聘任报告（表 2-2），由集团总经理办公室发文成立项目部，申请成立项目部和人员聘任的报告、项目简介及项目部管理人员配置计划明细表见表 2-3 和表 2-4。

二级单位申请成立项目部和人员聘任的报告 表 2-2

关于申请成立××市地铁 5 号线三标段项目部和人员聘任的报告

集团公司：

我公司(分公司)新承接××市地铁 5 号线三标段工程项目，为确保工程建设的顺利实施，方便项目部开展工作，现向公司申请成立××集团有限公司×××××工程项目经理部。经与集团相关部门商议，拟聘：

项目经理　　　　×××
项目总工　　　　×××
项目副经理　　　×××
项目质量负责人　×××
项目安全负责人　×××

请批准为盼！

××××公司
××××年××月××

××项目简介 表 2-3

一、工程概况

1. 工程所在地：××××省×市×区
2. 甲方单位：×××××
3. 工程专业：×××××
4. 工程造价：×仟×百×拾×万×仟×百×拾×元(RMB：×××××××××元)
5. 工期：××××年××月××日至××××年××月××日

二、项目经营性质

1. 本工程为×××(联营或自营)
2. 联营方：×××

三、项目部人员配置计划

计划配置管理人员××人，自有员工××人，劳务××人；后勤及技能人员××人，自有员工××人，劳务××人

项目部管理人员配置计划明细表 表 2-4

序号	部门	岗位名称	姓名	到岗时间	备注
1	项目班子成员	项目经理			
2		党支部书记			
3		总工			
4		商务经理			
5		生产安全经理			
6	综合部	综合部部长			
7		政策协调			
8		综合管理			
9	工程部	工程部部长			
10		施工管理			
11		测量管理			
12	……	……			
13		……			

2. 项目部劳务人员配置

项目部聘用的劳务管理人员由项目所属单位提出，填写项目部劳务用工审批表（表2-5），报集团工程管理部、人力资源部审批；项目部技能人员及后勤服务人员由项目部提出，项目所属单位审核，集团成本合约部、人力资源部审批。

项目部劳务用工审批表　　　　表2-5

序号	姓名	性别	身份证号码	聘用起止时间	从事岗位	月工资标准（元）	备注
项目经理签字							
二级单位领导意见							
相关部门意见							
分管领导意见							

3. 岗位人员变更

为保证项目管理工作的连续性，项目管理团队成员原则上不宜中途更换。确需人员变动，在征得发包方（建设单位）同意并符合法律规定后，按照内部审批权限审批后，办理变更手续（表2-6）。

施工现场关键岗位人员变更申请表　　　　表2-6

工程名称				工程造价			
项目经理				联系电话			
变更缘由： 申请单位负责人：　　　　（签章）日期：							
姓名	岗位（专业）	职称	岗位证书号	姓名	岗位（专业）	职称	岗位证书号
项目所属单位意见							
集团公司审批意见							

4. 薪酬策划

项目人员审批确定后，进行薪酬策划，由项目部填写“项目部员工薪酬执行计划书”（表2-7），项目在实施过程中，需动态跟踪，由项目部填写“项目薪酬分配执行动态监控表”（表2-8），报所在二级单位审核。

项目部员工薪酬执行计划书　　表 2-7

项目名称			工程造价		项目起止时间		
类别	管理人员人数	薪酬总额（元）	项目部本部技能人员及后勤服务人员人数	薪酬总额（元）	施工现场技能人员人数	薪酬总额（元）	薪酬总额合计（元）
×标段							
薪酬计划执行书							
时间	管理人员人数	薪酬总额（元）	项目部本部技能人员及后勤服务人员人数	薪酬总额（元）	施工现场技能人员人数	薪酬总额（元）	薪酬总额合计（元）

备注：1. 施工现场技能人数仅指盾构项目。

2. 薪酬执行计划数可按季度编排计划

项目薪酬分配执行动态监控表　　表 2-8

货币单位：元

序号	起止时间	薪酬计划							薪酬执行情况							薪酬节超	人员数量
		管理人员人数	薪酬小计	项目部本部技能人员及后勤服务人员人数	薪酬小计	施工现场技能人员人数	薪酬小计	薪酬总额合计	管理人员人数	薪酬小计	项目部本部技能人员及后勤服务人员人数	薪酬小计	施工现场技能人员人数	薪酬小计	薪酬总额合计	增减	增减
1																	
2																	
3																	
4																	
合计																	

2.4.2 项目部主要管理人员任职要求

1. 项目部主要管理人员应满足《项目部主要管理人员岗位任职基本资格要求》(表 2-9)，项目经理应符合注册建造师等级规定要求。

项目部主要管理人员岗位任职基本资格要求　　表 2-9

岗位	执业资格(职称)要求	工作经验
项目经理	符合相应工程规模执业资格等级要求、持有安全生产考核合格证书(B证)、工程师及以上职称	5年以上项目管理经验
生产安全经理	大型及以上工程应具备工程师及以上职称，安全生产考核合格证书(B证)	5年以上施工管理经验
商务经理	大型及以上工程应具备注册造价工程师执业资格，工程师及以上职称	5年以上商务管理经验
总工程师	大型及以上工程应具备高级工程师职称	5年以上技术管理经验
质量负责人	大型及以上工程应具备工程师及以上职称	3年以上质量管理经验
安全负责人	持有安全生产考核合格证书(C证)，大型及以上工程应具备工程师及以上职称	3年以上安全管理经验

2. 项目经理履职期间发生下列事项之一的，解除项目经理职务且3年内不得担任项目经理。

(1) 项目发生较大以上安全事故。

(2) 项目发生重大质量事故。

(3) 因项目部管理原因造成项目工期严重拖延。

(4) 因项目部管理原因造成项目严重亏损。

(5) 因项目部管理原因导致企业形象严重受损。

(6) 项目经理严重违反企业管理规定，给企业造成重大经济损失。

(7) 企业内部考核中，项目经理考核被评定为不合格。

2.4.3 项目管理职能划分

1. 企业层级应承担的项目管理职能，见表 2-10。

企业层级应承担的项目管理职能　　表 2-10

序号	工作职能	必要工作事项	时间期限	责任牵头部门
1	投标	项目启动	企业决定项目参与后	经营管理部
		项目营销策划	项目启动时	经营管理部
		项目现金流分析	项目投标前	财务资产部
		项目风险评估	项目投标前	经营管理部
		项目投标总结	项目投标后	经营管理部

续表

序号	工作职能	必要工作事项	时间期限	责任牵头部门
2	合同	合同谈判及签署	工程开工前	经营管理部
		履约保函或保证金	合同规定时间	财务资产部
		合同评审	合同签订前	经营管理部
		项目目标成本核算	合同签订后	成本合约部
		合同交底	项目部组建后	成本合约部
		客户关系管理	合同签订后	经营管理部
		项目策划书	项目启动后	经营管理部
		项目管理责任书	项目策划完成后	成本合约部
3	组织	任命项目经理	项目中标后	人力资源部
		组建项目部	合同签订后	工程管理部 人力资源部
		建立项目党组织	项目部组建时	党群工作部
		项目部岗位及薪酬分配	项目部组建时	人力资源部
4	服务	材料招标采购	配合施工进度要求	招标采购中心 工程管理部
		分包招标	配合施工进度要求	招标采购中心
		设备租赁、采购、调用	配合施工进度要求	材料设备部
		资金调配	配合项目资金使用情况	财务资产部
		技术方案论证	配合施工进度要求	质量技术部
		法律事务	工程开工前	总经理办公室
		信息化系统	工程开工前	信息化中心
		创优工作	配合施工进度要求	质量技术部
5	控制	成本管理目标控制及预警	配合施工进度	成本合约部
		进度管理目标控制及预警	配合施工进度	工程管理部
		安全管理目标控制及预警	配合施工进度	工程管理部
		职业健康、环境管理目标控制及预警	配合施工进度	质量技术部
		质量管理目标控制及预警	配合施工进度	质量技术部
		资金管理目标控制及预警	配合施工进度	财务资产部
6	监督	日常考核	月、季、年	成本合约部 工程管理部
		项目最终考核	工程竣工、尾款结清后	成本合约部 工程管理部
		项目审计与监察	施工过程中及完工后	纪检监察部 内审部

2. 项目部层级应承担的项目管理职能，见表 2-11。

项目部层级应承担的项目管理职能　　表 2-11

序号	工作事项	项目应承担的管理职能
1	合同管理	建立合同管理台账，对合同责任进行分解，定期对签证索赔进行统计分析，负责合同履行中各类争议的协商处理
2	组织管理	建立项目组织机构，明确各部门、岗位职责，编制项目岗位说明书。按照上级要求全面实施项目薪酬管理，做好日常考勤；开展项目人员培训
3	资金管理	制定项目资金收支计划，动态统计项目实际资金收支情况，对项目资金策划执行情况进行分析，及时调整并上报子（分）公司
4	技术管理	根据项目总体策划，落实细化技术措施，明确管理目标，组织实施。编制施工组织设计及单项施工方案。组织图纸会审、设计交底、技术交底、设计变更、洽商等工作；负责施工技术总结、工法编制等工作；负责检验与试验；工程测量及工程技术资料的收集、整理与归档
5	材料管理	编制项目材料需求计划，负责材料的进场验收、贮存、发放、回收工作，对项目材料核算分析，编制项目材料报表；按子（分）公司授权进行项目材料采购，参与大宗材料招标
6	设备管理	参与外租设备考察、租赁招标，负责项目设备进场验收和设备的退场交接工作，负责项目设备的安全使用管理，负责项目设备的租赁费的结算和成本核算
7	分包管理	参与劳务分包、专业分包招标、合同洽谈与合同评审签订等工作；负责项目劳务分包合同、专业分包合同的履约管理工作；负责项目劳务分包、专业分包工程结算及考核；负责落实项目劳务实名制管理工作
8	工期管理	实施项目生产与工期管理各项计划目标，细化和分解工期目标，优化生产要素配置方案并实行动态管理。组织生产情况、工期节点目标巡查，调整偏差；定期召开生产例会，执行定期汇报制度、生产统计报表制度，解决施工过程中存在的问题；进行施工影像图片管理、整理归档
9	成本管理	定期召开成本分析会，编制成本分析报告、商务月度报告并报送上级主管部门；编制、核对项目进度报表，审核分包结算并考核评价分包商；负责中间结算、竣工结算的编制、核对等工作
10	质量管理	建立项目质量管理体系，明确岗位职责；对施工过程中的施工工艺、施工各要素质量进行有效控制；实施过程“三检制”，重点监控质量风险点及关键控制点；对施工材料、构配件和设备进行检验、试验；参与工程的质量验收工作；发现、记录、报告不合格品（不合格项），确认其处置结果，制定纠正（预防）措施，并对实施效果进行验证；参与质量事故处理；开展质量培训、竞赛、会议、QC 等质量管理活动
11	安全管理	负责具体组织和实施各项安全生产管理工作；落实项目安全生产管理制度、进行日常和定期的安全检查，监督分包队伍安全管理，签订总分包安全生产协议；建立项目部应急救援组织，及时报告生产安全事故
12	环境管理	负责具体组织和实施各项环境管理工作；建立并完善项目部环境管理责任制度和自我监督考核体系，监督、控制分包队伍执行环境管理规定；实施总承包环境管理
13	信息管理	负责本项目信息化管理的策划，现场网络系统的建设，综合项目管理系统和专业工具软件的应用
14	收尾管理	负责编制收尾工作计划；组织完工前工程量清理；参与办理竣工验收相关手续；做好工程交接的各项工作；移交工程技术资料、项目管理资料；提交项目完工总结报告

2.4.4 项目部职能部门管理职责

1. 工程部

工程部职责包括：

（1）负责施工组织、资源调配、进度控制、计划管理。

（2）负责施工现场总平面、临时供水供电管理及施工道路协调。

（3）负责项目安全生产管理、文明施工。

（4）负责分包商现场管理、测量管理、劳务管理、工程资料管理等。

（5）负责现场变更、施工索赔的确认。

（6）负责各项管理措施的实施与监控。

2. 安全部

安全部职责包括：

（1）负责贯彻落实国家、省市及有关部门关于安全生产、职业健康、劳动保护、消防和交通安全等工作要求，建立安全生产管理机制，组织召开安全生产例会，落实安全生产费用，保证安全生产。

（2）负责落实项目安全责任制，制定年度安全生产目标，严格执行“一岗双责”制，做好各项安全管理。

（3）负责项目部安全台账管理（建立安全生产管理台账，对危险源进行全面系统识别，建立危险源台账，建立安全事故应急救援预案，落实应急保障，编写安全专项施工方案）。

（4）负责现场安全管理，组织定期与不定期的安全生产检查，对查出的问题督促、整改和落实，监督安全专项施工方案执行情况，对相关设备进行安全检查。

（5）负责安全教育培训，组织开展安全宣传教育、培训、安全月、“安康杯”等活动；执行分部分项工程、设施设备、安全管理等工作，做好三级交底，形成交底记录，负责特种作业人员的培训、复审和持证上岗。

（6）负责安全事故的处理，及时、准确、完整地上报信息，按“四不放过”原则进行调查处理。

3. 质检部

质检部职责包括：

（1）负责项目部质量管理，执行上级有关质量管理相关政策，编制质量管理方案，开展工程质量项目“三检”工作，落实“首检制”管理办法，制定质量事故应急预案，保证施工质量，及时解决相关质量问题，制定创优方案并具体实施创优和QC活动。

（2）负责项目部贯标管理，组织开展“三合一”体系相关工作，编制交（竣）工质量资料，办理相关手续等。

（3）负责项目部技术管理，贯彻上级有关单位技术管理政策，组织内部图纸会审，编制施工组织设计及专项施工方案和开工报告，解决施工过程中各项技术问题，负责设计技术方案变更报告的编制，组织实施新技术、新工艺、新材料、新设备的研发和总结推广，编制工程交（竣）工技术资料等。

（4）负责科技进步管理，贯彻上级有关单位关于科技进步管理政策，编制项目部科技工作计划，组织项目部开展工法、专利、课题等的编制，制定和实施工程节能减排工作方案，制定实施示范工程创建方案，科技经费统计等工作。

4. 材料设备部

材料设备部职责包括：

（1）负责项目部设备管理，执行公司设备管理规章制度，拟定并上报设备需求计划，协助设备购置工作，负责设备验收、使用、维保工作，建立设备台账，组织对项目设备的交底、检查，负责已完工项目设备的交接、盘点和处置，负责设备供应商名录的建立和评价，负责设备成本控制。

（2）负责项目部材料管理，执行公司材料管理规章制度，拟定并上报材料需求计划，负责材料采购、验收、进出库、使用、盘点、保管保养工作，组织对项目材料的检查，负责已完工项目周转材料的交接、处置及其他剩余物资的处置，负责材料供应商名录的建立和评价，负责材料成本控制。

5. 成本合约部

成本合约部职责包括：

（1）负责项目部成本管理工作，调查项目所在地劳务用工、材料、机械租赁价格信息，参与项目目标成本测算、成本分析，配合公司对项目进行成本核算，负责项目索赔资料整理，负责项目计量工作，报送成本信息数据等。

（2）负责项目部合同管理工作，参与项目各类合同谈判，起草合同，负责合同项目内部审核，负责各类已签合同的履约工作，办理各类合同结清承诺的终结手续，参与处理合同索赔方面的纠纷，报送合同月报相关数据等。

6. 工地实验室

工地实验室职责包括：

（1）负责项目部试验人员的日常管理，组织试验人员参加各类培训。

（2）负责项目部试验仪器的管理，制定试验仪器购置计划和仪器检定周期计划，负责试验仪器的保养和维护，协助公司中心试验室更换、处理标定不合格的试验仪器。

（3）负责工地实验室管理，负责建设单位、项目所在地交通质监部门获准的临时资质的申请、报批工作，负责项目部试验检测管理，参与原材料产源调查和选择并取样检测，合理选定各类型配合比，负责按时完成项目部全部试验工作，严格按选定的原材料、配合比及其他施工参数和方案进行施工指导，参与有关工程质量检查和质量事故的调查分析，负责防触电、防腐蚀等安全工作。

（4）负责项目部试验人员、仪器、试验检测等相关资料的归档工作。

7. 财务部

财务部职责包括：

（1）负责建立财务内控流程，根据预算控制项目部各项费用支出。

（2）负责项目部会计核算和账务处理工作，定期清查、对账各类往来款项，按期计算各项资产的折旧与摊销，审核、报销项目部各项费用。

（3）负责项目部日常资金管理，按时上缴管理费、设备使用费、税金等各项资金，根据公司资金支付计划，按照“四流一致”要求办理资金支付，协助成本合约部做好应收款回收工作，配合做好财务账号管理，协助公司工程管理部做好履约保函、履约保证金到期后的收回工作，项目部、业主、银行三方监管账户资金支付的资金审批工作，负责间接费预算开支的控制工作。

（4）负责项目部固定资产、周转材料台账管理，审核项目部材料采购、出入库及盘点的资料，组织资产清查工作。

（5）负责编制、上报项目部会计报表，按要求开展项目部财务分析，编制项目部财务分析报告，监控并预警项目部应付账款。

（6）负责项目部税金计算、申报、缴纳工作，了解项目所在地的税收政策，负责项目部发票管理工作，负责整理、审核、装订、归档项目部凭证、账簿、报表、备查账、审批单等财务资料，配合各项内外部审计工作，维护外部单位关系，落实财务管理系统、PM系统资金模块信息化工作等。

8. 综合部

综合部职责包括：

（1）负责项目部人力资源管理（考勤、绩效、员工培训、劳务用工等日常管理工作）。

（2）负责项目部行政管理（印章管理、收发文管理、会议管理、信用评价、处理诉讼案件、档案资料归整等）。

（3）负责项目部党群工作（落实公司下达的相关工作、品牌宣传、各类稿件的整理、掌握员工思想动态等）。

（4）负责项目部后勤管理（办公用品管理、固定资产采购、车辆管理、宿舍、食堂和办公环境管理、差旅票务管理、综合治理、消防、治安保卫工作等）。

（5）负责项目部信息化管理（相关系统人员账号管理、网络通信管理、视频会议系统等设备管理等）。

（6）负责项目部内外部关系协调（与业主、项目所在地主管部门、社会团体等管理各方的协调工作，征地、借地、管线迁改等地方关系协调工作，突发事件的处理，保险理赔等）。

2.4.5 薪酬管理

1. 基本规定

（1）项目部薪酬管理坚持“按劳分配、效率优先、兼顾公平”的原则，项目部管理人员的薪酬应高于公司其他同级人员的水平。

（2）公司应结合项目特点、成本预测等情况，确定项目部管理人员的薪酬标准。

（3）公司根据项目合同工期、规模等级、定编人数等因素综合确定项目部管理人员工资，实行总额控制。

2. 薪酬组成

员工薪酬结构由岗位工资、绩效奖、各类津贴、激励奖、福利五部分组成。

（1）岗位工资、绩效奖合并称为年度理论薪酬，根据员工的学历、专业经验、专业职称、执业资格、工作行为与态度、工作业绩与结果等因素综合确定。绩效奖包括季度绩效奖和年度绩效奖。

（2）各类津贴包括施工津贴、高原津贴、年功津贴、住房津贴、“双通道”专家津贴、执业资格证书津贴、通信津贴、通勤津贴、带徒津贴、兼职津贴等。

（3）激励奖按照“项目目标管理责任书”及公司相关规定执行。

（4）福利包括五险一金、工作餐、体检、高温津贴、节日福利等。

3. 激励措施

（1）对项目部员工设置一定的区域系数和规模系数，高原地区工作的员工设置高原津贴，热带气候国家工作的项目员工单独设置高温津贴。

（2）对“一专多能、一岗多职”的人员，其薪酬应适当提高标准。

（3）对外派到境外工作的工程类专业技术人员，根据集团职称评审相关规定优先确认工程师资格。

单元总结

本单元通过阐述地下工程项目组织管理的一些基本概念如项目组织机构、项目经理部的设立、工程职业资格制度等，并结合具体实际案例介绍了某地下工程项目建设全过程、施工企业项目三级管理体系、施工企业地铁项目部岗位设置标准等，对地下工程项目组织管理进行了比较系统的梳理，对学生理解相关知识有一定启发作用。

思考及练习

一、单选题

1. 负责科技进步管理的项目部职能部门是（　　）。

A. 工程部　　B. 安全部　　C. 质检部　　D. 财务部

2. 根据一些企业的经验，以下人数符合一级项目经理部人数要求的是（　　）人。

A. 10　　B. 15　　C. 25　　D. 30

3. 建造师执业资格注册有效期为（　　）年

A. 1　　B. 2　　C. 3　　D. 6

4. 项目经理要求持有安全生产考核合格证书（　　）证。

A. A　　B. B　　C. C　　D. D

5. 根据地铁项目部管理岗位设置标准，一般一个地铁车站项目总人数约为（　　）人，一个地铁区间项目总人数约为（　　）人，一站一区间总人数约为（　　）人。

A. 15，27，42　　B. 27，15，42

C. 15，30，45　　D. 30，15，45

二、多选题

1. 大型综合企业，人员素质好、管理基础强、业务综合性强，可以承担大型任务，宜采用（　　）的项目组织机构。

A. 矩阵式
B. 混合工作队式
C. 事业部式
D. 直线制式
E. 部门控制式

2. 一级建造师和二级建造师都有的专业有（　　）。

A. 建筑工程
B. 铁路工程
C. 公路工程
D. 市政公用工程
E. 矿业工程

3. 工程部的主要部门职责有（　　）。

A. 负责施工组织、资源调配、进度控制、计划管理
B. 负责施工现场总平面、临时供水供电管理及施工道路协调
C. 负责项目安全生产管理、文明施工
D. 负责项目部贯标管理，组织开展“三合一”体系相关工作，编制交（竣）工质量资料，办理相关手续等
E. 负责现场变更、施工索赔的确认

4. 项目部应按照（　　）的原则设置机构和管理岗位。

A. 一岗多职
B. 一专多能
C. 合理配置
D. 精干高效
E. 动态管理

三、简答题

1. 一级建造师、二级建造师分别有哪些专业类别？
2. 项目经理必须具备哪些基本条件？
3. 项目党支部书记的岗位职责有哪些？
4. 简述施工企业项目三级管理体系。
5. 安全负责人有哪些岗位职责？
6. 项目部一般有哪些职能部门？

教学单元 3　地下工程项目进度控制

教学目标

1. 知识目标：了解依次施工、平行施工、流水施工的组织方式；理解网络计划技术与横道图的区别和各自的优缺点。掌握流水施工的基本原理及其特点；理解流水施工的各主要参数的含义。

2. 能力目标：能够进行流水施工工期的计算，会进行横道图的绘制，具备组织有节奏流水和非节奏流水施工的能力。能够计算时间参数，能够确定关键工作和关键线路，具备阅读、绘制网络图与时标网络的能力。

3. 素质目标：通过讲解“火神山”“雷神山”的建设，加深学生对施工流程的理解，并让学生见证中国速度，提高学生爱党、爱国、爱人民的思想，培养学生缜密思维、超常的执行力、自我管理的能力。

思政映射点：科学思维；目标管理、自我管理

实现方式：课堂讲解；小组讨论

参考案例 1：雷神山、火神山建造案例

参考案例 2：网络计划技术的发展历史

思维导图

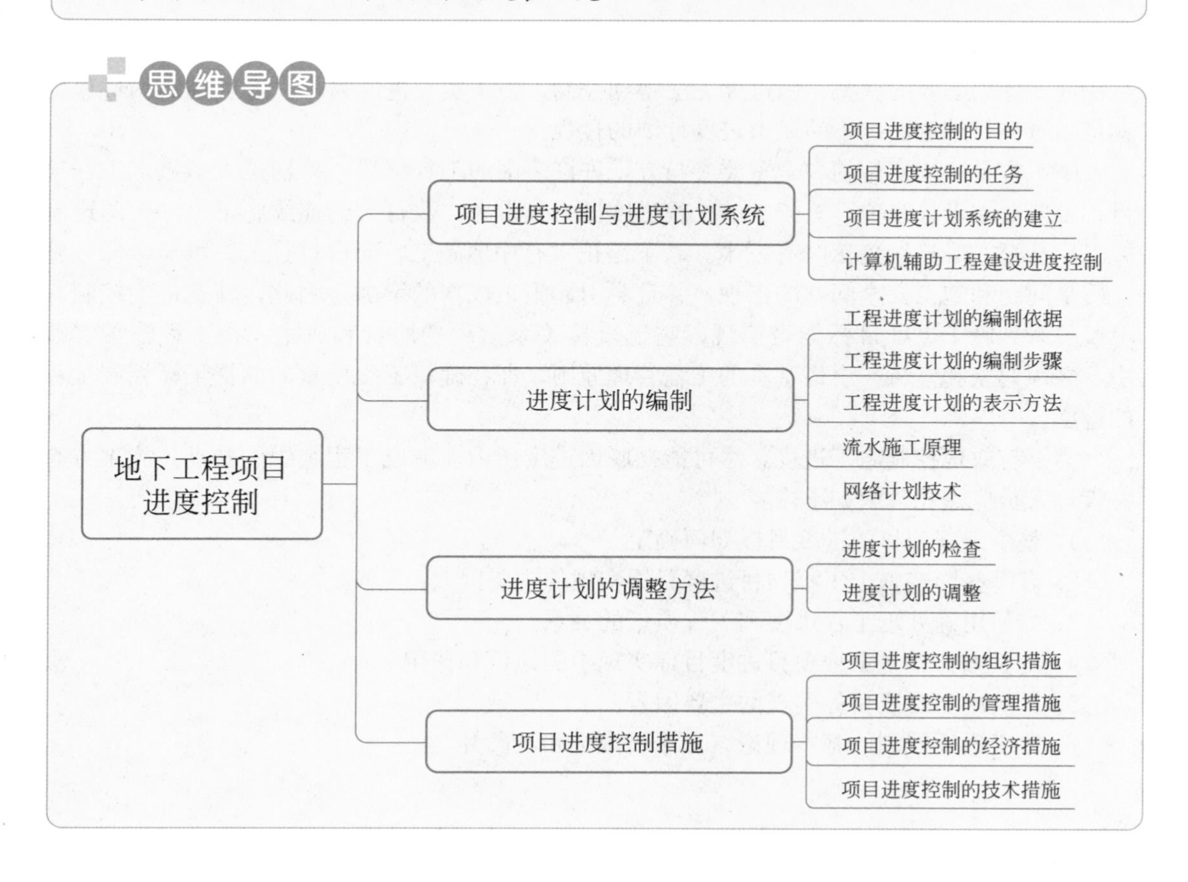

地下工程施工最重要的是保证工程成本、工期、质量满足合同目标的要求。因此，一项地下工程能否在预定的时间内交付使用，不仅关系到投资效益的发挥，还关系到企业的经济效益。工程实践表明，若地下工程施工进度控制失控，必然造成人力、物力和财力的严重浪费，甚至会影响工程投资、工程质量和施工安全。因此，对地下工程进度进行有效的控制，使其顺利实现预定的工期及质量目标，是地下工程在施工过程中必不可少的一个重要环节。本单元主要介绍地下工程进度控制的有关知识。

3.1 项目进度控制与进度计划系统

工程项目管理有多种类型，代表不同利益方的项目管理（业主方和项目参与方）都有进度控制的任务，但是，其控制的目标和时间范畴并不相同。工程项目是在动态条件下实施的，因此进度控制也就必须是一个动态的管理过程。

3.1.1 项目进度控制的目的

进度控制的目的是通过控制以实现工程的进度目标。如只重视进度计划的编制，而不重视进度计划必要的调整，则进度无法得到控制。为了实现进度目标，进度控制的过程也就是随着项目的进展，不断调整进度计划的过程。

施工方是工程实施的一个重要参与方，许许多多的工程项目，特别是大型重点工程项目，工期要求十分紧迫，施工方的工程进度压力非常大。数百天的连续施工，一天两班制施工，甚至 24h 连续施工时有发生。若不是正常有序地施工，而盲目赶工，难免会导致施工质量问题和施工安全问题的出现，并且会引起施工成本的增加。因此，施工进度控制并不仅关系到施工进度目标能否实现，它还直接关系工程的质量和成本。在工程施工实践中，必须树立和坚持一个最基本的工程管理原则，即在确保工程质量的前提下，控制工程的进度。

为了有效地控制施工进度，尽可能摆脱因进度压力而造成工程组织的被动，施工方有关管理人员应深化理解如下内容：

1. 整个工程项目的进度目标如何确定。
2. 有哪些影响整个工程项目进度目标实现的主要因素。
3. 如何正确处理工程进度和工程质量的关系。
4. 施工方在整个工程项目进度目标实现中的地位和作用。
5. 影响施工进度目标实现的主要因素。
6. 施工进度控制的基本理论、方法、措施和手段等。

3.1.2 项目进度控制的任务

业主方进度控制的任务是控制整个项目实施阶段的进度，包括控制设计准备阶段的工作进度、设计工作进度、施工进度、物资采购工作进度以及项目动用前准备阶段的工作进度。

设计方进度控制的任务是依据设计任务，委托合同对设计工作进度的要求控制设计工作进度，这是设计方履行合同的义务。另外，设计方应尽可能使设计工作的进度与招标、施工和物资采购等工作进度相协调。在国际上，设计进度计划主要是各设计阶段的设计图纸（包括有关的说明）的出图计划，在出图计划中标明每张图纸的名称、图纸规格、负责人和出图日期。出图计划是设计方进度控制的依据，也是业主方控制设计进度的依据。

施工方进度控制的任务是依据施工任务委托合同对施工进度的要求控制施工进度，这是施工方履行合同的义务。在进度计划编制方面，施工方应视项目的特点和施工进度控制的需要，编制深度不同的控制性、指导性和实施性施工的进度计划以及按不同计划周期（年度、季度、月度和旬）的施工计划等。

供货方进度控制的任务是依据供货合同对供货的要求控制供货进度，这是供货方履行合同的义务。供货进度计划应包括供货的所有环节，如采购、加工制造、运输等。

3.1.3 项目进度计划系统的建立

1. 工程项目进度计划系统的内涵

工程项目进度计划系统是由多个相互关联的进度计划组成的系统，它是项目进度控制的依据。由于各种进度计划编制所需要的必要资料是在项目进展过程中逐步形成的。因此项目进度计划系统的建立和完善也有一个过程，它是逐步形成的。如图 3-1 所示是一个工程项目进度计划系统的示例，这个计划系统有四个计划层次。

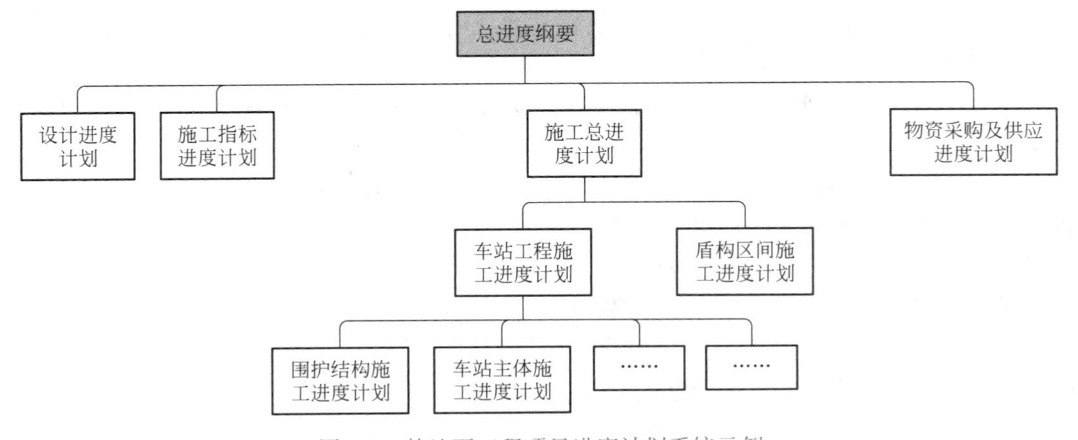

图 3-1 某地下工程项目进度计划系统示例

2. 不同类型的工程项目进度计划系统

根据项目进度控制不同的需要和不同的用途，业主方和项目各参与方可以构建多个不同的工程项目进度计划系统，如：

（1）由多个相互关联的不同深度的进度计划构成的计划系统，包括：

1）总进度规划（计划）。

2）项目子系统进度规划（计划）。

3）项目子系统中的单项工程进度计划等。

（2）由多个相互关联的不同功能的进度计划构成的计划系统，包括：

1）控制性进度规划（计划）。

2）指导性进度规划（计划）。

3）实施性（操作性）进度计划等。

（3）由多个相互关联的不同项目参与方的进度计划构成的计划系统，包括：

1）业主方编制的整个项目实施的进度计划。

2）设计进度计划。

3）施工和设备安装进度计划。

4）采购和供货进度计划等。

（4）由多个相互关联的不同周期的进度计划构成的计划系统，包括：

1）整个工程项目建设进度计划。

2）年度、季度、月度和旬计划等。

图 3-1 的工程项目计划系统示例的第二平面是多个相互关联的不同项目参与方的进度计划组成的计划系统；其第三和第四平面是多个相互关联的不同计深度的进度计划组成的计划系统。

3. 工程项目进度计划系统中的内部关系

在工程项目进度计划系统中各进度计划或各子系统进度计划编制和调整时必须注意其相互间的联系和协调，如：

（1）总进度规划（计划）、项目子系统进度规划（计划）与项目子系统中的单项工程进度计划之间的联系和协调。

（2）控制性进度规划（计划）、指导性进度规划（计划）与实施性（操作性）进计划之间的联系和协调。

（3）业主方编制的整个项目实施的进度计划、设计方编制的进度计划、施工和设备安装方编制的进度计划与采购和供货方编制的进度计划之间的联系和协调等。

3.1.4 计算机辅助工程建设进度控制

国外有很多用于进度计划编制的商业软件，自 20 世纪 70 年代始，我国也开始研制进度计划的软件，这些软件都是在工程网络计划原理的基础上编制的。应用这些软件可以实现计算机辅助工程项目进度计划的编制和调整，以确定工程网络计划的时间参数。

计算机辅助工程网络计划编制的意义如下：

1. 解决当工程网络计划计算量大，而手工计算难以承担的困难。
2. 确保工程网络计划计算的准确性。
3. 有利于工程网络计划及时调整。
4. 有利于编制资源需求计划等。

如前文所述，进度控制是一个动态编制和调整计划的过程，初始的进度计划和在项目实施过程中不断调整的计划以及与进度控制有关的信息应尽可能对项目各参与方透明，以便各方为实现项目的进度目标协同工作。

3.2 进度计划的编制

3.2.1 工程进度计划的编制依据

1. 经过审批的全套施工图及采用的各种标准图和技术资料。
2. 工程的工期要求及开工、竣工日期。
3. 地下工程工作顺序及相互间的逻辑关系。
4. 地下工程工作持续时间的估算。
5. 资源需求。包括对资源数量和质量的要求，当有多个工作同时需要某种资源时，需要作出合理的安排。
6. 作业制度安排。明确工程作业制度是十分必要的，它会直接影响进度计划的安排。
7. 约束条件。在工程执行过程中总会存在一些关键工作或里程碑事件，这些都是工程执行过程中必须考虑的约束条件。
8. 工程工作的提前和滞后要求。为了准确地确定工作关系，有些逻辑关系需要规定提前或滞后的时间。

3.2.2 工程进度计划的编制步骤

编制工程进度计划是在满足合同工期要求的情况下，对选定的施工方案、资源的供应情况、协作单位配合施工的情况等所做的综合研究和周密部署，具体编制步骤如下：

1. 划分施工过程。
2. 计算工程量。
3. 套用施工定额。
4. 劳动量和机械台班量的确定。
5. 计算施工过程的持续时间。
6. 初排施工进度。
7. 编制正式的施工进度计划。

3.2.3 工程进度计划的表示方法

建筑工程进度计划的表示方法有多种，常用的有横道图和网络图。

1. 横道图

横道图也称甘特图，由于其形象、直观，且易于编制和理解，因而长期被广泛地应用于地下工程进度计划中。

用横道图表示的工程进度计划，一般包括两个基本部分，即左侧的工作名称及工作的持续时间等基本数据部分和右侧的横道线部分。横道图的表格形式见表 3-1。施工进度计划由两部分组成，一部分反映拟建工程所划分施工过程的工程量、劳动量或台班量、施工人数或机械数、工作班次及工作延续时间等计算内容；另一部分则用图表形式表示各施工过程的起止时间、延续时间及搭接关系。

施工进度计划表　　表 3-1

序号	工作名称	工程量		劳动定额	劳动量		机械		每天工作班数	每班工作人数	施工时间	施工进度							
												月					日		
		单位	数量		定额工日	计划工日	机械名称	台班数				2	4	6	…	30			

2. 网络图

网络计划技术自 20 世纪 50 年代末诞生以来，已得到迅速发展和广泛应用。建筑工程进度计划用网络图来表示，可以使建筑工程进度得到有效控制。国内外实践证明，网络计划技术是用于控制建筑工程进度的最有效工具之一。

3.2.4 流水施工原理

7. 流水施工原理

流水施工，是指所有的施工过程按一定的时间间隔依次投入施工，各个施工过程陆续开工、陆续竣工，使同一施工过程的施工队组保持连续、均衡地施工，不同的施工过程尽可能平行搭接施工的组织方式。

1. 组织工程施工的基本方式

在组织工程项目施工时，根据项目的施工特点、工艺流程、资源利用、平面或空间布置等要求，可采用依次施工、平行施工和流水施工的组织方式。现举例说明三种施工方式。

例如某地下结构工程由四个结构相同的地下物组成，其工程编号分别为Ⅰ、Ⅱ、Ⅲ、Ⅳ。各地下结构物的基础工程均可分解为挖土、垫层、砌基础和回填土四个施工过程，分别由相应的专业队按照施工工艺要求依次完成。各个专业队在每个地下结构物的施工时间均为5d，其人数分别为8人、6人、14人、5人。四幢地下结构物基础工程分别采用依次施工、平行施工和流水施工的组织方式，三种施工方式比较图如图3-2所示。

工程编号	分项工程	工作队人数	施工天数	施工进度(d)																										
				80																20				35						
				5	10	15	20	25	30	35	40	45	50	55	60	65	70	75	80	5	10	15	20	5	10	15	20	25	30	35
I	挖土方	8	5	■																■				■						
	垫层	6	5		■																■				■					
	砌基础	14	5			■																■				■				
	回填土	5	5				■																■				■			
II	挖土方	8	5					■												■					■					
	垫层	6	5						■												■					■				
	砌基础	14	5							■												■					■			
	回填土	5	5								■												■					■		
III	挖土方	8	5									■								■						■				
	垫层	6	5										■								■						■			
	砌基础	14	5											■								■						■		
	回填土	5	5												■								■						■	
IV	挖土方	8	5													■				■							■			
	垫层	6	5														■				■							■		
	砌基础	14	5															■				■							■	
	回填土	5	5																■				■							■
当天所需劳动力(人)				8	6	14	5	8	6	14	5	8	6	14	5	8	6	14	5	32	24	56	20	8	14	28	33	25	19	5
施工组织方式				依次施工																平行施工				流水施工						

图3-2 三种施工方式比较图

（1）依次施工

依次施工是一种最基本的、同时也是最原始的施工组织方式。它是将拟建工程项目分解为若干个施工过程，按照工艺顺序依次完成每一个施工过程。当一个施工对象完成以后，再按照同样的顺序完成下一个施工对象，依此类推，直至完成所有施工对象。该组织方式如图3-2中“依次施工”栏所示。在图中可以看到，依次施工组织方式具有以下特点：

1）单位时间内投入的资源量较少，有利于资源供应的组织。

2）每一时段仅有一个专业队在现场施工，施工现场的组织、管理比较简单。

3）没有充分利用工作面，工期拖长。

4）如果按专业建队，则各专业队不能连续作业、工作出现间歇，劳动力和机具设备等资源无法均衡使用。

5）如果由一个工作队完成全部施工任务，则不能实现专业化施工，不利于提高劳动生产率和工程质量。

（2）平行施工

平行施工是组织多个同类型的专业队，在同一时间、不同的工作面上按照施工工艺要求，同时完成各施工对象的施工。该组织方式如图3-2中“平行施工”栏所示。从图中可以看到，平行施工组织方式具有以下特点：

1）充分利用工作面，施工工期短。

2）每一时段有多个专业队在施工现场，使施工现场的组织、管理比较复杂。

3）单位时间内投入的资源量成倍增加，不利于资源供应的组织，也使工程成本增加。

4）如果每一个施工对象均按专业组建工作队，则各专业队不能连续作业、劳动力和机具设备等资源无法均衡使用。

5）如果由一个工作队完成一个施工对象的全部施工任务，则不能实现专业化施工，不利于提高劳动生产率和工程质量。

（3）流水施工

流水施工是将拟建工程项目的施工对象分解为若干施工段（区）和若干施工过程，并按照施工过程组建相应的专业队，各专业队按照施工顺序依次完成各个施工段的施工过程，同时保证施工在时间和空间上连续、均衡、有节奏地进行，并使相邻的两个专业队能最大限度地搭接施工。该组织方式如图 3-2 中“流水施工”栏所示。由图中可以看到，流水施工组织方式具有以下特点：

1）充分利用了工作面，争取了时间，相对依次施工而言，施工工期短。

2）专业队能够连续施工、相邻专业队之间进行了最大限度的搭接施工。

3）实现了专业化施工，有利于提高工人的技术水平和劳动效率，能更好地保证工程质量。

4）单位时间投入的劳动力和机具设备等资源较为均衡，有利于资源供应的组织。

5）为现场的文明施工和科学管理创造了有利条件。

由此可见，流水施工在不需要增加任何费用的前提下取得了良好的施工效果，是实现施工管理科学化的重要手段。

2. 流水施工主要参数

视频微课

8. 流水施工参数

流水施工首先是在研究工程特点和施工条件的基础上，通过确定一系列参数来实现的。流水施工的主要参数按其性质的不同，可以分为工艺参数、空间参数和时间参数三种类型。

（1）工艺参数

组织流水施工时，首先应将施工对象划分为若干个施工过程。工艺参数，是指参与流水施工的施工过程数目，一般用代号“n”表示。在划分施工过程时，只有那些对施工有直接影响的施工内容才予以考虑。施工过程所包括的范围可大可小，既可以是一个工序，又可以是分项工程、分部工程，还可以是单位工程、单项工程，其粗细程度根据计划的需要而确定。一个施工过程如果各由一个专业队施工，则施工过程数和专业队数相等。有时由几个专业队负责完成一个施工过程或一个专业队完成几个施工过程，于是施工过程数与专业队数便不相等。计算时可以用代号“N”表示专业队数。

对工期影响最大的，或对整个流水施工起决定性作用的施工过程（工程量大，须配备各大型机械），称为主导施工过程。在划分施工过程以后，首先应找出主导施工过程，以便抓住流水施工的关键环节。

（2）空间参数

在组织流水施工时，用以表达流水施工在空间布置上所处状态的参数，称为空间参数。空间参数包括施工段数和施工层数。

1）施工段

在组织流水施工时，将拟建工程在平面上划分成若干个工程量大致相等的部分，称为施工段。施工段数用代号“m”表示。

2）施工层

施工层，是指为了满足竖向流水施工的需要，在工程垂直方向上划分的层次，施工层数可用代号“j”表示。施工层的划分将视工程对象的具体情况加以确定，一般以地下构筑物的结构层作为施工层。在多层地下流水施工中，总的施工段数是各层施工段数之和。

3）施工段的划分原则

施工段的划分将直接影响流水施工的效果，为合理划分施工段，一般应遵循下列原则：

① 有利于保持结构的整体性。

由于每一个施工段内的施工任务均由专业施工队伍完成，因而在两个施工段之间容易形成施工缝。为了保证拟建工程结构的完整性，施工段的分界线尽可能与结构的自然界线（如伸缩缝、沉降缝等）相一致，或设在对结构整体性影响较小的门窗洞口等部位。

② 各施工段的工程量相等或大致相等。

划分施工段应尽量使各段工程量大致相等，其相差幅度不宜超过15%，以便使施工连续、均衡、有节奏地进行。

③ 应有足够的工作面。

施工段的大小应保证工人施工有足够的作业空间（工作面），以便充分发挥专业工人和机械设备的生产效率。

④ 施工段的数目应与主导施工过程相协调。

施工段的划分宜以主导施工过程（即对整个流水施工起决定性作用的施工过程）为主，形成工艺组合，合理确定施工段的数目。多层工程的工艺组合数应等于或小于每层的施工段数，即：$n \leqslant m$。分段不宜过多，过多可能延长工期或者使工程面狭窄；也不宜过少，过少则无法流水施工，使劳动力或机械设备窝工。

4）施工段数 m 与施工过程数 n 的关系

在工程项目施工中，若某些施工过程之间需要考虑技术或组织间歇时间，则可用公式（3-1）确定每一施工层的最少施工段数。

$$m_{\min} = n + \frac{\sum Z}{K} \tag{3-1}$$

式中，$m_{\min}$——每一施工层需划分的最少施工段数；

n——施工过程数；

$\sum Z$——某些施工过程之间要求的技术或组织间隔时间的总和；

K——流水步距。

施工段数 m 与施工过程数 n 的关系及其影响：

① 当 $m > n$ 时，各专业工作队能连续施工，但工作面有闲置。

② 当$m=n$时，各专业队能连续中，工作面没有限制，是理想化的专业施工方案，此时要求项目管理者提高管理水平，充分利用工作面施工连续施工。

③ $m<n$时，专业队不能连续工作，工作面没有限制，但将造成专业队有窝工现象，是组织流水施工不允许的。

施工段数的多少，将直接影响工期的长短，而且要想保证专业队能连续施工，必须满足以上公式的要求。

当无层间关系或未划分施工层时（如某些单层地下物、基础工程等），则施工段数不受限制，可按前面所述划分施工段的原则确定。

（3）时间参数

在组织流水施工时，用以表达流水施工在时间排列上所处状态的参数，称为时间参数。时间参数主要包括流水节拍、流水步距、流水施工工期等。

1）流水节拍

流水节拍，是指某一个专业队在一个施工段上完成一个施工过程的持续时间。流水节拍根据工程量、工作效率（或定额）和专业工作队的人数三个因素进行计算或估算，其计算见公式（3-2）。

$$T=\frac{Q}{RS}=\frac{P}{R} \tag{3-2}$$

式中，T——流水节拍；

Q——某施工段的工程量；

R——专业队的人数或机械台数；

S——产量定额，既单位时间（工日或机械台班）完成的工程量；

p——劳动量。

如果没有定额可查，可使用三时估计法计算流水节拍，其计算见公式（3-3）。

$$T=\frac{a+4c+b}{6} \tag{3-3}$$

式中，a——完成某施工过程的乐观估计时间；

b——完成某施工过程的悲观估计时间；

c——完成某施工过程的最可能时间。

确定流水节拍应注意以下事项：

① 专业队人数要满足该施工过程的劳动组合要求。

② 流水节拍的确定应考虑到工作面大小的限制，必须保证有关专业队有足够的施工操作空间，以保证施工操作安全和能提高专业队的劳动效率。

③ 流水节拍的确定应考虑到机械台班产量，也要考虑机械设备操作场所的安全和质量要求。

④ 有特殊技术限制的工程，如有防水要求的钢筋混凝土工程，受潮汐影响的水工作业，受交通条件影响的道路改造工程和铺管工程，以及设备检修工程等，都受技术操作或安全质量等方面的限制，对作业时间长度和连续性都有限制或要求，在确定其流水节拍时，应当满足这些限制要求。

⑤ 必须考虑各种材料的储存及供应情况，合理确定有关施工过程的流水节拍。

⑥ 首先应确定主导施工过程的流水节拍，并以此为依据确定其他施工过程的流水节拍。主导施工过程的流水节拍应是各施工过程流水节拍的最大值，应尽可能是有节奏的，以便组织节奏流水。

2）流水步距

流水步距是指相邻两个专业队相继进入施工现场流水施工的最小时间间隔，通常用代号“K”表示。

流水步距的大小应根据采用的流水施工方式的类型经过计算确定。确定流水步距应遵循下列原则：

① 每个专业队连续施工的需要。流水步距的最小长度，必须使专业队进场以后，发生停工或窝工的现象。

② 技术间歇的需要。有些施工过程完成后，后续施工过程不能立即投入作业，必有足够的间歇时间，这个间歇时间应尽量安排在专业队进场之前，否则便不能保证专业队工作的连续。

③ 流水步距的长度应保证每个施工段的施工作业程序不乱，不发生前一施工过程尚未全部完成，而后一施工过程便开始施工的现象。有时为了缩短时间，某些次要的专业队可以提前插入，但必须在技术上可行，而且不影响前一个专业队的正常工作。提前插入的现象越少越好，多了会打乱节奏，影响均衡施工。

3）流水施工工期

从第一个专业队投入流水施工开始，到最后一个专业队完成最后一个施工过程在最后一个施工段的工作为止的整个持续时间，即完成一个流水组施工所需要的时间，称为流水施工工期，可用代号“T”表示。在进行了流水施工安排以后，可以通过计算确定工期；如果绘制出了流水施工进度图，在图上也可以观察到工期长度。

4）施工间歇

施工间歇就是根据施工工艺、技术要求或组织安排，留出的等待时间。按间歇的性质，可分为技术间歇和组织间歇；按间歇的部位，可分为施工过程间歇和层间间歇。

① 技术间歇

在组织流水施工时，除要考虑相邻两个专业队之间的流水步距外，还应考虑合理的工艺等待间歇时间，这个等待间歇时间称为技术间歇时间。如混凝土浇筑后的养护时间，抹灰、油漆后的干燥时间等。技术间歇时间通常用代号“$Z_{i,i+1}$”表示。

② 组织间歇

由于施工组织的原因造成的在流水步距以外增加的间歇时间，如弹线、人员及机械的转移、检查验收等，以代号“$G_{j,j+1}$”表示。

③ 施工过程间歇

在同一个施工层或施工段内，相邻两个施工过程之间的技术间歇或组织间歇，统称为施工过程间歇，用代号“Z_1”表示。施工过程间歇不仅影响施工段的划分，还影响流水施工工期。

④ 施工层间间歇

在相邻两个施工层之间，前一施工层的最后一个施工过程，与下一个施工层相应施工段上的第一个施工过程之间的技术间歇或组织间歇时间称为施工层间间歇，用代号“Z_2”表示。施工层间间歇仅影响施工段的划分，对流水施工工期没有影响。

5）搭接时间

在组织流水施工时，有时为了缩短工期，在工作面允许的条件下，前一个专业队完成了部分作业后，为下一个专业队提供了一定的工作面，后者可提前插入，两者在同一个施工段上搭接施工，该搭接的时间称为平行搭接时间，通常可用代号“C”表示。

3. 流水施工的组织方法

为了适应工程项目施工的具体情况，应根据拟建工程项目各施工过程时间参数的不同特点，采用相应类型的流水施工组织方式，以取得更好的效果。

（1）等节奏流水施工的组织方式

1）等节奏流水施工的特点

视频微课

9. 等节奏流水施工

等节奏流水施工（亦称全等节拍或固定节拍流水施工），是指流水速度相等的施工组织方式，其主要特点如下：

① 所有施工过程在各个施工段上的流水节拍均相等。

② 相邻施工过程的流水步距相等，且等于流水节拍。

③ 每个专业工作队在各施工段上能连续作业，施工段之间没有空闲时间。

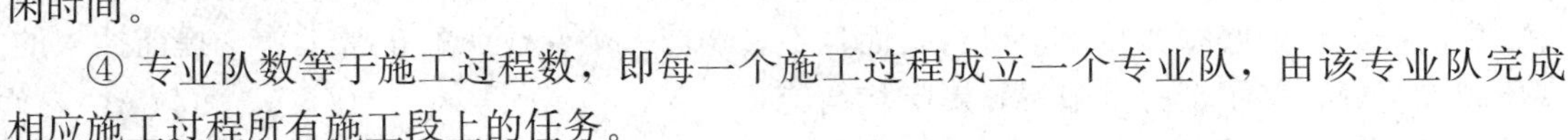

④ 专业队数等于施工过程数，即每一个施工过程成立一个专业队，由该专业队完成相应施工过程所有施工段上的任务。

组织等节奏流水施工的首要前提是使整个施工段的工程量相等或大致相等；其次，要先确定主导施工过程的流水节拍；第三，使其他施工过程的流水节拍与主导施工过程的流水节拍相等，做到这一点的办法主要是调节各专业队的人数。该组织方式能保证专业队的工作连续、有节奏，可以实现均衡施工，是一种最理想的组织流水施工方式。

2）等节奏流水施工的组织方法

① 划分施工过程，确定其施工顺序。

② 确定项目的施工起点流向，划分施工段（应根据前面所述原则划分）。

在没有施工间歇时间的情况下，可取 $m=n$（保证各专业队均有自己的工作面）；

在有间歇的情况下，可取：$m=n+\dfrac{\sum Z_1}{K}+\dfrac{Z_2}{K}-\dfrac{\sum C}{K}$ （3-4）

式中，Z_1——相邻两个施工过程之间的间歇过程；

Z_2——施工层间的间歇时间；

$\sum C$——平行搭接时间之和。

③ 确定流水节拍：

先计算主导施工过程的流水节拍 T，其他施工过程参照 t 确定。

④ 确定流水步距，常取 $K=T$。

⑤ 计算流水施工工期，见公式（3-5）。

$$T=(m\times j+n-1)K+\sum Z_1-\sum C \quad (3\text{-}5)$$

式中，j——施工层数；

$\sum Z_1$——施工过程组织间歇之和（施工层间间歇时间不影响工期）。

⑥ 绘制流水施工组织图。

【例 3-1】 某地下工程施工项目按照施工工艺可分解为Ⅰ、Ⅱ、Ⅲ、Ⅳ四个施工过程，各施工过程的流水节拍均为 4d，其中，施工过程Ⅰ与Ⅱ之间有 2d 的平行搭接时间，Ⅲ与Ⅳ之间有 2d 技术间歇时间，试组织流水施工并绘制流水施工计划横道图。

【解】 由于：$T_1=T_2=T_3=T_4=T=4\text{d}$，$j=1$，故本工程宜组织全等节拍流水施工。

1）流水步距：$K=T=4\text{d}$；

2）取施工段：$m=n=4$ 段；

3）计算工期：$T=(m+n-1)K+\sum Z_1-\sum C=(4+4-1)\times4+2-2=28\text{d}$。

4）全等节拍流水施工进度计划横道图如图 3-3 所示。

施工工程	施工进度计划(d)													
	2	4	6	8	10	12	14	16	18	20	22	24	26	28
A	Ⅰ		Ⅱ		Ⅲ		Ⅳ							
B	C													
C														
D						Z_1								

图 3-3　全等节拍流水施工进度计划横道图

（2）异节奏流水施工的组织方法

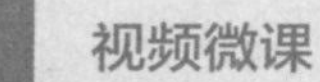

10. 异节奏流水施工

一般情况下，组织等节奏流水施工是比较困难的。因为在任何一个施工段上，不同的施工过程的复杂程度不同，影响流水施工的因素也各异，很难使得各施工过程的流水节拍均彼此相等。但是当各施工过程的流水节拍均为某常数的倍数时，可组织异节奏流水施工（成倍节拍流水施工），即对流水节拍长的施工过程可相应地增加专业队，按全等节拍流水的方法组织施工。

1）成倍节拍流水的特点

① 同一施工过程在各施工段上的流水节拍彼此相等；

② 不同的施工过程在同一施工段上的流水节拍彼此不等，但均为某一整倍数；

③ 流水步距彼此相等，且等于各施工过程流水节拍的最大公约数（K）；

④ 各专业队在施工段上能够保证连续施工，施工段上没有空闲时间；

⑤ 专业队总数 N 大于施工过程数，即 $N>n$。

2）成倍节拍流水施工的组织方法

① 划分施工过程，确定其施工顺序。

② 确定各施工过程的流水节拍。

③ 确定流水步距 K，方法是取各施工过程流水节拍的最大公约数。即：

$K=$最大公约数 $\{t_1, t_2, \cdots, t_i, \cdots, t_n\}$

式中，t_i——是第 i 个施工过程的流水节拍（$i=1, 2, \cdots, n$）。

④ 确定各施工过程的专业队数。

第 i 施工过程的工作队数：$b_i=\dfrac{t_i}{K}$。

则专业队总数为：$N=\sum_{i=1}^{n} b_i$。

⑤ 确定施工段数。施工段数 m 的确定原则为：

没有层间关系时（$j=1$）时，一般可取：$m=\sum b_i=N$。

有层间关系时（$j>1$）时，每层的施工段数可按公式（3-6）确定：

$$m \geqslant N+\frac{\sum Z_1}{K}+\frac{Z_2}{K}-\frac{\sum C_i}{K} \tag{3-6}$$

式中，Z_1——相邻两项施工过程之间的间歇时间（包括技术性的与组织性的）；

Z_2——施工层间的间歇时间；

C_i——相邻两项施工过程之间的搭接时间。

当计算出的施工段数有小数时，应只入不舍取整数，以保证足够间歇时间；当各施工层间的 $\sum Z_1$ 或 Z_2 不完全相等时，应取各层中的最大值进行计算。

⑥ 计算流水施工工期 T，按公式（3-7）计算。

$$T=(m \times j+N-1) \times K+\sum Z_1-\sum C \tag{3-7}$$

式中，j——施工层数；

$\sum Z_1$——施工过程间歇时间之和（施工层间间歇时间不影响工期）；

$\sum C$——平行搭接时间之和。

⑦ 绘制流水施工计划横道图。

【例 3-2】 某地下工程施工项目按照施工工艺可分解为 A、B、C 三个施工过程，各施工过程的流水节拍分别为 $t_1=2$ 周、$t_2=4$ 周、$t_3=6$ 周，试组织成倍节拍流水施工，并绘制施工进度计划横道图。

【解】

1）流水步距：取流水节拍的最大公约数，即 $K=2$ 周。

2）确定各施工过程的专业队数：

$b_1=t_1/K=2/2=1$ 队。

$b_2=t_2/K=4/2=2$ 队。

$b_3=t_3/K=6/2=3$ 队。

3）确定参加流水施工专业队总数：$N=b_1+b_2+b_3=1+2+3=6$ 队。

4）取施工段：$m=N=6$ 段，$j=1$。

3）计算工期：$T=(m+n-1)K=(6+6-1)\times 2=22$ 周。

4）成倍节拍流水施工计划横道图如图 3-4 所示。

（3）无节奏流水施工的组织方法

实际工作中，每个施工过程在各个施工段上的工程量往往不相等，

视频微课

11. 无节奏流水施工

施工工程	工作队	施工进度计划(周)										
		2	4	6	8	10	12	14	16	18	20	22
A	A_1	1	2	3	4	5	6					
B	B_1		1		3		5					
	B_2			2		4		6				
C	C_1						1		4			
	C_2						2			5		
	C_3							3			6	

图 3-4 某工程成倍节拍流水施工进度计划横道图

或者各专业队的生产效率相差较大，导致流水节拍彼此不能相等，呈无规律状态而难以组织全等节拍流水施工或成倍节拍流水施工。此时，只能按照施工顺序要求，使相邻两个专业队在开工时间上最大限度地搭接起来，每个专业队都能相对连续施工。该流水施工的组织方式称为无节奏流水施工或分别流水施工。此外，当流水节拍虽然能够满足等节奏流水施工或异节奏流水施工的组织条件，但是施工段数达不到要求时，也需要组织无节奏流水施工。因此，无节奏流水施工是组织流水施工的普遍方法。

1）无节奏流水施工的特点

① 各个施工过程在各个施工段上的流水节拍彼此不完全相等。

② 一般情况下，相邻施工过程之间的流水步距也不相等。

③ 每一个施工过程在各个施工段上的工作均由几个专业队独立完成，一般专业队数等于施工过程数（$N=n$）。

④ 各个专业队能相对连续施工，有些施工段可能有空闲。

2）单层无节奏流水施工的组织方法

① 分解施工过程，划分施工段。

② 确定各施工过程在各施工段的流水节拍。

③ 确定流水步距。

组织无节奏流水施工的关键是确定相邻两个专业队之间的流水步距，使其在开工时间上能够最大限度地搭接起来。可以采用最简便且易掌握的“潘特考夫斯基法”，此法又称“大差法”，其步骤如下：

累加各施工过程的流水节拍，形成累加数据系列。

将相邻两个施工过程的累加数据系列错位相减，得一系列差值。

差值中的最大者作为该两个相邻施工过程之间的流水步距（K_i+1）。

④ 用公式（3-8）来计算流水施工工期：

$$T=\sum K_{i,\ i+1}+\sum t_{nj}+\sum Z_1-\sum C \tag{3-8}$$

式中，$\sum K_{i,i+1}$——相邻施工过程之间流水步距之和；

$\sum t_{nj}$——最后一个施工过程在各个施工段上的流水节拍之和。

⑤ 绘制流水施工水平指示图。

【例 3-3】 将某地下工程项目分解为甲、乙、丙、丁 4 个施工过程，在组织施工时将平面划分为四个施工段，各个施工过程在各个施工段上的流水节拍见表 3-2，试组织流水施工并绘制流水施工计划横道图。

某工程各施工过程的流水节拍（单位：d） **表 3-2**

施工过程	施工段			
	Ⅰ	Ⅱ	Ⅲ	Ⅳ
甲	2	3	3	2
乙	4	3	3	3
丙	3	3	4	4
丁	4	3	4	1

【解】 根据上述条件，本工程可组织流水施工。

1）求各施工过程流水节拍的累加数据系列：

甲：　2　5　8　10

乙：　4　7　10　13

丙：　3　6　10　14

丁：　4　7　11　12

2）将相邻两个施工过程的累加数据系列错位相减：

甲与乙：

$$\begin{array}{rrrrrr} & 2 & 5 & 8 & 10 & \\ - & & 4 & 7 & 10 & 13 \\ \hline & 2 & 1 & 1 & 0 & -13 \end{array}$$

乙与丙：

$$\begin{array}{rrrrrr} & 4 & 7 & 10 & 13 & \\ - & & 3 & 6 & 10 & 14 \\ \hline & 4 & 4 & 4 & 3 & -14 \end{array}$$

丙与丁：

$$\begin{array}{rrrrrr} & 3 & 6 & 10 & 14 & \\ - & & 4 & 7 & 11 & 12 \\ \hline & 3 & 2 & 3 & 3 & -12 \end{array}$$

3）确定流水步距

流水步距等于各累加水具系列错位相减所得差值的最大者：

$K_{甲,乙}=\max（2，1，1，0，-13）=2（d）$

$K_{乙,丙}=\max（4，4，4，3，-14）=4（d）$

$K_{丙,丁}=\max（3，2，3，2，-12）=3（d）$

4）计算流水施工工期：

$$T=\sum K_{i,i+1}+\sum t_{ij}=(2+4+3)+(4+3+4+1)=21\text{d}$$

5）绘制流水施工进度计划横道图如图 3-5 所示。

施工过程	施工进度计划(d)																				
	1	2	3	4	5	6	7	8	9	10	11	12	13	14	15	16	17	18	19	20	21
甲		1		2			3			4											
乙					1			2			3			4							
丙								1			2				3			4			
丁												1			2				3		4

图 3-5 某工程流水施工进度计划横道图

3.2.5 网络计划技术

网络计划的表达形式是网络图。所谓网络图，是指由箭线和节点组成的，用来表示工作流程的有向、有序的网状图形。

视频微课

12. 网络计划技术基本概念

网络图中，按节点和箭线所代表的含义不同，可分为双代号网络图和单代号网络图两大类。

以箭线及其两端节点的编号表示工作的网络图称为双代号网络图。即用两个节点一根箭线代表一项工作，工作名称写在箭线上面，工作持续时间写在箭线下面，在箭线前后的衔接处画上节点并编上号码，并以节点编号 i 和 j 代表一项工作名称。

单代号网络图，以节点及其编号表示工作，以箭线表示工作之间的逻辑关系的网络图称为单代号网络图。即每一个节点表示一项工作，节点所表示的工作名称、持续时间和工作代号等标注在节点内。

1. 双代号网络计划

（1）基本概念

1）箭线（工作）。工作泛指一项需要消耗人力、物力和时间的具体活动过程，也称工序、活动、作业。其在双代号网络图中的表示方法如图 3-6 所示。

i 工作名称 持续时间 j

图 3-6 双代号网络图中的表示方法

在双代号网络图中，任意一条实箭线都要占用时间，消耗资源（有时只占用时间，不消耗资源，如混凝土养护）。在工程项目中，一条箭线表示项目中的一个施工过程，它可以是一道工序、一个分项工程、一个分部工程或一个单位工程，其粗细程度、大小范围的划分根据计划任务的需要来确定。

在双代号网络图中，为了正确地表达工作之间的逻辑关系，往往需要应用虚箭线。

虚箭线是实际工作中并不存在的一项虚拟工作，故其既不占用时间，也不消耗资源，一般起着工作之间的联系、区分和断路三个作用。

2）节点（又称结点、事件）。节点是网络图中箭线之间的连接点。在时间上节点表示指向某节点的工作全部完成后该节点后面的工作才能开始的瞬间，它反映前后工作的交接点。网络图中有三个类型的节点。

① 起点节点。即网络图的第一个节点，它只有外向箭线，一般表示一项任务或一个项目的开始。

② 终点节点。即网络图的最后一个节点，它只有内向箭线，一般表示一项任务或一个项目的完成。

③ 中间节点。即网络图中既有内向箭线又有外向箭线的节点。

3）线路。网络图中从起点节点开始，沿箭头方向顺序通过一系列箭线与节点，最后达到终点节点的通路称为线路。

在各条线路中，有一条或几条线路的总时间最长，称为关键线路，一般用双线或粗线标注。其他线路长度均小于关键线路，称为非关键线路。

4）逻辑关系。网络图中工作之间相互制约或相互依赖的关系称为逻辑关系，它包括工艺关系和组织关系，在网络中均应表现为工作之间的先后顺序。

① 工艺关系。生产性工作之间由工艺过程决定的、非生产性工作之间由工作程序决定的先后顺序关系叫工艺关系。

② 组织关系。工作之间由于组织安排需要或资源（人力、材料、机械设备和资金等）调配需要而规定的先后顺序关系叫组织关系。

5）虚箭线的三种作用

① 正确反映工作间的联系：

如 A 完成后进行 B，A、C 均完成后进行 D，可表示为如图 3-7 所示。

② 避免平行工作使用相同节点编号：

图 3-8（a）是错误的表达方式，图 3-8（b）是正确的表达方式。

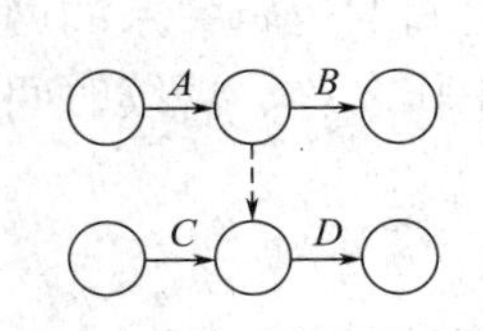

图 3-7 虚工作表示方式

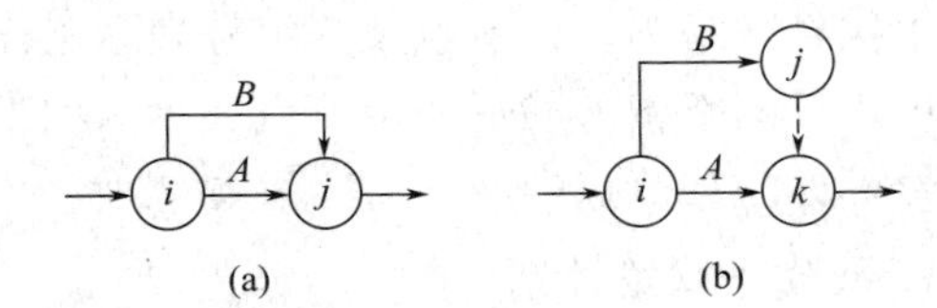

图 3-8 平行工作表示方法
（a）错误；（b）正确

③ 隔断无关工作间的联系：

如某现浇钢筋混凝土共有支模、扎筋、浇混凝土三个施工过程。分为三个施工段。如果绘成如图 3-9 所示形式，则逻辑上会发生错误，因为浇混凝土Ⅰ和支模Ⅱ并没有直接关系，类似的关系还有浇混凝土Ⅱ和支模Ⅲ。

遇到此类情况可以增加一个节点，通过虚箭线正确表达出逻辑关系，如图 3-10 所示。

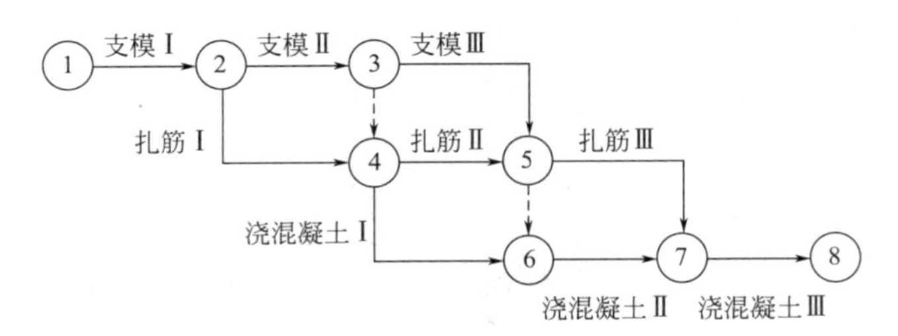

图 3-9　无关工作表示方法

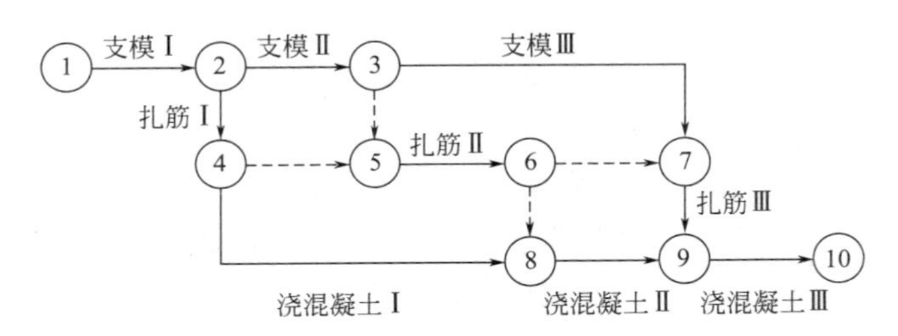

图 3-10　增加节点工作表示方法

(2) 绘图规则

网络图必须正确地表达整个工程或任务的工艺流程和各工作开展的先后顺序及它们之间相互依赖、相互制约的逻辑关系。因此，绘制网络图时必须遵循一定的基本规则和要求。

1) 双代号网络图必须正确表达一定的逻辑关系。

2) 双代号网络图中，严禁出现循环回路。所谓循环回路，是指从网络图中的某一个节点出发，顺着箭线方向又回到了原来出发点的线路。

3) 双代号网络图中，节点之间严禁出现带双向箭头或无箭头的连线。

4) 双代号网络图中，严禁出现没有箭头节点或没有箭尾节点的箭线。

5) 当双代号网络图的某些节点有多条外向箭线或多条内向箭线时，为使图形简洁，可使用母线法绘制（但应满足一项工作用一条箭线和相应的一对节点表示）。

6) 绘制网络图时，箭线不宜交叉。当交叉不可避免时，可用过桥法或指向法。

7) 双代号网络图中应只有一个起点节点和一个终点节点（多目标网络计划除外），而其他所有节点均应是中间节点。

8) 双代号网络图应条理清楚，布局合理。

(3) 双代号网络计划时间参数的计算

1) 时间参数的概念及符号

① 工作持续时间（D）。工作持续时间是一项工作从开始到完成的时间。

② 工期（T）。工期泛指完成任务所需要的时间，一般有以下三种：

A. 计算工期：根据网络计划时间参数计算出来的工期，用 T_C 表示。

B. 要求工期：任务委托人所要求的工期，用 T_r 表示。

C. 计划工期：根据要求工期和计算工期所确定的作为实施目标的工期，用 T_p 表示。

网络计划的计划工期（T_p）应按下列情况分别确定：

当已规定了要求工期（T_r）时，则：$T_p \leqslant P_r$；

当未规定要求工期时，可令计划工期等于计算工期，则：$T_p = T_c$。

③ 网络计划中工作的六个时间参数。

A. 最早开始时间（ES_{i-j}），指在各紧前工作全部完成后，工作 $i-j$ 有可能开始的最早时刻。

B. 最早完成时间（EF_{i-j}），指在各紧前工作全部完成后，工作 $i-j$ 有可能完成的最早时刻。

C. 最迟开始时间（LS_{i-j}），指在不影响整个任务按期完成的前提下，工作 $i-j$ 必须开始的最迟时刻。

D. 最迟完成时间（LF_{i-j}），指在不影响整个任务按期完成的前提下，工作 $i-j$ 必须完成的最迟时刻。

E. 总时差（TF_{i-j}），指在不影响总工期的前提下，工作 $i-j$ 可以利用的机动时间。

F. 自由时差（FF_{i-j}），指在不影响其紧后工作最早开始的前提下，工作 $i-j$ 可以利用的机动时间。

ES_{i-j}	LS_{i-j}	TF_{i-j}
EF_{i-j}	LF_{i-j}	FF_{i-j}

i —工作名称/持续时间→ j

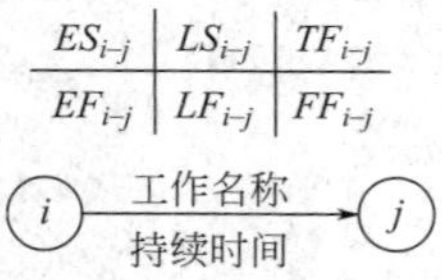

图 3-11　按工作计算法的标注内容

按工作计算法计算网络计划中各时间参数，其计算结果应标注在箭线之上，如图 3-11 所示。

2）双代号网络计划时间参数计算

按工作计算法在网络图上计算六个工作时间参数，必须在清楚计算顺序和计算步骤的基础上，列出必要的公式，以加深对时间参数计算的理解。时间参数的计算步骤如下：

① 最早开始时间和最早完成时间的计算。工作最早开始时间参数受紧前工作的约束，故其计算顺序应从起点节点开始，顺着箭线方向依次逐项计算。

以网络计划的起点节点为开始节点的工作最早开始时间为零。如网络计划起点节点的编号为 1，则 $ES_{i-j}=0$（$i=1$）；

最早完成时间等于最早开始时间加上其持续时间，$EF_{i-j}=ES_{i-j}+D_{i-j}$；

最早开始时间等于各紧前工作的最早完成时间 EE_{h-i} 的最大值：

$ES_{i-j}=\max\{EF_{h-i}\}$；

或 $ES_{i-i}=\max\{ES_{h-i}+D_{h-i}\}$。

② 确定计算工期（T_c）。计算工期等于以网络计划的终点节点为箭头节点的各个工作的最早完成时间的最大值。当网络计划终点节点的编号为 n 时，计算工期：$T_c=\max\{EF_{i-n}\}$ 当无要求工期的限制时，取计划工期等于计算工期，即：$T_p=T_c$。

③ 最迟开始时间和最迟完成时间的计算。工作最迟时间参数受紧后工作的约束，故其计算顺序应从终点节点起，逆着箭线方向依次逐项计算。

以网络计划的终点节点（$j=n$）为箭头节点的工作的最迟完成时间等于计划工期，即：$LF_{i-n}=T_p$

最迟开始时间等于最迟完成时间减去其持续时间：

$LS_{i-j}=LF_{i-j}-D_{i-j}$

最迟完成时间等于各紧后工作的最迟开始时间 LS_{j-k} 的最小值：

$LF_{i-j}=\min\{LS_{j-k}\}$

或 $LF_{i-j}=\min\{LF_{i-j}-D_{i-j}\}$

④ 计算工作总时差。总时差等于其最迟开始时间减去最早开始时间，或等于最迟完成时间减去最早完成时间，即：

$TF_{i-j}=LS_{i-j}-ES_{i-j}$；$TF_{i-j}=LF_{i-j}-E_{i-j}$

⑤ 计算工作自由时差。当工作 $i-j$，有若干个紧后工作 $j-k$ 时，其自由时差应为：$FF_{i-j}=\min(ES_{j-k}-EF_{i-j})$

或 $FF_{i-j}=\min\{ES_{j-k}-ES_{i-j}-D_{i-i}\}$

以网络计划的终点节点（$y=n$）为箭头节点的工作，其自由时差（FF_{i-j}）应按网络计划的计划工期（L）确定，即：

$FF_{i-n}=T_{p}-EF_{i-n}$

（4）关键工作和关键线路的确定

1）关键工作。网络计划中总时差最小的工作是关键工作。

2）关键线路。自始至终全部由关键工作组成的线路为关键线路，或线路上总的工作持续时间最长的线路为关键线路。网络图上的关键线路可用双线或粗线标注。

【例 3-4】 已知网络计划各项工作间的逻辑关系及持续时间见表 3-3。若计划工期等于计算工期，试计算各项工作的六个时间参数并确定关键线路。

各项工作间的逻辑关系及持续时间　　表 3-3

工作	持续时间(d)	紧前工作	工作	持续时间(d)	紧前工作
A	3	无	*F*	3	*B*
B	4	*A*	*C*	3	*E*、*D*
C	5	*A*	*H*	5	*E*、*F*
D	2	*C*	*I*	2	*H*、*G*
E	6	*B*、*C*			

【解】

1）根据上表给出的逻辑关系绘制出可以标注时间的双代号网络图，如图 3-12 所示。

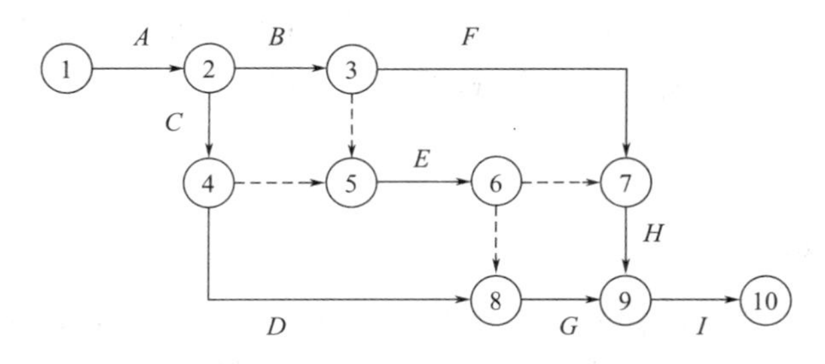

图 3-12　某工程双代号网络计划图

2）计算工作最早时间。计算最早时间有三种情况，从起点节点开始，其最早开始时间为零，即 $ES_{1-2}=0$，$EF_{1-2}=ES_{1-2}+D_{1-2}=0+3=3$。

工作仅有一项紧前工作时，其最早开始时间（ES_{i-j}）等于紧前工作 $h-i$ 的最早完成时间（EF_{h-i}），例中 $ES_{2-3}=ES_{2-4}=EF_{1-2}=3\text{d}$，$EF_{2-3}=ES_{2-3}+D_{2-3}=3+4=7$。

同理 $EF_{2-4}=8$，$ES_{4-5}=8$，$EF_{4-5}=8$，$ES_{3-7}=7$，$EF_{3-7}=10$，$ES_{3-5}=7$，$EF_{3-5}=7$，$ES_{4-8}=8$，$EF_{4-8}=10$。工作有多项紧前工作时，其最早开始时间等于各紧前工作最早完成时间的最大值。本例中，$ES_{5-6}=\max\{EF_{3-5}, EF_{4-5}\}=\max\{7, 8\}=8$，$EF_{5-6}=14$。同理 $ES_{7-9}=14$，$EF_{7-9}=19$，$ES_{8-9}=14$，$EF_{8-9}=17$，$ES_{9-10}=19$，$EF_{9-10}=21$。网络计划中计算工期应等于通向终点节点的各项工作最早完成时间的最大值，则 $T_c=\max\{EF_{9-10}\}=21$。

3）确定计划工期。网络计划的计划工期有下列两种情况：

① 当已经规定了要求工期时 $T_p \leqslant T_r$；

② 当没有要求工期时 $T_p=T_c$。

本例假设计划工期等于计算工期，则 $T_p=T_c=21$。

4）计算工作最迟时间。工作最迟时间应从终点节点算起，自右向左逐项进行计算。

$LF_{9-10}=T_C=21$，$LS_{9-10}=LF_{9-10}-D_{9-20}=21-2=19$。

有一项紧后工作的工作，其最迟完成时间等于紧后工作最迟开始时间：

$LE_{7-9}=LF_{8-9}=LS_{9-10}=19$，$LS_{7-9}=LF_{7-9}-D_{7-9}=19-5=14$。

同理 $LS_{8-9}=16$，$LF_{4-8}=16$，$LF_{3-7}=14$，$LF_{6-7}=14$，$LS_{6-7}=14$，$LS_{4-8}=14$，$LS_{3-7}=11$，$LF_{6-8}=16$，$LS_{6-8}=16$，$LS_{4-5}=8$，$LS_{3-5}=8$。

有多项紧后工作的工作，其最迟完成时间应为各紧后工作最迟开始时间的最小值。

本例中：

$\min\{LS_{6-8}, LS_{6-7}\}=14$，$LS_{5-6}=LF_{5-6}-D_{5-6}=8$。

同理 $LF_{2-3}=8$，$LS_{2-3}=4$，$LF_{2-4}=8$，$LS_{2-4}=3$，$LF_{1-2}=3$，$LS_{1-2}=0$。

5）计算工作总时差。直接利用最迟开始时间减去最早开始时间或最迟完成时间减去最早完成时间可得各项工作总时差。

6）计算自由时差。以终点节点为箭头节点的工作，其自由时差为 $FF_{i-n}=T_p-EF_{i-n}$，其余节点 $FF_{i-j}=S_{j-k}-EF_{i-j}$。

例中 $FF_{1-2}=0$，$FF_{3-7}=4$，$FF_{4-8}=4$，$FF_{7-9}=0$，$FF_{8-9}=2$，$FF_{5-6}=0$，$FF_{6-7}=0$，$FF_{6-8}=0$，$FF_{9-10}=0$。

7）确定关键工作及关键线路。在图中，最小的总时差是 0，所以，凡是总时差为 0 的工作均为关键工作。本例中关键工作为 A、C、E、H、I，相应的关键线路为：①→②→④→⑤→⑥→⑦→⑨→⑩。

注：本例中单位为“d”。

2. 单代号网络计划

单代号网络图是以节点及其编号表示工作，以箭线表示工作之间逻辑关系的网络图，如图 3-13 所示。在节点中加注工作代号、名称和持续时间，以形成单代号网络计划，是在工作流程图的基础上演绎而成的网络计划形式。它具有绘制简便、逻辑关系容易表达、不用虚箭线、便于检查和修改等优点，但在多进多出的节点处容易发生箭线交叉。国外使用单代号网络计划较双代号网络计划更为普遍。

（1）单代号网络图的基本符号

1）节点。单代号网络图中的每一个节点表示一项工作，节点宜用圆圈或矩形表示。

节点所表示的工作名称、持续时间和工作代号等应标注在节点内，如图 3-14 所示。

单代号网络图中的节点必须编号。编号标注在节点内，其号码可间断，但严禁重复。

箭线的箭尾节点编号应小于箭头节点的编号。一项工作必须有唯一的一个节点及相应的一个编号。

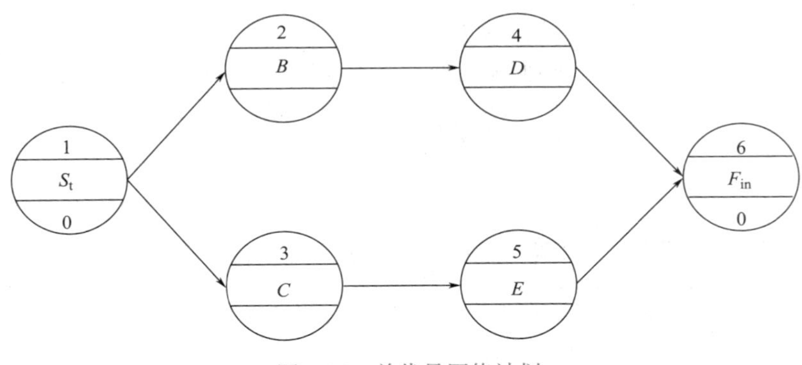

图 3-13 单代号网络计划

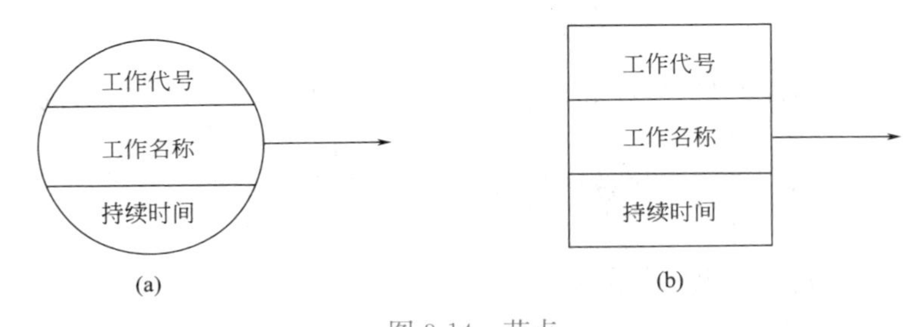

图 3-14 节点

（a）圆圈；（b）矩形

2）箭线。单代号网络图中的箭线表示紧邻工作之间的逻辑关系，既不占用时间，也不消耗资源。

3）线路。单代号网络图中，各条线路应用该线路上的节点编号从小到大依次表述。

（2）单代号网络图的绘图规则

1）必须正确表达一定的逻辑关系。

2）严禁出现循环回路。

3）严禁出现双向箭头或无箭头的连线。

4）严禁出现没有箭尾节点的箭线和没有箭头节点的箭线。

5）箭线不宜交叉，当交叉不可避免时，可采用过桥法或指向法。

6）只应有一个起点节点和一个终点节点，当网络图中有多项起点节点或多项终点节点时，应在网络图的两端分别设置一项虚工作，作为该网络图的起点节点（S_t）和终点节点（F_{in}）。

（3）单代号网络计划时间参数的计算

单代号网络计划时间参数的计算步骤如下。

1）计算最早开始时间和最早完成时间。网络计划中各项工作的最早开始时间和最早完成时间的计算应从网络计划的起点节点开始，顺着箭线方向依次逐项计算。单代号网络计划时间参数的标注形式如图 3-15 所示。

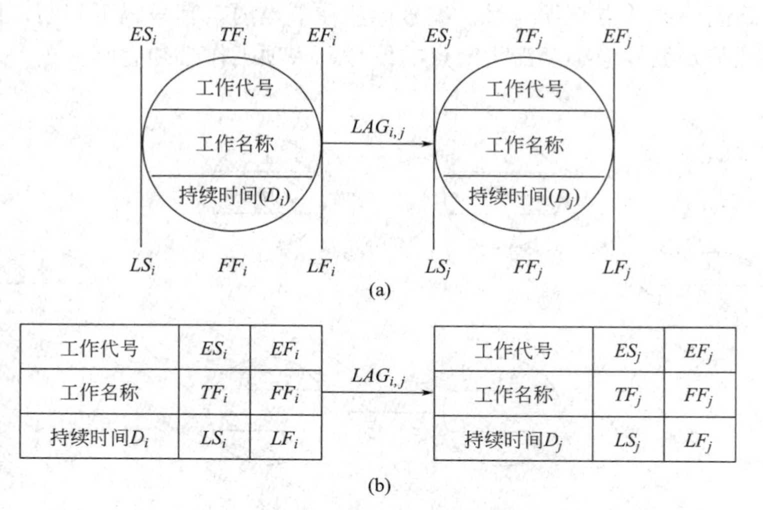

图 3-15　单代号网络计划时间参数标注形式

(a) 圆形表示；(b) 矩形表示

网络计划的起点节点的最早开始时间为零。如起点节点的编号为 1，则：

$$ES_i = 0 \quad (i = 1)$$

工作最早完成时间等于该工作最早开始时间加上其持续时间，即：

$$EF_i = ES_i + D_i$$

工作最早开始时间等于该工作的各个紧前工作的最早完成时间的最大值，如工作 j 的紧前工作的代号为 i，则：

$$ES_j = \max\{EF_i\} \text{ 或 } ES_j = \max\{ES_i + D_i\}$$

式中：ES_i——工作 j 的各项紧前工作的最早开始时间。

2）网络计划的计算工期（T_c）。T_c 等于网络计划的终点节点 n 的最早完成时间（EF_n），即：$T_c = EF_n$

3）计算相邻两项工作的时间间隔（$LAG_{i,j}$）。相邻两项工作 i 和 j 的时间间隔（$LAG_{i,j}$）等于紧后工作 j 的最早开始时间（ES_j）和本工作的最早完成时间（EE_i）之差，即：

$$LAG_{i,j} = ES_j - EF_i$$

4）计算工作总时差（TF_i）。工作 i 的总时差 TF_i 应从网络计划的终点节点开始，逆着箭线方向依次逐项计算。

网络计划终点节点的总时差（TF_n），如计划工期等于计算工期，其值为零，即：

$$TF_n = 0$$

其他工作的总时差（TF_i）等于该工作的各个紧后工作 j 的总时差（TF_i）加该工作与其紧后工作的时间间隔（$LAG_{i,j}$）之和的最小值，即：$TF_i = \min\{TF_j + LAG_{i,j}\}$

5）计算工作自由时差。工作 i 若无紧后工作，其自由时差（TF_i）等于计划工期（T_p）减该工作的最早完成时间（EF_n），即：$FF_n = T_p - EF_n$

当工作 i 有紧后工作 j 时，其自由时差（FF_i）等于该工作与其紧后工作的时间间隔

($LAG_{i,j}$)的最小值，即：$FF_i = \min\{LAG_{i,j}\}$

6）计算工作的最迟开始时间和最迟完成时间。工作 i 的最迟开始时间（LS_i）等于该工作的最早开始时间（ES_i）与其总时差（TF_i）之和，即：

$$LS_i = ES_i + TF_i$$

工作 i 的最迟完成时间（LF_i）等于该工作的最早完成时间（EF_i）与其总时差（TF_i）之和，即：

$$LF_i = EF_i + TF_i$$

(4) 单代号网络图关键工作和关键线路的确定

同双代号网络图一样，在单代号网络图中，总时差为零的工作是关键工作，由关键工作组成的线路就是关键线路。

3.3 进度计划的调整方法

在计划执行过程中，由于组织、管理、经济、技术、资源、环境和自然条件等因素的影响，往往会造成实际进度与计划进度产生偏差，如果偏差不能及时纠正，必将影响新目标的实现。因此，在计划执行过程中采取相应措施来进行管理，对保证计划目标的顺利实现具有重要意义。

进度计划执行中的管理工作主要有以下几个方面：

1. 检查并掌握实际进展情况。
2. 分析产生进度偏差的主要原因。
3. 确定相应的纠偏措施或调整方法。

3.3.1 进度计划的检查

1. 进度计划的检查方法

(1) 计划执行中的跟踪检查

在网络计划的执行过程中，必须建立相应的检查制度，定时定期地对计划的实际执行情况进行跟踪检查，收集反映实际进度的有关数据。

(2) 收集数据的加工处理

收集反映实际进度的原始数据量大面广，必须对其进行整理、统计和分析，形成与计划进度具有可比性的数据，以便在网络图上进行记录。根据记录的结果可以分析判断进度的实际状况，及时发现进度偏差，为网络图的调整提供信息。

(3) 实际进度检查记录的方式

当采用无时标网络计划时，可在图上直接用文字、数字、适当符号或列表记录计划的实际执行状况，进行实际进度与计划进度的比较。

2. 网络计划检查的主要内容

(1) 关键工作进度。

（2）非关键工作的进度及时差利用情况。

（3）实际进度对各项工作之间逻辑关系的影响。

（4）资源状况。

（5）成本状况。

（6）存在的其他问题。

3. 对检查结果进行分析判断

通过对网络计划执行情况检查的结果进行分析判断，可为计划的调整提供依据。一般应进行如下分析判断：

（1）对时标网络计划宜利用绘制的实际进度前锋线，分析计划的执行情况及其发展趋势，对未来的进度作出预测、判断，找出偏离计划目标的原因及可供挖掘的潜力所在。

（2）对未对无时标网络计划宜按表 3-4 记录的情况对计划中未完成的工作进行分析判断。

网络计划检查结果分析表　　表 3-4

工作编号	工作名称	检查时尚需工作天数(d)	按计划最迟完成尚有天数(d)	总时差		自由时差		情况分析
				原有	目前尚有	原有	目前尚有	

3.3.2 网络计划的调整

1. 网络计划调整的内容

网络计划调整内容，包括：

（1）调整关键线路的长度。

（2）调整非关键工作时差。

（3）增、减工作项目。

（4）调整逻辑关系。

（5）重新估计某些工作的持续时间。

（6）对资源的投入作相应调整。

2. 网络计划调整的方法

（1）调整关键线路的方法

1）当关键线路的实际进度比计划进度拖后时，应在尚未完成的关键工作中，选择资源强度小或费用低的工作，缩短其持续时间，并重新计算未完成部分的时间参数，将其作为一个新计划实施。

2）当关键线路的实际进度比计划进度提前时，若不拟提前工期，应选用资源占用量大或者直接费用高的后续关键工作，适当延长其持续时间，以降低其资源强度或费用；当确定要提前完成计划时，应将计划尚未完成的部分作为一个新计划，重新确定关键工作的持续时间，按新计划实施。

（2）非关键工作时差的调整方法

非关键工作时差的调整应在其时差的范围内进行，以便更充分地利用资源、降低成本或满足施工的需要。每一次调整后都必须重新计算时间参数，观察该调整对计划全局的影响。可采用以下几种调整方法：

1）将工作在其最早开始时间与最迟完成时间范围内移动。

2）延长工作的持续时间。

3）缩短工作的持续时间。

（3）增、减工作项目时的调整方法

增、减工作项目时应符合下列规定：

1）不打乱原网络计划总的逻辑关系，只对局部逻辑关系进行调整。

2）在增、减工作后应重新计算时间参数，分析对原网络计划的影响；当对工期有影响时，应采取调整措施，以保证计划工期不变。

（4）调整逻辑关系

逻辑关系的调整只有当实际情况要求改变施工方法或组织方法时才可进行。调整时应避免影响原定计划工期和其他工作的顺利进行。

（5）调整工作的持续时间

当发现某些工作的原持续时间估计有误或实现条件不充分时，应重新估算其持续时间，并重新计算时间参数，尽量使原计划工期不受影响。

（6）调整资源的投入

当资源供应发生异常时，应采用资源优化方法对计划进行调整，或采取应急措施，使其对工期的影响最小。

网络计划的调整，可以定期进行，亦可根据计划检查的结果在必要时进行。

3.4　项目进度控制措施

3.4.1　项目进度控制的组织措施

正如前文所述，组织是目标能否实现的决定性因素，为实现项目的进度目标，应充分重视健全项目管理的组织体系。在项目组织结构中应有专门的工作部门和符合进度控制岗位资格的专人负责进度控制工作。

进度控制的主要工作环节包括进度目标的分析和论证、编制进度计划、定期跟踪进度计划的执行情况、采取纠偏措施以及调整进度计划。这些工作任务和相应的管理职能应在项目管理组织设计的任务分工表和管理职能分工表中标示并落实。

1. 编制项目进度控制的工作流程

（1）定义项目进度计划系统的组成。

（2）各类进度计划的编制程序、审批程序和计划调整程序等。

2. 有关进度控制会议的组织设计

进度控制工作包含了大量的组织和协调工作，而会议是组织和协调的重要手段，应进行有关进度控制会议的组织设计，以明确：

（1）会议的类型。

（2）各类会议的主持人及参加单位和人员。

（3）各类会议的召开时间。

（4）各类会议文件的整理、分发和确认等。

3.4.2 项目进度控制的管理措施

工程项目进度控制的管理措施涉及管理的思想、管理的方法、管理的手段、承发包模式、合同管理和风险管理等。在理顺组织的前提下，科学和严谨的管理显得十分重要。

工程项目进度控制在管理观念方面存在的主要问题是：

1. 缺乏进度计划系统的观念

分别编制各种独立而互不联系的计划，形成不了计划系统。

2. 缺乏动态控制的观念

只重视计划的编制，而不重视及时地进行计划的动态调整。

3. 缺乏进度计划多方案比较和选优的观念

合理的进度计划应体现资源的合理使用、工作面的合理安排、有利于提高建设质量、有利于文明施工以及合理地缩短建设周期。

用工程网络计划的方法编制进度计划必须严谨地分析和考虑工作之间的逻辑关系，通过工程网络的计算可发现关键工作和关键线路，也可知道非关键工作可使用的时差，工程网络计划的方法有利于实现进度控制的科学化。

承发包模式的选择直接关系工程实施的组织和协调。为了实现进度目标，应选择合理的合同结构，以避免过多的合同交界面而影响工程的进展。工程物资的采购模式对进度也有直接的影响，对此应作比较分析。

为实现进度目标，不但应进行进度控制，还应注意分析影响工程进度的风险，并在分析的基础上采取风险管理措施，以减少进度失控的风险。常见的影响工程进度的风险如下。

（1）组织风险。

（2）管理风险。

（3）合同风险。

（4）资源（人力、物力和财力）风险。

（5）技术风险等。

重视信息技术（包括相应的软件、局域网、互联网以及数据处理设备）在进度控制中的应用。虽然信息技术对进度控制而言只是一种管理手段，但它的应用有利于提高进度信息处理的效率、有利于提高进度信息的透明度、有利于促进进度信息的交流和项目各参与方的协同工作。

3.4.3　项目进度制的经济措施

工程项目进度控制的经济措施涉及资金需求计划、资金供应的条件和经济激励措施等。为确保进度目标的实现，应编制与进度计划相适应的资源需求计划（资源进度计划），包括资金需求计划和其他资源（人力和物力资源）需求计划，以反映工程实施各时段所需要的资源。通过资源需求的分析，可发现所编制的进度计划实现的可能性，若资源条件不具备，则应调整进度计划。资金需求计划也是工程融资的重要依据。

资金供应条件包括可能的资金总供应量、资金来源（自有资金和外来资金）以及资金供应的时间。在工程预算中应考虑加快工程进度所需要的资金，其中包括为实现进度目标将要采取的经济激励措施所需要的费用。

3.4.4　项目进度控制的技术措施

工程项目进度控制的技术措施涉及对实现进度目标有利的设计技术和施工技术的选用。不同的设计理念、设计技术路线、设计方案会对工程进度产生不同的影响，在设计工作的前期，特别是在设计方案评审和选用时，应对设计技术与工程进度的关系作分析比较。在工程进度受阻时，应分析是否存在设计技术的影响因素，为实现进度目标有无设计变更的可能性。

施工方案对工程进度有直接的影响，在决策其是否选用时，不仅应分析技术的先进性和经济合理性，还应考虑其对进度的影响。在工程进度受阻时，应分析是否存在施工技术的影响因素，为实现进度目标有无改变施工技术、施工方法和施工机械的可能性。

单元总结

本单元从施工组织形式、流水施工主要参数、流水施工分类及计算、网络计划基本概念、双代号网络计划、单代号网络计划等几个方面进行了介绍、通过学习，要求学生基本掌握依次施工、平行施工、流水施工各组织方式的基本原理，网络计划技术的基本概念，能够理解掌握组织流水施工时各工艺参数、时间参数、空间参数的含义，能够进行流水施工工期的计算、横道图的绘制，具备组织有节奏流水和无节奏流水施工的能力。能够计算网络计划各时间参数，确定关键工作和关键线路，具备阅读、绘制网络图的能力，掌握科学编制、调整进度计划的多种方法。

思考及练习

一、单选题

1. 下列施工组织方式中，施工现场的组织、管理比较简单的组织方式是（　　）。

A. 平行施工　　B. 依次施工

C. 搭接施工　　D. 流水施工

2. 选项中，不属于流水施工的垂直图表示法优点的是（　　）。

A. 比横道图编制方便

B. 时间和空间状况形象直观

C. 施工过程及其先后顺序表达比较清楚

D. 斜向进度线的斜率可以直观地表示出各施工过程的进展速度

3. 工程组织流水施工时，相邻两个专业工作队相继开始施工的间隔时间称为（　　）。

A. 间歇时间　　B. 流水步距

C. 流水节拍　　D. 时间间隔

4. 网络计划中总时差（　　）的工作是关键工作。

A. 最小　　B. 为0

C. 最大　　D. 最长

5. 组织无节奏流水施工的关键是确定相邻两个专业队之间的流水步距，使其在开工时间上能够最大限度地搭接起来。可以采用最简便且易掌握的“潘特考夫斯基法”，此法又称“（　　）”。

A. 小差法　　B. 零差法

C. 无差法　　D. 大差法

二、多选题

1. 流水施工参数有（　　）。

A. 工艺参数　　B. 空间参数　　C. 系统参数　　D. 时间参数

E. 物理参数

2. 流水施工按节奏划分可分（　　）。

A. 等节奏流水　　B. 非节奏流水　　C. 常节奏流水　　D. 无节奏流水

E. 异节奏流水

3. 组织施工有（　　）方式。

A. 固定施工　　B. 轮流施工　　C. 流水施工　　D. 依次施工

E. 平行施工

4. 关键线路是（　　）。

A. 自始至终全部由非关键工作组成的线路

B. 自始至终全部由关键工作组成的线路

C. 线路上总的工作持续时间居中的线路

D. 线路上总的工作持续时间最长的线路

E. 线路上总的工作持续时间最短的线路

5. 无节奏流水施工的特点有（　　）。

A. 各个施工过程在各个施工段上的流水节拍彼此不完全相等

B. 一般情况下，相邻施工过程之间的流水步距也不相等

C. 每一个施工过程在各个施工段上的工作均由几个专业队独立完成，一般专业队数等于施工过程数（$N=n$）

D. 各个专业队能相对连续施工，有些施工段可能有空闲

E. 一般情况下，相邻施工过程之间的流水步距相等

6. 建筑工程进度计划的表示方法有多种，常用的有（　　）。

A. 进度图　　B. 折线图　　C. 饼图　　D. 横道图

E. 网络图

三、问答题

1. 组织无节奏流水用哪种方法确定流水步距？

2. 怎样划分施工段？为了保证结构的整体性，现浇钢筋混凝土框架结构梁的施工段应在哪里断开？

3. 网络计划的时间参数有哪些种类？其数值应如何确定？

4. 何谓关键线路？双代号网络计划和单代号网络计划中的关键线路应如何判定？

5. 何谓搭接网络？有哪几种搭接关系？

6. 何谓虚工作？何谓工艺关系和组织关系？

7. 某工程划分为 A、B、C、D 四个施工过程，每一施工过程分为 5 个施工段，流水节拍均为 3d，在 B、C 两施工过程之间存在 2d 的技术间歇，C、D 两施工过程之间存在 2d 的搭接时间，试组织流水施工。

8. 已知网络计划的资料见下表，试编制双代号网络计划；若计划工期等于计算工期，试计算各项工作的六个时间参数，并确定关键线路（用双线标注在网络计划图上）。

工作名称	A	B	C	D	E	F	G	H
紧前工作	—	—	B	B	A、C	A、C	D、E、F	D、F
持续时间	4d	2d	3d	3d	5d	6d	3d	5d

9. 某工程有 A、B、C、D 四个施工过程，划分为 6 个施工段，流水节拍分别为 2d，4d，6d，4d，试组织成倍流水施工。

教学单元4　地下工程项目成本管理

教学目标

1. 知识目标：了解工程项目成本的概念、管理的目的及内容；理解工程项目成本计划的编制依据及方法，工程项目成本控制的原则、措施；掌握成本组成及分类；成本控制的步骤，成本核算的方法。

2. 能力目标：具备运用成本控制的方法进行地下工程项目成本控制的能力。

3. 素质目标：牢固树立质量好、成本低、进度快的现代企业管理目标，强化系统思维和事前事中控制，勤俭节约，践行社会主义核心价值观。

思政映射点：系统思维和事前事中控制，勤俭节约

实现方式：课外阅读

参考案例：项目施工成本管理案例

视频微课

13. 教学单元4导学

思维导图

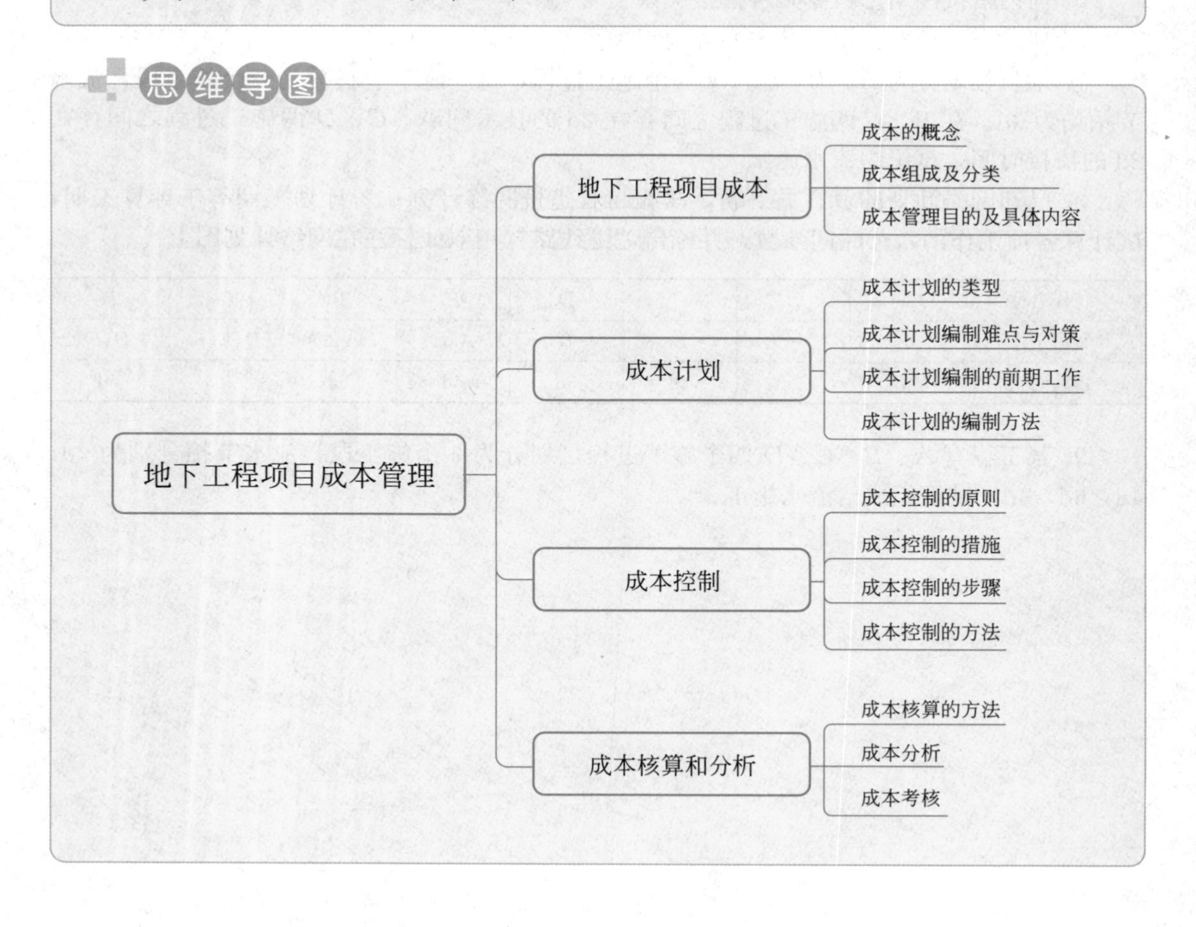

随着市场经济制度逐步完善，国内的施工企业纷纷转型，成为自主经营、自负盈亏的经济实体。利润和效益是每一个企业的根本目标；工程产品是作为施工企业经营价值的最终体现，除此之外就是利润最大化，这是企业一切经营活动的根本目的，也是企业可持续发展的必然选择。施工企业获得市场主权和竞争优势的基础是先进的成本管理和成本控制。

4.1 地下工程项目成本

4.1.1 成本的概念

1. 施工产品成本与价格

施工产品成本是施工企业在生产产品过程中，所产生的相关费用支出。费用，是指施工企业在生产经营过程中各种相关经济利益的流出，表现为资产的减少或负债的增加。

施工产品价格是产品价值的货币表现，产品价格由产品社会平均成本、利润、税金组成，即：施工产品价格＝社会平均成本＋利润＋税金

施工产品价格有多种表现形式，按价格形成方式分为定额价与清单价；按价格构成形式分为工程总造价、单项工程造价、单位工程造价和分部分项工程造价。

目前，我国产品价格形成机制是招标投标机制，在招标投标的不同阶段，成品价格以不同的形式呈现，代表着不同市场主体的交易意愿，如招标控制价或投标报价、中标价、签约合同价。签约合同价是施工企业在此项目上的预期收入。

2. 地下工程项目成本

地下工程项目成本指施工企业以某地下工程施工项目为核算对象的产品成本，包含人工费、材料费、施工机具使用费、企业管理费等。

4.1.2 成本组成及分类

1. 我国建设安装工程成本的组成

项目施工成本的组成来源于建设安装工程费用（以下简称建安费）组成。根据住房和城乡建设部和财政部关于印发《建筑安装工程费用项目组成》的通知（建标〔2013〕44号）的规定，目前工程项目建安费通常按两种形式进行划分：

按费用组成要素划分，建安费分为：人工费、材料费（包含工程设备，下同）、施工机具使用费、企业管理费、利润、规费、增值税。

按工程造价形成划分，建安费分为：分部分项工程费、措施项目费、其他项目费、规

费、增值税。

其中人工费、材料费、施工机具使用费、企业管理费和利润包含在按造价形成划分的分部分项工程费、措施项目费、其他项目费中（图 4-1 和图 4-2）。

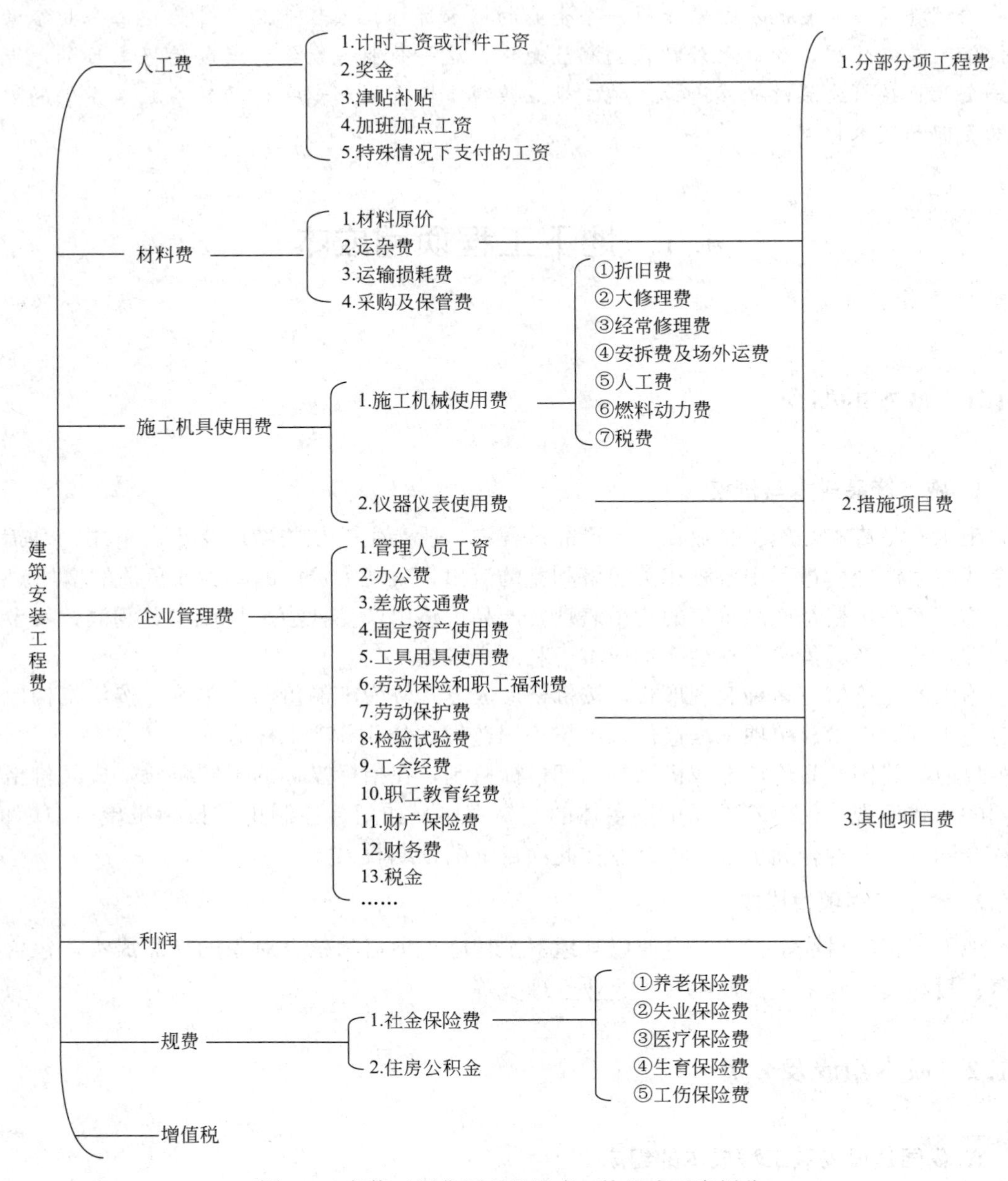

图 4-1　安装工程费用项目组成（按组成要素划分）

（1）建安费组成（按组成要素划分）

1）人工费：按工资总额构成规定，支付给从事安装工程施工的生产工人和附属生产单位工人的各项费用。内容包括：

① 计时工资或计件工资：是指按计时工资标准和工作时间或对已做工作按计件单价支付给个人的劳动报酬。

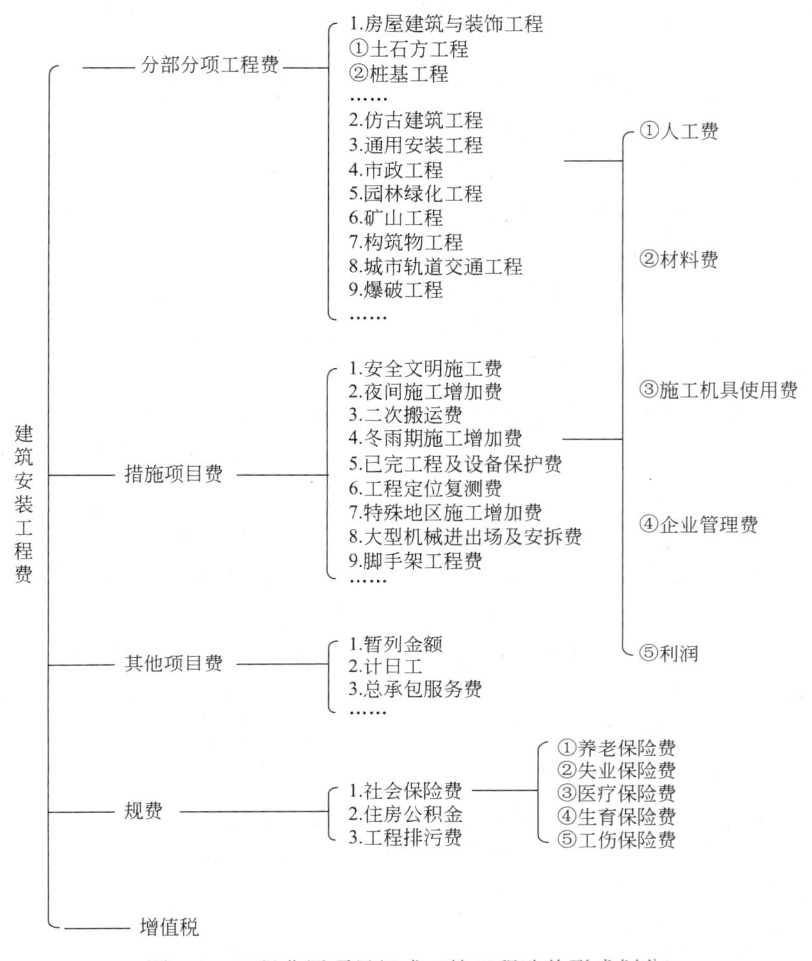

图 4-2　工程费用项目组成（按工程造价形成划分）

② 奖金：是指对超额劳动和增收节支支付给个人的劳动报酬。如节约奖、劳动竞赛奖等。

③ 津贴补贴：是指为了补偿职工特殊或额外的劳动消耗和因其他特殊原因支付给个人的津贴，以及为了保证职工工资水平不受物价影响支付给个人的物价补贴。如流动施工津贴、特殊地区施工津贴、高温（寒）作业临时津贴、高空津贴等。

④ 加班加点工资：是指按规定支付的在法定节假日工作的加班工资和在法定日工作时间外延时工作的加点工资。

⑤ 特殊情况下支付的工资：是指根据国家法律、法规和政策规定，因病、工伤、产假、计划生育假、婚丧假、事假、探亲假、定期休假、停工学习、执行国家或社会义务等原因按计时工资标准或计时工资标准的一定比例支付的工资。

2）材料费：施工过程中耗费的原材料、辅助材料、构配件、零件、半成品或成品、工程设备的费用。内容包括：

① 材料原价：是指材料、工程设备的出厂价格或商家供应价格。

② 运杂费：是指材料、工程设备自来源地运至工地仓库或指定堆放地点所发生的全部费用。

③ 运输损耗费：是指材料在运输装卸过程中不可避免的损耗。

④ 采购及保管费：是指为组织采购、供应和保管材料、工程设备的过程中所需要的各项费用。包括采购费、仓储费、工地保管费、仓储损耗。

工程设备，是指构成或计划构成永久工程一部分的机电设备、金属结构设备、仪器装置及其他类似的设备和装置。

3）施工机具使用费：施工作业所发生的施工机械、仪器仪表使用费或其租赁费。

① 施工机械使用费：以施工机械台班耗用量乘以施工机械台班单价表示。施工机械台班单价应由下列七项费用组成：

折旧费：指施工机械在规定的使用年限内，陆续收回其原值的费用。

大修理费：指施工机械按规定的大修理间隔台班进行必要的大修理，以恢复其正常功能所需的费用。

经常修理费：指施工机械除大修理以外的各级保养和临时故障排除所需的费用。包括为保障机械正常运转所需替换设备与随机配备工具附具的摊销和维护费用，机械运转中日常保养所需润滑与擦拭的材料费用及机械停滞期间的维护和保养费用等。

安拆费及场外运费：安拆费指施工机械（大型机械除外）在现场进行安装与拆卸所需的人工、材料、机械和试运转费用以及机械辅助设施的折旧、搭设、拆除等费用；场外运费指施工机械整体或分体自停放地点运至施工现场或由一施工地点运至另一施工地点的运输、装卸、辅助材料及架线等费用。

人工费：指机上司机（司炉）和其他操作人员的人工费。

燃料动力费：指施工机械在运转作业中所消耗的各种燃料及水、电等。

税费：指施工机械按照国家规定应缴纳的车船税、保险费及年检费等。

② 仪器仪表使用费：是指工程施工所需使用的仪器仪表的摊销及维修费用。

4）企业管理费：施工企业组织施工生产和经营管理所需的费用。内容包括：

① 管理人员工资：是指按规定支付给管理人员的计时工资、奖金、津贴补贴、加班加点工资及特殊情况下支付的工资等。

② 办公费：是指企业管理办公用的文具、纸张、账表、印刷、邮电、书报、办公软件、现场监控、会议、水电、烧水和集体取暖降温（包括现场临时宿舍取暖降温）等费用。

③ 差旅交通费：是指职工因公出差、调动工作的差旅费、住勤补助费，市内交通费和误餐补助费，职工探亲路费，劳动力招募费，职工退休、退职一次性路费，工伤人员就医路费，工地转移费以及管理部门使用的交通工具的油料、燃料等费用。

④ 固定资产使用费：是指管理和试验部门及附属生产单位使用的属于固定资产的房屋、设备、仪器等的折旧、大修、维修或租赁费。

⑤ 工具用具使用费：是指企业施工生产和管理使用的不属于固定资产的工具、器具、家具、交通工具和检验、试验、测绘、消防用具等的购置、维修和摊销费。

⑥ 劳动保险和职工福利费：是指由企业支付的职工退职金、按规定支付给离休干部的经费，集体福利费、夏季防暑降温、冬季取暖补贴、上下班交通补贴等。

⑦ 劳动保护费：是企业按规定发放的劳动保护用品的支出。如工作服、手套、防暑降温饮料以及在有碍身体健康的环境中施工的保健费用等。

⑧ 检验试验费：是指施工企业按照有关标准规定，对施工以及材料、构件和施工安装物进行一般鉴定、检查所发生的费用，包括自设试验室进行试验所耗用的材料等费用。不包括新结构、新材料的试验费，对构件做破坏性试验及其他特殊要求检验试验的费用和建设单位委托检测机构进行检测的费用，对此类检测发生的费用，由建设单位在工程建设其他费用中列支。但对施工企业提供的具有合格证明的材料进行检测不合格的，该检测费用由施工企业支付。

⑨ 工会经费：是指企业按《中华人民共和国工会法》规定的全部职工工资总额比例计提的工会经费。

⑩ 职工教育经费：是指按职工工资总额的规定比例计提，企业为职工进行专业技术和职业技能培训，专业技术人员继续教育、职工职业技能鉴定、职业资格认定以及根据需要对职工进行各类文化教育所发生的费用。

⑪ 财产保险费：是指施工管理用财产、车辆等的保险费用。

⑫ 财务费：是指企业为施工生产筹集资金或提供预付款担保、履约担保、职工工资支付担保等所发生的各种费用。

⑬ 税金：是指企业按规定缴纳的房产税、车船使用税、土地使用税、印花税等。

⑭ 城市维护建设税：城市维护建设税是国家为了加强城乡的维护建设，扩大和稳定城市、乡镇维护建设资金来源，而对有经营收入的单位和个人征收的一种税。城市维护建设税是以营业税额为基础计税。因纳税人地点不同其税率分别为：纳税人所在地为市区者，税率为7%；纳税人所在地为县镇者，税率为5%；纳税人所在地为农村者，税率为1%。

⑮ 教育费附加：是对缴纳增值税、消费税的单位和个人征收的一种附加费。其作用是为了发展地方性教育事业、扩大地方教育经费的资金来源。以纳税人实际缴纳的增值税、消费税的税额为计费依据，教育费附加的征收率为3%。

⑯ 地方教育附加：按照《关于统一地方教育附加政策有关问题的通知》(财综〔2010〕98号）要求，各地统一征收地方教育附加，地方教育附加征收标准为单位和个人实际缴纳的增值税和消费税税额的2%。

⑰ 其他：包括技术转让费、技术开发费、投标费、业务招待费、绿化费、广告费、公证费、法律顾问费、审计费、咨询费、保险费等。

5）利润：施工企业完成所承包工程获得的盈利。

6）规费：按国家法律、法规规定，由省级政府和省级有关权力部门规定必须缴纳或计取的费用。包括：

① 社会保险费

养老保险费：是指企业按照规定标准为职工缴纳的基本养老保险费。

失业保险费：是指企业按照规定标准为职工缴纳的失业保险费。

医疗保险费：是指企业按照规定标准为职工缴纳的基本医疗保险费。

生育保险费：是指企业按照规定标准为职工缴纳的生育保险费。

工伤保险费：是指企业按照规定标准为职工缴纳的工伤保险费。

② 住房公积金：是指企业按规定标准为职工缴纳的住房公积金。

7）增值税：建筑安装工程费用的增值税是指国家税法规定应计入建筑安装工程造价内的增值税销项税额。税前工程造价为人工费、材料费、施工机具使用费、企业管理费、利润和规费之和，各费用项目均以不包含增值税（可抵扣进项税额）的价格计算。

（2）建安费组成（按工程造价形成划分）

1）分部分项工程费：各专业工程的分部分项工程应予列支的各项费用。

① 专业工程：是指按现行国家计量规范划分的市政工程、园林绿化工程、矿山工程、构筑物工程、城市轨道交通工程、爆破工程等各类工程。

② 分部分项工程：指按现行国家计量规范对各专业工程划分的项目。如工程划分的土石方工程、地基处理与桩基工程、砌筑工程、钢筋及钢筋混凝土工程等。

各类专业工程的分部分项工程划分见现行国家或行业计量规范。

2）措施项目费：为完成工程施工，发生于该工程施工前和施工过程中的技术、生活、安全、环境保护等方面的费用。内容包括：

① 安全文明施工费

环境保护费：是指施工现场为达到环保部门要求所需要的各项费用。

文明施工费：是指施工现场文明施工所需要的各项费用。

安全施工费：是指施工现场安全施工所需要的各项费用。

临时设施费：是指施工企业为进行工程施工所必须搭设的生活和生产用的临时构筑物和其他临时设施费用。包括临时设施的搭设、维修、拆除、清理费或摊销费等。

② 夜间施工增加费：是指因夜间施工所发生的夜班补助费、夜间施工降效、夜间施工照明设备摊销及照明用电等费用。

③ 二次搬运费：是指因施工场地条件限制而发生的材料、构配件、半成品等一次运输不能到达堆放地点，必须进行二次或多次搬运所发生的费用。

④ 冬雨期施工增加费：是指在冬期或雨期施工需增加的临时设施、防滑、排除雨雪，人工及施工机械效率降低等费用。

⑤ 已完工程及设备保护费：是指竣工验收前，对已完工程及设备采取的必要保护措施所发生的费用。

⑥ 工程定位复测费：是指工程施工过程中进行全部施工测量放线和复测工作的费用。

⑦ 特殊地区施工增加费：是指工程在沙漠或其边缘地区、高海拔、高寒、原始森林等特殊地区施工增加的费用。

⑧ 大型机械设备进出场及安拆费：是指机械整体或分体自停放场地运至施工现场或由一个施工地点运至另一个施工地点，所发生的机械进出场运输及转移费用及机械在施工现场进行安装、拆卸所需的人工费、材料费、机械费、试运转费和安装所需的辅助设施的费用。

⑨ 脚手架工程费：是指施工需要的各种脚手架搭、拆、运输费用以及脚手架购置费的摊销（或租赁）费用。

措施项目及其包含的内容详见各类专业工程的现行国家或行业计量规范。

3）其他项目费

① 暂列金额：是指建设单位在工程量清单中暂定并包括在工程合同价款中的一笔款

项。用于施工合同签订时尚未确定或者不可预见的所需材料、工程设备、服务的采购，施工中可能发生的工程变更、合同约定调整因素出现时的工程价款调整以及发生的索赔、现场签证确认等的费用。

② 计日工：是指在施工过程中，施工企业完成建设单位提出的施工图纸以外的零星项目或工作所需的费用。

③ 总承包服务费：是指总承包人为配合、协调建设单位进行的专业工程发包，对建设单位自行采购的材料、工程设备等进行保管以及施工现场管理、竣工资料汇总整理等服务所需的费用。

4）规费：定义同前。

5）税金：定义同前。

6）增值税：定义同前。

2. 地下工程项目施工成本组成

根据《施工企业会计核算办法》以及上述建安费组成规定，地下工程项目施工成本按费用构成要素，主要是由直接成本：含人工费、材料费、施工机具使用费及间接费：含企业管理费、规费组成。

3. 地下工程项目施工成本的分类

按照成本管理的要求，地下工程项目施工成本可按不同的标准和应用范围分类。

（1）按项目实施的不同阶段分类

1）预算成本：在项目招标投标阶段，施工企业结合施工图预算、招标控制价及企业定额，进行预测分析计算确定的施工成本，是施工企业投标阶段项目报价的依据。

2）目标成本：施工企业中标后，在预算成本的基础上，通过对项目所在地自然、经济、人文特征的调查，结合企业自身人员、机械设备等的情况确定的标准成本，是成本管理的目标。

3）实际成本：项目完成后实际发生的各项费用的总和，是成本管理的结果。

（2）按成本对象的范围分类

按成本对象的范围不同，可分为地下工程建设项目工程成本、单项工程成本、单位工程成本、分部工程成本及分项工程成本。

（3）按成本与工程量的关系分类

项目施工成本按成本费用与工程量的关系可分为固定成本与变动成本。

1）固定成本：在一定期间和一定工程量范围内，发生的成本费用不受工程量增减变动影响，相对固定的成本，如固定资产投入、管理人员工资等；

2）变动成本：发生的成本费用随着工程量的增减变动成正比例变动的费用，如直接费中的人工费、材料费等。

（4）按成本的可控性分类

项目施工成本按成本的可控性分为可控成本与不可控成本。能够为特定部门通过成本管理措施所控制的成本为可控成本，如直接费中人工费的人工消耗量，工程部门可通过管理措施，提高劳动工效从而降低单位产品的人工消耗量，为工程部门的可控成本。而人工费单价，则为工程部门的不可控成本。

4.1.3 成本管理目的及具体内容

视频微课

14. 成本管理目的及内容

1. 成本管理的目的

施工成本管理指施工企业结合本行业特点，在保证安全、工期和质量等满足施工合同要求的情况下，对项目从开工到竣工所发生的各项收、支进行全面系统的管理，以把成本控制在计划范围内，并进一步实现项目施工成本最优化目的的过程。

2. 成本管理的特点

（1）成本管理的对象具有单一性

施工企业的产品与其他企业的产品截然不同，工程项目成本管理的对象是工程项目，它既可以是一个地下工程建设项目、一个单项工程，也可以是一个单位工程。虽然成本管理方法可以通用，但具体实施起来却各有不同，不能套用，只能因项目而异。

（2）成本管理工作具有一次性

工程项目具有一次性特点，一个工程项目从基础施工到工程竣工，循序渐进没有重复，这要求项目成本管理工作要同步前进，不能反复，特别是周期长、投入消耗大的工程项目，如果疏于成本管理，代价将是巨大的。这是项目成本管理区别于其他企业成本管理的重要特征。

（3）成本管理在控制上具有超前性

由于工程项目一次性特点，要求项目成本管理只能在不再重复的过程中进行，决定了项目成本管理的超前性。为保证工程项目的必盈不亏，成本管理就必须做到事前管理和事中控制，而不能事后算账，项目从承包开始，就必须采取“干前预算、干中核算、边干边算”的成本管理办法，不能“只管干，不管算”。如果在工程项目结束时再进行成本费用核算，必然是“不算不知道，一算吓一跳”。

（4）成本管理系统具有综合性

在项目成本管理预测、计划、控制、核算、分析和考核这六大环节中，只有依靠部门配合协作，才能取得良好的效果。

3. 成本管理具体内容

成本管理就是在保证工期和质量满足要求的情况下，采取相应管理措施，包括组织措施、经济措施、技术措施、合同措施，把成本控制在计划范围内，并进一步寻求最大程度的成本节约。成本管理的任务和环节主要包括：成本预测、成本计划、成本控制、成本核算、成本分析和成本考核。

成本管理任务的具体内容如下所述。

（1）成本预测

施工成本预测就是通过取得的历史数字资料，采用经验总结、统计分析及数学模型的方法对未来的成本水平及其可能发展趋势作出科学的估计，其实质就是在施工以前对成本进行估算。通过成本预测，可以使项目经理部在满足业主和施工企业要求的前提下，选择成本低、效率高的最佳成本方案，并能够在施工项目成本形成过程中，针对薄弱环节，加强成本控制，克服盲目性，提高预见性。因此，施工项目成本预测是施工项目成本决策与计划的依据。预测时，通常是对施工项目计划工期内影响其成本变化的各个因素进行分析，比照近期已完施工项目或将完施工项目的成本，预测这些因素对工程成本中有关项目的影响程度，从而预测出工程的单位成本或总成本。

（2）成本计划

施工成本计划是以货币形式编制施工项目在计划期内的生产费用、成本水平、成本降低率以及为降低成本所采取的主要措施和规划的书面方案，它是建立施工项目成本管理责任制、开展成本控制和核算的基础。一般来说，一个施工项目成本计划应包括从开工到竣工所必需的施工成本，它是该施工项目降低成本的指导文件，是设立目标成本的依据。可以说，成本计划是目标成本的一种形式。

（3）成本控制

施工成本控制，是指在施工过程中，对影响施工项目成本的各种因素加强管理，并采用各种有效措施，将施工中实际发生的各种消耗和支出严格控制在成本计划范围内，随时揭示并及时反馈，严格审查各项费用是否符合标准，计算实际成本和计划成本之间的差异并进行分析，消除施工中的损失浪费现象，发现和总结先进经验。

施工项目成本控制应贯穿施工项目从投标阶段开始到项目竣工验收的全过程，它是企业全面成本管理的重要环节。因此，必须明确各级管理组织和各级人员的责任和权限，这是成本控制的基础之一，必须给予足够的重视。

（4）成本核算

施工成本核算是指按照规定开支范围对施工费用进行归集，计算出施工费用的实际发生额，并根据成本核算对象，采用适当的方法，计算出该施工项目的总成本和单位成本。施工项目成本核算所提供的各种成本信息是成本预测、成本计划、成本控制、成本分析和成本考核等各个环节的依据。

（5）成本分析

施工成本分析是在成本形成过程中，对施工项目成本进行的对比评价和总结工作。它贯穿于施工成本管理的全过程，主要利用施工项目的成本核算资料，与计划成本、预算成本以及类似施工项目的实际成本等进行比较，了解成本的变动情况，同时也要分析主要技术经济指标对成本的影响，系统地研究成本变动原因，检查成本计划的合理性，深入揭示成本变动的规律，以便有效地进行成本管理。

影响施工项目成本变动的因素有两个方面，一是外部的属于市场经济因素，二是内部的属于企业经营管理因素。作为项目经理，应该了解这些因素，但应将施工项目成本分析的重点放在影响施工项目成本升降的内部因素上。

成本分析具体分为综合分析和单位工程成本分析。

综合分析有：预算成本与实际成本进行比较，实际成本与计划成本进行比较；所属单位之间进行比较；与上年同期降低成本进行比较；单位工程成本的比较等。

单位工程成本分析包括：人工费的分析；材料费的分析；机械使用费的分析；措施费的分析；间接费的分析；技术组织措施完成情况的分析。

成本分析的基本方法包括：比较法、因素分析法、差额计算法和比率法。

（6）成本考核

施工成本考核，是指施工项目完成后，对施工项目成本形成中的各责任者，按施工项目成本目标责任制的有关规定，将成本的实际指标与计划、定额、预算进行对比和考核，评定施工项目成本计划的完成情况和各责任者的业绩，并以此给予相应的奖励和处罚。通过成本考核，做到有奖有惩，赏罚分明，才能有效地调动企业的每一个职工在各自的施工岗位上努力完成目标成本的积极性。为降低施工项目成本和增加企业的积累，作出自己的贡献。

4.2 成本计划

工程项目施工成本计划，是企业在项目建设前通过分析中标预算收入与预控成本之间的差异，找到有待加强和控制的成本项，并提出改进措施，用于指导和管控项目实际成本的支出所拟定的计划。施工成本计划是企业生产经营管理的核心组成部分，也是企业通过管理挖潜、增收节支的重要手段，其目的是促进企业和项目健康的发展；成本计划属于事前管理。

成本计划的工作涵盖四个层次，一是公司层面负责标价分离的成本计划；二是公司与项目部签订“工程项目管理目标成本责任书”；三是项目部根据标价分离的结果和目标责任书编制具体指导项目部生产经营的“项目部成本实施计划书”；四是公司以成本计划为依据进行监控与考核。

4.2.1 成本计划的类型

对于施工项目而言，成本计划的编制是一个不断深化的过程。在这一过程的不同阶段形成深度和作用不同的成本计划，若按照其发挥的作用可以分为竞争性成本计划、指导成本计划和实施性成本计划。也可以按成本组成、项目结构和工程实施阶段分别编制项目成本计划。成本计划的编制以成本预测为基础，关键是确定目标成本。

1. 竞争性成本计划

竞争性成本计划是施工项目投标及签订合同阶段的估算成本计划。这类成本计划以招标文件中的合同条件、投标者须知、技术规范、设计图纸和工程量清单为依据，以有关价格条件说明为基础，结合调研、现场踏勘、答疑等情况，根据施工企业自身的工资消耗标准、水平、价格资料和费用指标等，对本企业完成投标工作所需要支出的全部进行估算。在投标报价过程中，虽也着重考虑降低成本的途径和措施，但总体上比较粗略。

2. 指导性成本计划

指导性成本计划是选派项目经理阶段的预算成本计划，是项目经理的责任成本，目的是以合同价为依据，按照企业的预算定额标准制定的设计预算成本计划，且一般情况下以此确定责任总成本目标。

3. 实施性成本计划

实施性成本计划是项目施工准备阶段的施工预算成本计划，它是以项目实施方案为依据，以落实项目经理责任目标为出发点，采用企业的施工定额通过施工预算的编制而形成的实施性成本计划。

以上三类成本计划相互衔接、不断深化，构成了整个工程项目成本的计划过程。其中，竞争性成本计划带有成本战略的性质，是施工项目投标阶段商务标书的基础，而有竞争力的商务标书又是以其先进合理的技术标书为支撑的。因此，它奠定了成本的基本框架和水平。指导性成本计划和实施性成本计划，都是战略性成本计划的进一步开展和深化，是对战略性成本计划的战术安排。

视频微课

15. 计划编制难点与对策

4.2.2　成本计划编制难点与对策

1. 地下工程市场竞争环境在客观上加大了编制难度

清单报价加大了预控成本的编制难度。清单报价，其核心是“量可调、价固定、低价中标、拼措施费、拼管理”，在很大程度上增加了承揽工程项目竞争的压力。由于各施工企业之间的实力不尽相同，远远不同于按概算、定额报标，大家基本在同一个价格平台上竞争的局面。清单报价后，施工企业要想生存，必须要加强内部挖潜的力度。这就需要企业建立资源内部价格库、内部资源供给库、企业内部消耗定额库等一系列基础平台，这些基础平台建设如果不完善，必然会加大成本计划的编制难度。

地下工程工期紧张，条件复杂，中标后很快投入施工，留给施工项目前期策划，编制成本计划的时间很短。部分项目存在施工进度都进行了一半，但是完整的成本计划可能还没有出来的情况。

业主、设计方面提供的资料不完善。部分工程存在设计不完善、洽商变更多、图纸不到位、三边工程等一系列客观情况，加大了编制成本计划的困难。

2. 企业内部管理不完善在主观上增加了编制难度

(1) 企业各项制度的落实与执行情况是影响成本计划执行效果好坏的直接原因。除领导的支持外，管理制度的落实情况是影响成本计划执行效果好坏最直接的因素。计划是通过各项制度的落实来实现的，只有把各项配套制度逐步完善，才能够发挥出成本计划的作用，更好地验证和促进计划编制的准确性，否则项目管理只能是粗放式的管理。

(2) 成本计划的编制需要全员的参与与执行。一说到成本，马上想到的是预算和财务人员，一份有效的成本计划绝非这两个部门能够独立完成，他们仅是其中比较重要的环节，从施工、劳资、技术、质量、安全等各方面都应参与编制与执行，重点是项目经理部和公司管理机构。这项工作如同“木桶效应”的原理一样，任何一个环节有问题，都会对项目整体的运营带来问题。另外，该项工作很多时候不是能够马上见到成效，并且在施工期间会存在较多的变更与调整，再加上各职能部门和业务系统本身都有很多繁杂的工作，如果不能长期坚持、全员编制与执行，最终结果是流于形式。

(3) 人员素质的高低直接影响着成本计划编制的准确性。在项目部编制实施计划阶段，如果施工组织设计、技术方案、施工计划、流水段划分编制不到位或操作性较差，也会给项目部实施计划的准确性带来较大问题。

（4）其他因素的影响。例如报标人员掩盖失误，不能全面反映投标时丢项、漏项的情况，也会给编制预控成本带来一些问题。

3. 解决的对策与措施

首先要从主观因素方面解决问题：

（1）制定编制成本计划制度。企业管理层以制度形式全力推进，层层监督并落实。

（2）明确管理模式，建立与之配套的制度；编制成本计划，反过来推进各项制度的建立与完善。

（3）建立机构、明确职能和职责。

（4）组织培训，提高技能，建立标准化的编制流程与方法。

其次是解决客观因素方面的问题：

（1）建立企业内部定额库、价格信息平台、资源库等基础平台，做好中标交底与合同交底工作。

（2）分阶段、分部位编制成本计划，尽快完成图纸核量工作，加大暂估项、洽商等过程认价的工作力度。

（3）标价分离阶段快速编制技术方案，项目部编制实施成本计划阶段要进行深化和优化，企业应建立企业技术方案库。

在实际编制成本计划的过程中会遇到很多具体的困难，解决的核心办法是管理层的坚持。举个简单例子说，项目部没有编制实施计划，如要支付货款，公司审批部门未见到计划不同意支付，这时项目部往往会拿没有时间编制，不马上支付货款会影响工期等很多理由要挟，迫使公司支付。但公司要讲原则，坚持项目没有计划不能将款项支付出去。

视频微课

4.2.3 成本计划编制的前期工作

16. 成本计划编制的前期工作

编制成本计划不是一项孤立的工作，只有在相关基础配套工作逐步建立、相关数据库不断的完善和充实后，才能发挥出成本计划的管控效能。主要包括三个前提工作：一是建立并维护企业内部定额库；二是建立合格客商名录和市场价格信息库；三是统一成本科目，建立成本科目字典。

建立企业内部定额库目标是为解决好消耗量依据的问题，要从实体量和非实体量消耗两个方面来建立。建立市场价格数据库的目标是为了解决好标价分离价格信息及时性的问题，同时也为在施工过程中控制、分析、审核项目成本提供一个指标参数。建立统一的成本科目目的是从预算收入开始到合同签订到成本分析、考核统一核算口径。

1. 建立并维护企业内部定额库

（1）企业内部定额的概念

企业根据自身所在的地区和行业，参考预算定额，编制能够反映内部实际成本，体现企业市场竞争能力的内部定额，供给投标报价、内部核算和管理使用。其编制依据主要来自三个方面，一是各种造价信息，如政府定额，政府部门和其他相关部门发布的各种造价指标，人、材、机价格信息；二是由于新工艺、新技术的产生而补充的消耗定额；三是企业施工过的工程反馈出实际发生的成本信息。

（2）企业内部定额的编制

编制企业内部定额，说起来就不容易，做起来更难，定额的范围、有效性、时效性、过程维护等一系列技术上的难题，制约了很多企业编制内部定额的积极性。如果企业内部定额的编制能够做到面面俱到当然有利于企业的管控，这样就要投入大量的人力和物力，并且需要一段的时间数据积累、分析和维护，在建立定额库的初期并不现实。那么就要抓住编制内部定额的关键点，即突出清单报价的特点，按实体部分消耗、非实体性部分消耗（包括措施费、规费、税金现场经费、管理费、利润等）两个方面划分编制定额库。

1）实体部分的消耗

清单报价的原则是工程量根据图纸量是可调的。成本计划更多体现的是施工方案、技术措施等优化程度和报价时综合单价包含内容的完整情况，编制实体部分内部定额更多的是体现施工企业施工工艺水平的高低和施工管理的效率。

对于施工中的正常损耗，政府的定额实际已经体现了一部分损耗量，企业更多的是应收集自身的实际消耗情况。实体部分消耗内部定额的编制需要企业投入大量的人力物力，进行定期的维护，而且结果不是能马上见到成效，那么一个施工企业在编制内部定额库的前期数据不充分的情况下，可以按照以下两种方法进行编制：

① 至少应对钢筋、商品混凝土等大宗物资消耗进行按图算量，其余可暂按中标清单计算，做到每平方米的消耗量心中有数。

② 施工图纸相对完整的项目，应要求项目与甲方及时核对中标图纸和施工图纸的图差，按核量预算计算实体性消耗。

上述关于替代实体消耗内部定额的方法只是个权宜办法，从长远来看，企业必须要建立适应自己企业的内部定额库，特别是劳动定额。随着工程施工机械化的发展，分包专业化的发展，用工工效本应提高很多，但是由于熟练工种的缺失，人工费的增长，人口红利的逐步消失，现有的劳动定额，远远不能和市场实际情况接轨，施工企业应深入调研按绑扎钢筋、支模、浇筑混凝土等分部分项的作业项的劳动力情况，逐步建立自己的单项作业项定额库，既用于指导编制成本计划，也可用于劳务合同的发包。

2）非实体性部分的消耗

非实体部分主要包括措施费、规费、税金、现场经费、管理费、利润等。措施费是指为工程的形成提供条件所需的费用，企业应针对每一项措施费建立内部定额库，单项措施费是否需要进一步地拆分细化，根据企业的需要而定。

清单报价后一个突出的特点是施工企业要想中标，就要拼措施费、现场经费、管理费等非实体性费用，这部分消耗是体现企业现有各类资源的状况和施工管理能力的关键点，也是企业通过施工管理能够增效的关键点。这部分投入的内部定额是必须要编制的，也是难点。非实体消耗的内部定额编制方法：

① 划分非实体部分的成本项，能够标准化的，尽可能制定制度来规范，如现场经费和临时设施等。

② 企业要明确资源的提供模式，如模架、周转材料等提供的方式，是自采还是租赁，如果是自采的，应明确竣工后如何调拨处置、如何摊销折旧等一系列的管理要求。

③ 对各种方案进行研讨和请专家评审，确认这方案是否在公司内部推广等。

④ 收集近几年来企业施工过的各类工程中非实体部分费用投入的经济技术数据，结合上述办法制定不同结构类型、不同施工工艺的非实体消耗定额。

3）收集内部定额的方法

① 制定竣工项目成本数据积累制度。企业应建立工程项目竣工数据分析及总结的制度，分析各项消耗投入的情况。按每个工程编制“竣工工程成本指标表”。针对每一个成本项企业可根据需要可以进一步细分。

② 收集完竣工工程上述数据后，公司应计算在一段时期内的平均消耗定额。

2. 建立合格客商名录和市场价格信息库

市场价格信息库的建立应分成两个方面建立：一是建立企业确认的合格市场客商名录；二是建立动态市场人、材、机、分包价格信息平台。

（1）建立合格市场客商的名录是体现企业集约化的标志之一

1）合格客商名录的建立，有利于企业减少对客商考察了解和磨合的时间。能够入选合格客商目录的厂家，往往是与企业合作过的，对于他们的施工能力、供货能力、资质、业绩、价格、资金实力等都应有所了解，在选择和使用的过程中，可以有效的减少对厂家考察、合同谈判等工作，减少双方的磨合时间。

2）合格客商名录的建立，有利于价格信息的相对公开，有利于企业集约化管理。选择合格的客商，首先是要选择有一定信誉度和实力的厂家，这些厂家的价格等信息企业相对比较了解，企业所属的项目都在一个平台上选择厂家，有利于公司公平的管控和集约化的管理。

3）合格客商名录的建立，有利于企业形成施工的战略联盟。地下工程施工市场的分工细化是今后发展的必然趋势，专业分包的比重会越来越高，那么要想做好总包企业管理工作，在竞争激烈的建设市场上立于不败之地，就需要有大量专业化的分包企业进行配合，建立一个合格的客商库，在其中逐步培养起企业战略合作伙伴是重要的目标之一。

（2）合格客商的名录建立的内容及要求

包括三个方面内容：

1）要掌握客商的基本状况。

2）编制在企业内部和行业内部合作情况的信息。

3）企业应建立动态的客商目录。

（3）建立价格信息库

价格信息库具体的建立流程，要注意以下四方面事项：

1）价格信息平台的建立，首先要解决好企业集约化管理的程度，比如要确认哪些物资、分包要集中采购，动态信息价格材料发布的范围等。

2）价格信息要区分内部信息和外部信息进行收集。

内部信息根据企业内部历史工程积累的价格数据，分析生成内控指标。由于内部数据比较完整可靠，在价格确认过程中比外部数据具有更高和可靠性。

外部信息主要定期采集政府部门和各媒体发布的各类造价指标，如单方造价、概算指标等，经过分析处理、归类整理，成为企业定额数据库的重要组成部分，另外各种价格信息平台、各合格供方、长期合作厂家提供的市场价格是数据的重要来源。

3）价格信息库的建立包括信息录入和信息维护两个阶段，重点是信息维护。

市场的价格信息是千变万化的，一些物资早上一个价格，晚上可能就变了，施工企业不是材料商，没有必要做到掌控实时的行情，但是存在地域的差异、信息不对称、市场价格波动较大等客观因素，价格信息及时维护十分重要，这是一项长期的工作，需要坚持。

4）建立价格数据库，还应对其结果进行不断的分析与使用。

3. 统一成本科目建立成本科目字典

本单元所述的成本科目不是财务成本科目的概念，因预算取费收入和实际成本支出的对应的科目名称不一致，往往导致在做收支分析时不能匹配，特别是在施工过程中，将收入进行很细的拆分，会占用很大精力和时间，又不能做到准确，为了更好地编制成本计划，原则上应该由企业对外采购、分包时实际发生的成本项目为准建立成本科目。在标价分离、项目部编制实施计划书、成本核算、成本分析各项工作时，都应按统一的成本科目进行划分，做到收支统一，否则口径不一致就会导致成本控制的无效、滞后和不准确。

在实际施工中，因每个工程情况不同、各项目对外签订每一份合同，即使是同类别的合同，其包含的内容也不尽相同，比如，同样是劳务分包，可能是包清工、可能是清工加辅料、也可能是含周转材料的扩大分包，不同的合同内容不同、价格不同，不具备可比性，这就需要企业建立成本科目字典，即按照最基础的作业项建立成本科目，在标价分离时、在签订发包合同时，根据分包计划从成本科目字典中查找相关作业项，进行排列组合，从预算收入开始到合同签订到成本分析、考核，统一按一个口径进行核算。

4.2.4 成本计划的编制方法

1. 项目成本计划编制依据

成本计划是施工项目成本控制的一个重要环节，是实现降低施工成本目标的指导性文件。如果针对施工项目所编制的成本计划达不到目标成本要求时，就必须组织施工项目管理班子的有关人员重新研究寻找降低成本的途径，重新进行编制。同时，编制成本计划的过程也是动员全体施工项目管理人员的过程，是挖掘降低成本潜力的过程，是检验竣工技术质量管理、工期管理、物资消耗和劳动力消耗管理等是否落实的过程。

编制成本计划，需要广泛收集相关资料并进行整理，以作为施工成本计划编制的依据。施工成本计划的编制依据包括以下内容：

（1）投标报价文件。

（2）企业定额、施工预算。

（3）施工组织设计或施工方案。

（4）人工、材料、机械台班的市场价。

（5）企业颁布的材料指导价、企业内部机械台班价格、劳动力内部挂牌价格。

（6）周转设备内部租赁价格、摊销损耗标准。

（7）已签订的工程合同、分包合同（或估价书）。

（8）结构件外加工计划和合同。

（9）有关财务成本核算制度和财务历史资料。

（10）施工成本预测资料。

（11）拟采取的降低施工成本的措施。

（12）其他相关资料。

2. 项目成本计划的编制方法

施工成本计划的编制应以成本预测为基础，关键是确定目标成本。计划的制订，需结合施工组织设计的编制过程，通过不断地优化施工技术方案和合理配置生产要素，进行工、料、机消耗的分析，制定一系列节约成本和挖潜措施，确定施工成本计划。一般情况下施工成本计划总额应控制在目标成本的范围内，并使成本计划建立在切实可行的基础上。

施工总成本目标确定之后，还需通过编制详细的实施性施工成本计划把目标成本层层分解，落实到施工过程的每个环节，有效地进行成本控制。施工成本计划的编制方法有：按施工成本组成编制施工成本计划；按项目结构编制施工成本计划；按工程实施阶段编制成本计划。

（1）按成本组成编制施工成本计划的方法

施工成本可以按成本组成分解为人工费、材料费、施工机具使用费和企业管理费等，如图 4-3 所示，在此基础上，编制按施工成本组成的成本计划。

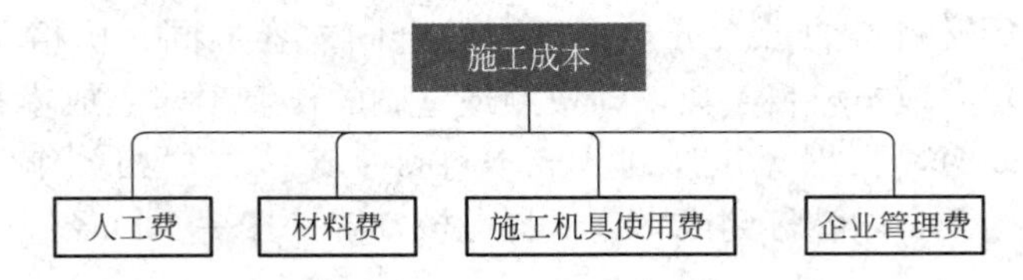

图 4-3　按施工成本组成编制成本计划

（2）按项目结构编制施工成本计划的方法

大中型工程项目通常是由若干单项工程构成的，而每个单项工程包括多个单位工程，每个单位工程又由若干分部分项工程所构成。因此，首先要把项目总施工成本分解到单项工程和单位工程中，再进一步分解到分部工程和分项工程中，如图 4-4 所示。

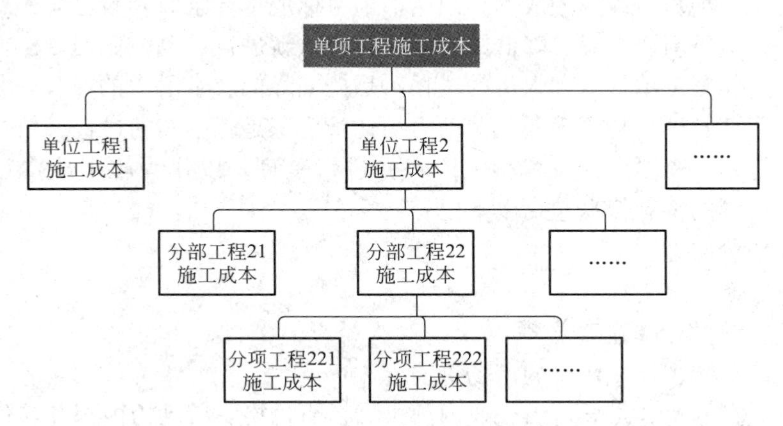

图 4-4　按项目结构编制成本计划

在编制成本支出计划时，要在项目总体方面考虑总体预备费，也要在主要的分项工程中安排适当的不可预见费，避免在具体编制成本计划时发现个别单位工程或工程量表中某项内容的工程量计算有较大出入，使原来的成本预算失实，并应在项目实施过程中对其尽可能地采取一切措施。

（3）按工程实施阶段编制成本计划的方法

按工程实施阶段编制成本计划，可以按实施阶段，如基础、主体、安装、装修等或按月、季、年等施工进度进行编制。按施工进度编制施工成本计划，通常可在控制项目进度的网络图的基础上进一步扩充得到，即在建立网络图时，一方面确定完成各项工作所需花费的时间，另一方面确定完成这一工作合适的成本支出计划。在实践中，将工程项目分解为既能方便地表示时间，又能方便地表示成本支出计划是不容易的，通常如果项目分解程度对时间控制合适的话，则对成本支出计划可能分解过细，以至于不可确定每项工作的成本支出计划，反之亦然。因此在编制网络计划时，应在充分考虑过度控制对项目划分要求的同时，考虑确定成本支出计划对项目划分的要求，做到两者兼顾。

通过对施工成本目标按时间进行分解，在网络计划基础上，可获得项目进度计划的横道图，并在此基础上编制成本计划。其表示方式有两种：一种是在时标网络图上按月编制的成本计划直方图，如图 4-5 所示；另一种是时间-成本累计曲线（S 形曲线）表示，如图 4-6 所示。

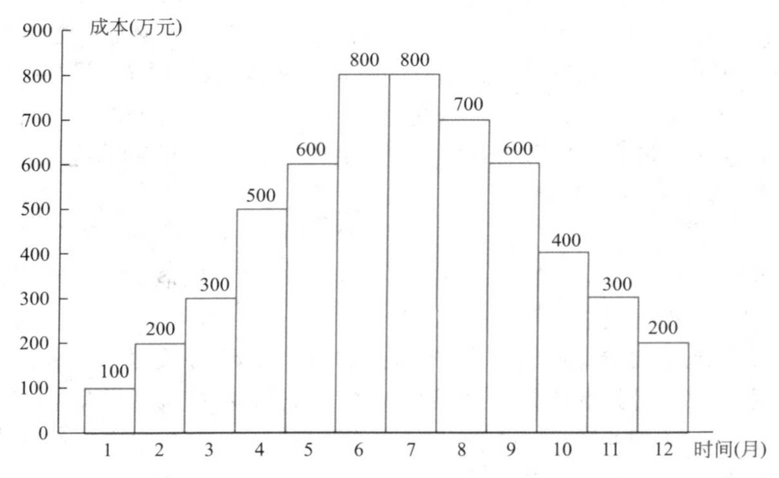

图 4-5　时标网络图上按月编制的成本计划直方图

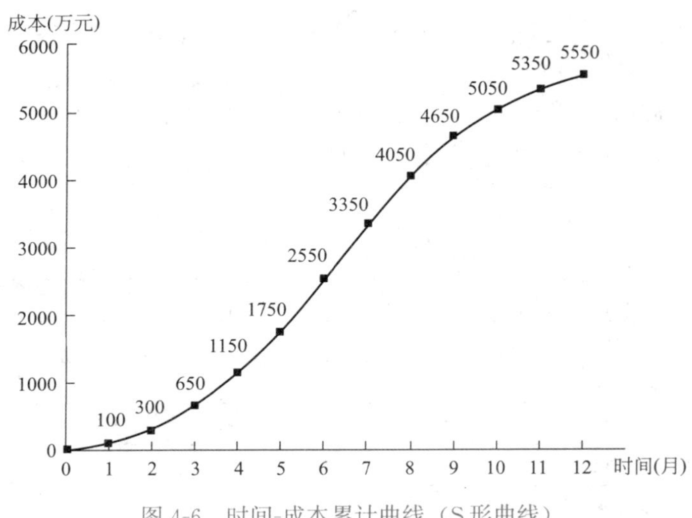

图 4-6　时间-成本累计曲线（S 形曲线）

时间-成本累计曲线的绘制步骤如下：

1）确定工程项目进度计划，编制进度计划的横道图。

2）根据每单位时间内完成的实物工程量或投入的人力、物力和财力，计算单位时间（月或旬）的成本，在时标网络图上按时间编制成本支出计划。

3）计算规定时间 t 计划计支出的成本额。计算方法为将各单位时间计划完成的成本额累加求和，可按公式（4-1）计算。

$$Q_t = \sum_{n=1}^{t} q_n \tag{4-1}$$

式中，Q_t——某时间 t 内计划累计支出成本额；

q_n——单位时间 n 的计划支出成本额；

t——某规定计划时刻。

4）按各规定时间的 Q 值，绘制 S 形曲线，如图 4-6 所示。

每一条 S 形曲线都对应某一特定的工程进度计划。因为在进度计划的非关键线路中存在许多有时差的工序或工作，因而 S 形曲线（成本计划值曲线）必然在由全部工作都按最早开始时间和全部工作开始都按最迟开始时间开始的曲线所组成的“香蕉图”内。项目经理可根据编制的成本支出计划合理地安排资金，同时项目经理也可以根据筹措的资金调整 S 形曲线，即通过调整非关键线路上的工序项目的最早或最迟开工时间，力争将实际的成本支出控制在计划的范围内。

一般而言，所有工作都按最迟开始时间开始，对节约资金贷款利息是有利的；但同时，也降低了项目按期竣工的保证率，因此项目经理必须合理地确定成本支出计划，达到既节约成本支出，又能控制项目工期的目的。

以上三种编制施工成本计划的方式并不是相互独立的。在实践中，往往是将这几种方式结合起来使用，从而可以取得扬长避短的效果。例如，将按项目分解总施工成本与按施工成本构成分解总施工成本两种方式相结合，横向按施工成本构成分解，纵向按项目分解；或横向按项目分解，纵向按施工成本构成分解。这种分解方式有助于检查各分部分项工程施工成本构成是否完整，有无重复计算或漏算现象；同时还有助于检查各项具体的施工成本支出的对象是否明确或落实，并且可以从数字上校核分解的结果有无错误。或者还可将按子项目分解总施工成本计划与按时间分解总施工成本计划结合起来，一般纵向按项目分解，横向按时间分解。

【例 4-1】 已知某地下二层结构工程项目的数据资料见表 4-1，绘制时间-成本累计曲线。

某地下二层结构工程数据资料 **表 4-1**

编码	项目名称	最早开始时间(月份)	工期(月)	成本强度(万元/月)
11	场地平整	1	1	20
12	基础施工	2	3	30
13	基坑开挖	5	3	30
14	地下室底板	6	3	50
15	地下室中板	7	3	40

续表

编码	项目名称	最早开始时间(月份)	工期(月)	成本强度(万元/月)
16	地下室顶板	8	3	55
17	顶板防水施工	11	1	10
18	顶板回填	12	1	10

【解】

1）确定施工项目进度计划，编制进度计划的横道图，如图 4-7 所示。

编码	项目名称	时间(月)	成本强度(万元/月)	工程进度(月)											
				1	2	3	4	5	6	7	8	9	10	11	12
11	场地平整	1	20	—											
12	基础施工	3	30		—	—	—								
13	基坑开挖	3	30					—	—	—					
14	地下室底板	3	50						—	—	—				
15	地下室中板	3	40							—	—	—			
16	地下室顶板	3	55								—	—	—		
17	顶板防水施工	1	10											—	
18	顶板回填	1	10												—

图 4-7　进度计划横道图

2）在横道图上按时间编制成本计划，如图 4-8 所示。

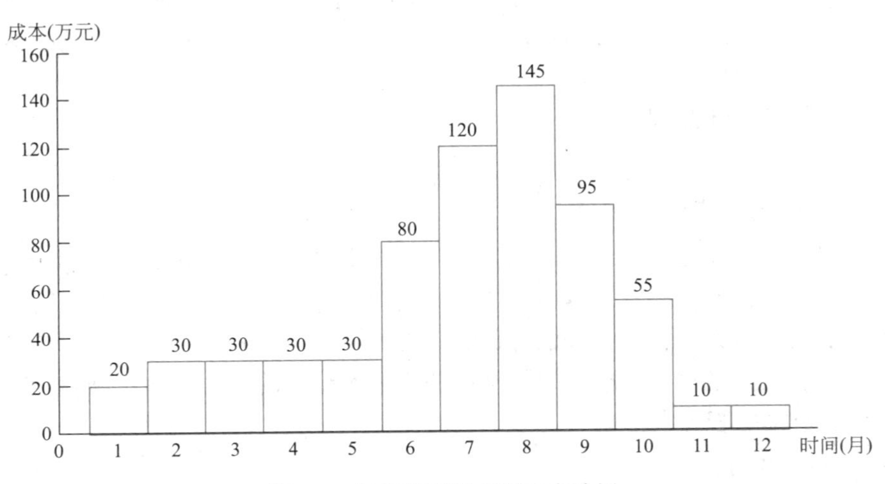

图 4-8　根据横道图编制成本计划

3）计算规定时间 t 计划累计支出的成本额。

根据公式（4-1）可得如下结果：

$Q_1=20$，$Q_2=50$，$Q_3=80$，……，$Q_6=220$，$Q_7=340$，$Q_8=485$，$Q_9=580$，$Q_{10}=635$，$Q_{11}=645$，$Q_{12}=655$。

4）绘制 S 曲线，如图 4-9 所示。

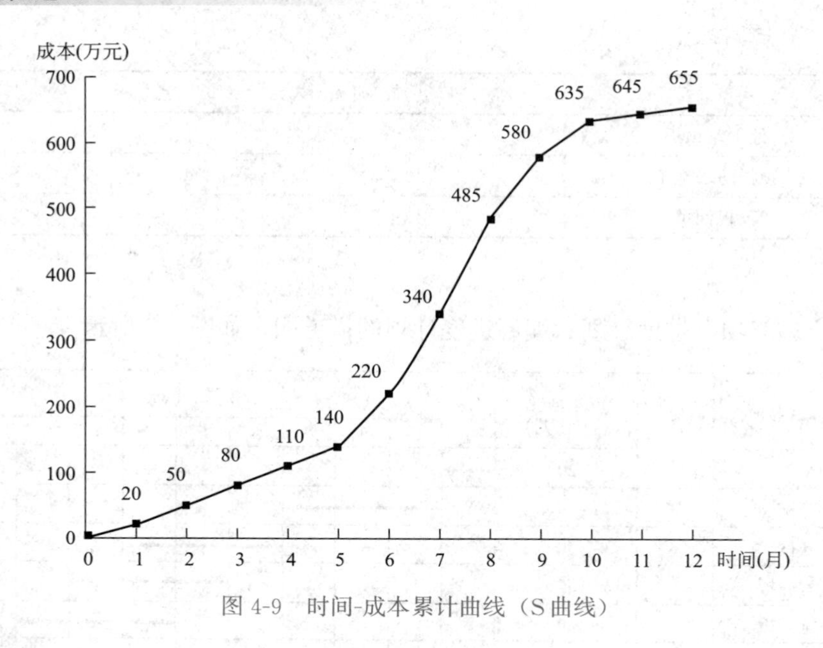

图 4-9 时间-成本累计曲线（S曲线）

4.3 成本控制

工程项目的一次性决定了项目管理的一次性，它的管理对象只有一个工程项目，且将随着项目建设的完成而结束其历史使命。在施工期间，项目成本能否降低，有无经济效益，得失在此一举。为了确保项目成本必盈不亏，成本控制不仅必要，而且必须做好。

4.3.1 成本控制的原则

1. 开源与节流相结合原则

降低项目成本，需要一面增加收入，一面节约支出。因此，在成本控制中，也应坚持开源与节流原则。即对每一笔金额较大的成本费用，都要查一查有无与其相对应的预算收入，是否支出大于收入，在经常性的分部分项工程成本核算和月度成本核算中，也要进行实际成本与预算收入的对比分析，以便从中找出成本超支的原因，纠正项目成本的不利偏差，提高项目成本的管理水平。

2. 全面控制原则

（1）成本的全员控制

企业成本是一项综合性很强的指标，它涉及企业中各个部门、单位和班组的工作业绩，也与每个职工的切身利益有关。因此，企业成本的高低需要大家关心，人人参与。

（2）成本的全过程控制

成本的全过程控制，是指从一个具体项目的施工准备开始，经工程施工，到竣工交付使用后的保修期结束的各个阶段的每一项经济业务，都要纳入成本控制的轨道。

3. 目标管理原则

目标管理是贯彻执行计划的一种方法，它把计划的方针、任务、目的和措施等逐一加以分解，提出进一步的具体要求，并分别落实到执行计划部门、单位直至个人。

4. 节约原则

主要指人力、财力、物力的节约。这是提高经济效益的核心，也是成本控制的一项最主要的基本原则。

视频微课

17. 成本控制的措施

4.3.2　成本控制的措施

由于地下工程地质条件复杂，周边环境影响较大，施工存在不确定性，因此施工项目成本控制，应伴随地下工程项目建设的进程渐次展开，注意各个时期的特点和要求。

1. 施工前期的成本控制

（1）工程投标阶段：根据工程情况和招标文件，联系建设市场和竞争对手的情况，进行成本预测，提出投标决策意见。

（2）中标以后，应根据项目建设，组建与之相适应的项目经理部，同时以标书为依据确定项目的成本目标，并下达给项目经理部。

2. 施工准备阶段的成本控制

（1）根据设计图纸和有关技术资料，对施工方法、施工顺序、作业组织形式、机械设备选型、技术组织措施等进行认真的研究分析，并运用价值工程原理，制定出科学先进、经济合理的施工方案。

（2）根据企业下达的成本目标，以分部分项工程实物工程量为基础，结合劳动定额、材料消耗定额和技术组织实施的节约计划，在优化的施工方案的指导下，编制明细而具体的成本计划，并按照部门、施工队和班组的分工进行分解，作为部门、施工队和班组的责任成本落实下去，为今后的成本控制作好准备。同时，根据项目建设时间的长短和参加建设人数的多少，编制间接费用预算，并对上述预算进行明细分解，以项目经理部有关部门（或业务人员）责任成本的形式落实下去，为今后的成本控制和绩效考评提供依据。

3. 施工阶段的成本控制

（1）加强施工任务单和限额领料单的管理，特别要做好每一个分部分项工程完成后的验收（包括实际工程量的验收和工作内容、工程质量、文明施工的验收）以及实耗人工、实耗材料的数量核对，以保证施工任务单和限额领料单的结算资料绝对正确，为成本控制提供真实可靠的数据。

（2）将施工任务单和限额领料单的结算资料与施工预算进行核对，计算分部分项工程的成本差异，分析差异产生的原因，并采取有效的纠偏措施。

（3）做好月度成本原始资料的收集和整理，正确计算月度成本，分析月度预算成本与实际成本的差异。对于一般的成本差异要在充分注意不利差异的基础上，认真分析有利差异产生的原因，以防对后续作业成本产生不利影响或因质量低劣而造成返工损失；对于盈亏比例异常的现象，则要特别重视，并在查明原因的基础上，采取果断措施，尽快加以纠正。

(4) 在月度成本核算的基础上，实行责任成本核算。也就是利用原有会计核算的资料，重新按责任部门或责任者归集成本费用，每月结算一次，并与责任成本进行对比。

(5) 经常检查对外经济合同的履约情况，为顺利施工提供物质保证。如遇延期或质量不符合要求时，应根据合同规定向对方索赔；对缺乏履约能力的单位，要采取断然措施，中止合同，并另找可靠的合作单位，以免影响施工，造成经济损失。

(6) 定期检查各责任部门和责任者的成本控制情况，检查成本责、权、利的落实情况（一般为每月一次）。发现成本差异偏高或偏低的情况时，应会同责任部门或责任者分析产生差异的原因，并督促他们采取相应的对策来纠正差异；如有因责、权、利不到位而影成本控制工作的情况，应针对责、权、利不到位的原因，调整相关各方的关系，落实权、利相结合的原则，使成本控制工作得以顺利进行。

4. 竣工验收阶段的成本控制

(1) 精心安排，干净利落地完成工程竣工扫尾工作。从现实情况看，很多工程一到竣工扫尾阶段，就把主要施工力量抽调到其他在建工程上去，以致出现扫尾工作拖拖拉拉，战线拉得很长，机械、设备无法转移，成本费用照常发生等情况，使在建阶段取得的经济效益逐步流失。因此，一定要精心安排（因为扫尾阶段工作面较小，人多了反而会造成浪费)，采取“快刀斩乱麻”的方法，把竣工扫尾时间缩短到最低限度。

(2) 重视竣工验收工作。在验收以前，要准备好验收所需要的各方面的资料（包括竣工图)，送甲方备查；对验收中甲方提出的意见，应根据设计要求和合同内容认真处理，如果涉及费用，应请甲方签证，列入工程结算。

(3) 及时办理工程结算。工程结算造价按施工图预算增减，但在施工过程中，有些按实结算的经济业务，是由财务部门直接支付的，项目预算员不掌握资料，导致在工程结算时遗漏。因此，在办理工程结算前，要求项目预算员和成本员进行认真全面的核对。

(4) 在工程保修期间，应由项目经理指定保修工作的责任者，并责成保修责任者根据实际情况提出保修计划（包括费用计划)，以此作为控制保修费用的依据。

4.3.3 成本控制的步骤

在确定了项目施工成本计划之后，必须定期地进行施工成本计划值与实际值的比较，当实际值偏离计划值时，分析产生偏差的原因，采取适当的纠偏措施，以确保施工成本控制目标的实现。其步骤如下：

1. 比较

按照某种确定的方式将施工成本计划值与实际值逐项进行比较，以发现施工成本是否已超支。

2. 分析

在比较的基础上，对比较的结果进行分析，以确定偏差的严重性及偏差产生的原因。这一步是施工成本控制工作的核心，其主要目的在于找出产生偏差的原因，从而采取有针对性的措施，减少或避免相同原因的再次发生或减少由此造成的损失。

3. 预测

根据项目实施情况估算整个项目完成时的施工成本。预测的目的在于为决策提供支持。

4. 纠偏

当工程项目的实际施工成本出现了偏差，应当根据工程的具体情况，偏差分析和预测的结果，采取适当的措施，以期达到使施工成本偏差尽可能小的目的，纠偏是施工成本控制中最具实质性的一步。只有通过纠偏，才能最终达到有效控制施工成本的目的。

5. 检查

检查，是指对工程的进展进行跟踪和检查，及时了解工程进展状况以及纠偏措施的执行情况和效果，为今后的工作积累经验。

4.3.4　成本控制的方法

施工成本控制的方法很多，这里主要介绍价值工程法、量本利法和挣值法（赢得值法）三种。

1. 价值工程法

（1）价值工程价值的计算

价值工程价值用公式（4-2）计算。

$$V = F/C \tag{4-2}$$

式中，V——价值；

F——功能；

C——成本。

（2）提高价值的途径

按价值工程价值的公式 $V=F/C$ 分析，提高价值的途径有五条：

1）功能提高，成本不变。

2）功能不变，成本降低。

3）功能提高，成本降低。

4）降低辅助功能，大幅度降低成本。

5）功能大大提高，成本稍有提高。

我们应当选择价值系数低、降低成本潜力大的工程作为价值工程的对象，寻求对成本的有效降低。故价值分析的对象应以下述内容为重点：

1）选择数量大，应用面广的构配件。

2）选择成本高的工程和构配件。

3）选择结构复杂的工程和构配件。

4）选择体积与重量大的工程和构配件。

5）选择对产品功能提高起关键作用的构配件。

6）选择在使用中维修费用高、耗电量大或使用期的总费用较大的工程和构配件。

7）选择畅销产品，以保持优势，提高竞争力。

8）选择在施工（生产）中容易保证质量的工程和构配件。

9）选择施工（生产）难度大、多花费材料和工时的工程和构配件。

10）选择可利用新材料、新设备、新工艺、新结构及在科研上已有先进成果的工程和构配件。

（3）价值工程法的计算

1）计算功能系数：

某子项目功能系数＝某子项目的功能得分 / 项目功能总得分 （4-3）

2）计算成本系数：

某子项目成本系数＝某子项目施工计划成本 / 项目施工计划总成本 （4-4）

3）计算价值系数：

某子项目价值系数＝某子项目功能系数 / 某子项目成本系数 （4-5）

4）计算项目目标成本：

项目目标成本＝项目计划成本－项目成本降低额 （4-6）

5）计算子项目的目标成本：

某子项目的目标成本＝项目目标成本 × 某子项目的功能系数 （4-7）

6）计算子项目的成本降低额：

子项目的成本降低额＝子项目的计划成本－子项目的目标成本 （4-8）

7）找出成本降低额最大的项目作为控制对象。

2. 量本利法

量本利法就是利用产量、成本和利润三者之间的关系，寻求盈亏平衡点。

利用盈亏平衡点来判断利润的大小和寻求降低成本，提高利润的途径。利润可按公式（4-9）计算：

利润＝产量 × 单价－可变成本－固定成本 （4-9）

可变成本是随产量的增加而增加；固定成本一般不随产量的变动而大幅增加；往往实际成本与预算成本之间不是线性关系而是一条拟合直线。

3. 挣值法（赢得值法）

18. 赢得值法

挣值法是通过“三个费用”“两个偏差”和“两个绩效”的比较对成本实施控制。

（1）三个费用

1）已完成工作预算费用

已完成工作预算费用为 BCWP，是指在某一时间已经完成的工作（或部分工作），以批准认可的预算为标准所需要的资金总额，由于业主正是根据这个值为承包商完成的工作量支付相应的费用，也就是承包商获得（挣得）的金额，故称挣得值或挣值。

已完成工作预算费用(BCWP)＝已完成工程量 × 预算单价 （4-10）

2）计划完成工作预算费用

计划完成工作预算费用，简称 BCWS，即根据进度计划，在某一时刻应当完成的工作（或部分工作），以预算为标准所需要的资金总额，一般来说，除非合同有变更，BCWS 在工作实施过程中应保持不变，即计算完成工作预算费为：

计划完成工作预算费用(BCWS)＝计划工程量×预算单价　　(4-11)

3）已完成工作实际费用

已完成工作实际费用，简称 ACWP，即到某一时刻为止，已完成的工作（或部分工作）所实际花费的总金额。

已完成工作实际费用(ACWP)＝已完成工程量×实际单价

（2）两个偏差

1）费用偏差 CV 按下式计算：

$$CV = BCWP - ACWP \quad (4\text{-}12)$$

当 CV 为负值时，即表示项目运行超出预算费用；当 CV 为正值时，表示项目运行节支，实际费用没有超出预算费用。

2）进度偏差 SV 按下式计算：

$$SV = BCWP - BCWS \quad (4\text{-}13)$$

当 SV 为负值时，表示进度延误，即实际进度落后计划进度，当 SV 为正值时，表示进度提前，即实际进度快于计划进度。

挣值法的三个基本费用参数和两个偏差的分析，可以直观表示如图 4-10 所示。

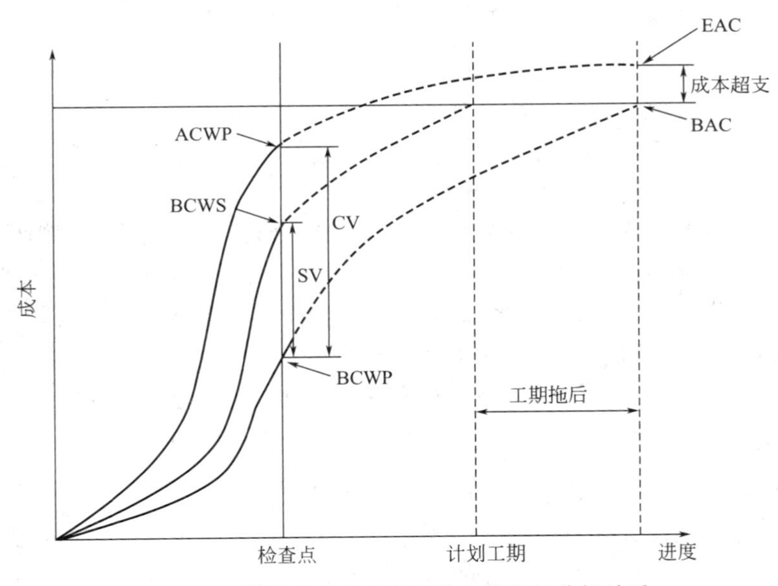

图 4-10　挣值法基本费用参数和偏差的分析关系

（3）两个绩效指数

① 费用绩效指数 CPI：

$$CPI = BCWP/ACWP \quad (4\text{-}14)$$

当 CPI＜1 时，表示超支，即实际费用高于预算费用；当 CPI＞1 时，表示节支，即实际费用低于预算费用。

② 进度绩效指数 SPI：

$$SPI = BCWP/BCWS \quad (4\text{-}15)$$

当 SPI＜1 时，表示进度延误，即实际进度比计划进度拖后，当 SPI＞1 时，表示进度提前，即实际进度比计划进度快。

【例 4-2】 某地下工程截至 2023 年 2 月底，经统计分析得：已完工作预算费用为 1800 万元，已完工作实际费用为 2100 万元，计划工作预算费用为 1900 万元，则该工程此时的费用偏差和进度偏差各为多少？

【解】 （1）费用偏差＝1800－2100＝－300 万元

说明工程费用超支 300 万元。

（2）进度偏差＝1800－1900＝－100 万元

说明工程进度拖后 100 万元。

4.4 成本核算和分析

4.4.1 成本核算的方法

施工成本核算主要有会计核算、业务核算和统计核算等方法。

1. 会计核算

会计核算主要是价值核算。会计是对一定单位的经济业务进行计量、记录、分析和检查，作出预测、参与决策、实行监督，旨在实现最优经济效益的一种管理活动。它通过设置账户，复式记账、填制和审核凭证、登记账簿、成本计算、财产清查和编制会计报表等一系列有组织有系统的方法，来记录企业的一切生产经营活动，然后据以提出一些用货币来反映的有关各种综合性经济指标的数据。资产、负债、所有者权益、营业收入、成本、利润会计六个要素指标，主要是通过会计来核算。至于其他指标，会计核算的记录中也是可以有所反映的，但在反映的广度和深度上有很大的局限性，一般不用会计核算来反映，由于会计记录具有连续性、系统性、综合性等特点，所以它是施工成本分析的重要依据。

2. 业务核算

业务核算是各业务部门根据业务工作的需要而建立的核算制度，它包括原始记录和计算登记表，如单位工程及分部分项工程进度登记，质量登记，工效、定额计算登记，物资消耗定额记录，测试记录等。业务核算的范围比会计、统计核算要广，会计和统计核算一般是对已经发生的经济活动进行核算，而业务核算不但可以对已经发生的，而且还可以对尚未发生或正在发生的经济活动进行核算，看是否可以做，是否有经济效果。它的特点是，对个别的经济业务进行单项核算。只是记载单一的事项，最多也仅是略为整理或稍加归类，不求提供综合性、总括性指标。核算范围不太固定，方法也很灵活，不像会计核算和统计核算那样有一套特定的系统的方法。例如各种技术措施、新工艺等项目，可以核算已经完成的项目是否达到原定的目的，取得预期的效果，也可以对准备采取措施的项目进行核算和审查，看是否有效果，值不值得采纳，随时都可以进行。业务核算的目的在于迅速取得资料，在经济活动中及时采取措施进行调整。

3. 统计核算

统计核算是利用会计核算资料和业务核算资料，把企业生产经营活动客观现状的大量数据，按统计方法加以系统整理，表明其规律性。它的计量尺度比会计宽，可以用货币计算，也可以用实物或劳动量计量。它通过全面调查和抽样调查等特有的方法，不仅能提供绝对数指标，还能提供相对数和平均数指标，可以计算当前的实际水平，确定变动速度，可以预测发展的趋势。统计除了主要研究大量的经济现象以外，也很重视个别先进事例与典型事例的研究。有时，为了使研究的对象更有典型性和代表性，还把一些偶然性的因素或次要的枝节问题予以剔除，为了对主要问题进行深入分析，不一定要求对企业的全部经济活动作出完整、全面、时序的反映。

4.4.2 成本分析

施工成本分析，就是根据会计核算，业务核算和统计核算提供的资料，对施工成本的形成过程和影响成本升降的因素进行分析，以寻求进一步降低成本的途径；另一方面，通过成本分析，可从账簿、报表反映的成本现象看清成本的实质，从而增强项目成本的透明度和可控性，为加强成本控制，实现项目成本目标创造条件。

施工成本分析的方法包括：比较法、因素分析法、差额计算法、比率法等基本方法。

1. 比较法

比较法，又称“指标对比分析法”，就是通过技术经济指标的对比，检查目标的完成情况，分析产生差异的原因，进而挖掘内部潜力的方法。这种方法，具有通俗易懂、简单易行、便于掌握的特点，因而得到了广泛的应用，但在应用时必须注意各技术经济指标的可比性。比较法的应用，通常有下列几种形式：

（1）将实际指标与目标指标对比，以此检查目标完成情况，分析影响目标完成的积极因素和消极因素，以便及时采取措施，保证成本目标的实现。在进行实际指标与目标指标对比时，还应注意目标本身有无问题，如果目标本身出现问题，则应调整目标，重新正确评价实际工作的成绩。

（2）本期实际指标与上期实际指标对比。通过这种对比，可以看出各项技术经济指标的变动情况，反映施工管理水平的提高程度。

（3）与本行业平均水平、先进水平对比，通过这种对比，可以反映本项目的技术管理和经济管理与行业的平均水平和先进水平的差距，进而采取措施赶超先进水平。

【例 4-3】 某地下工程项目本年节约“钢材、水泥、排水板”的预算为 150000 元，实际节约 163000 元，上年节约 131000 元，本项目企业先进水平节约 184000 元。根据上述资料用比较分析法编制分析表。

【解】 运用比较法，将本题的三种对比列于表 4-2 中。

钢材、水泥、排水板预算与实际节约对比（单位：元） 表 4-2

指标	本年预算数	上年预算数	企业先进水平	本年实际数	差异数		
					与预算比	与上年比	与先进比
钢材、水泥、排水板	150000	131000	184000	163000	+13000	+32000	−21000

2. 因素分析法

因素分析法又称"连环置换法"。这种方法可用来分析各种因素对成本的影响程度。在进行分析时，首先要假定众多因素中只有一个因素发生变化，而其他因素不变，计算出结果，而后逐个替换可变因素，分别比较其计算结果，以确定各个因素的变化对成本的影响程度。因素分析法的计算步骤如下：

（1）确定分析对象，并计算出实际数与目标数的差异。

（2）确定该指标是由哪几个因素组成的，并按其相互关系进行排序。

（3）以目标数为基础，将各因素的目标数相乘，作为分析替代的基数。

（4）将各个因素的实际数按照上面的排列顺序进行替换计算，并将替换后的实际数保留下来。

（5）将每次替换计算所得的结果，与前一次的计算结果相比较，两者的差异即为该因素对成本的影响程度。

（6）各个因素的影响程度之和，应与分析对象的总差异相等。

3. 差额计算法

差额计算法是因素分析法的一种简化形式，它利用各个因素的目标值与实际值的差额来计算其对成本的影响程度。

【例 4-4】 某隧道工程公司某月的实际成本降低额资料如下：预算成本 300 万元，实际成本 320 万元，目标成本降低额 12 万元，实际成本降低额 16 万元，成本降低额超出了 4 万元，详细资料见表 4-3。要求应用"差额计算法"分析预算成本和成本降低率对成本降低额的影响程度。

成本降低目标额与实际成本对比　　表 4-3

项目	计量单位	目标	实际	差异
预算成本	万元	300	320	＋20
成本降低率	%	4	5	＋1
成本降低额	万元	12	16	＋4

【解】 根据表 4-3 中的资料，应用"差额计算法"分析预算成本和成本降低率对成本低额的影响程度。

（1）预算成本增加对成本降低额的影响程度为：（320－300）×4％＝0.8 万元。

（2）成本降低率提高对成本降低额的影响程度为：（5％－4％）×320＝3.2 万元。

以上两项合计：0.8＋3.2＝4.0 万元。

4. 比率法

比率法，是指用两个以上的指标的比例进行分析的方法。它的基本特点是先把对比分析的数值变成相对数，再观察其相互之间的关系。常用的比率法有以下几种：

（1）相关比率法

由于项目经济活动的各个方面是相互联系、相互依存、又相互影响的，因而可以将两个性质不同而又相关的指标加以对比，求出比率，并以此来考察经营成果的好坏。例如产值和工资是两个不同的概念，但它们的关系又是投入与产出的关系。在一般情况下，都希望以最少的工资支出完成最大的产值。因此，用产值工资率指标来考核人工费的支出水平，就很能说明问题。

（2）构成比率法

构成比率法，又称“比重分析法”或“结构对比分析法”。通过构成比率，可以考察成本总量的构成情况及各成本项目占成本总量的比重，同时也可看出量、本、利的比例关系（即预算成本、实际成本和降低成本的比例关系），从而为寻求降低成本的途径指明方向。

（3）动态比率法

动态比率法，就是将同类指标不同时期的数值进行对比，求出比率，以分析该项指标的发展方向和发展速度。动态比率的计算，通常采用基期指数和环比指数两种方法。

4.4.3　成本考核

1. 成本考核的概念

地下工程成本考核，是指在地下工程项目完成后，对工程项目成本形成中的各责任者，按工程项目成本目标责任制的有关规定，将成本的实际指标与计划、定额、预算进行对比和考核，评定成本计划的完成情况和各责任者的业绩，并以此给予相应的奖励和处罚。

成本考核制度包括考核的目的、时间、范围、对象、方式、依据、指标、组织领导评价与奖惩原则等内容。

2. 成本考核的依据

成本考核的主要依据是成本计划确定的各类指标。

成本计划一般包括以下三类指标：

1）成本计划的数量指标，如：

① 按子项汇总的工程项目计划总成本指标。

② 按分部汇总的各单位工程（或子项目）计划成本指标。

③ 按人工、材料、机具等各主要生产要素划分的计划成本指标。

2）成本计划的质量指标，如项目总成本降低率：

① 设计预算成本计划降低率＝设计预算总成本计划降低额/设计预算总成本。

② 责任目标成本计划降低率＝责任目标总成本计划降低额/责任目标总成本。

3）成本计划的效益指标，如项目成本降低额：

① 设计预算总成本计划降低额＝设计预算总成本－计划总成本。

② 责任目标总成本计划降低额＝责任目标总成本－计划总成本。

3. 成本考核的方法

公司应以项目成本降低额、项目成本降低率作为对项目管理机构成本考核主要指标。

要加强公司层对项目管理机构的指导，并充分依靠管理人员、技术人员和作业人员的经验和智慧，防止项目管理在企业内部异化为靠少数人承担风险的以包代管模式。成本考核也可分别考核公司层和项目管理机构。

公司应对项目管理机构的成本和效益进行全面评价、考核与奖惩。公司层对项目管理机构进行考核与奖惩时，既要防止虚盈实亏，也要避免实际成本归集差错等的影响，使成本考核真正做到公平、公正、公开，在此基础上落实成本管理责任制的奖惩措施。项目管理机构应根据成本考核结果对相关人员进行奖惩。

本单元通过对地下工程项目成本管理概念、组成及分类，项目成本计划的编制，项目成本控制，项目成本核算以及项目成本分析与考核等内容的学习，帮助学生了解项目的成本管理，掌握地下工程项目成本管理的相关内容。

思考及练习

一、单选题

1. 下列成本计划中，属于施工企业在工程投标阶段编制估算成本计划的是（　　）。

A. 实施性成本计划　　B. 指导性成本计划
C. 竞争性成本计划　　D. 作业性成本计划

2. 施工项目成本按费用组成要素划分，建安费分为人工费、材料费、（　　）、企业管理费、利润、规费、税金。

A. 管理费　　B. 税金　　C. 机械使用费　　D. 利润

3. 通过取得的历史数字资料，采用经验总结、统计分析及数学模型的方法对未来的成本水平及其可能发展趋势作出科学的估计，这是（　　）。

A. 施工成本预测　　B. 施工成本核算
C. 施工成本控制　　D. 施工成本计划

4. 以货币形式编制施工项目在计划期内的生产费用、成本水平、成本降低率以及为降低成本所采取的主要措施和规划的书面方案，这是（　　）。

A. 施工成本控制　　B. 施工成本核算
C. 施工成本预测　　D. 施工成本计划

5. （　　），是指按照规定开支范围对施工费用进行归集，计算出施工费用的实际发生额，并根据成本核算对象，采用适当的方法，计算出该施工项目的总成本和单位成本。

A. 施工成本控制　　B. 施工成本核算
C. 施工成本分析　　D. 施工成本考核

6. （　　），是在成本形成过程中，对施工项目成本进行的对比评价和总结工作。

A. 施工成本考核　　B. 施工成本控制
C. 施工成本分析　　D. 施工成本核算

7. （　　），是指施工项目完成后，对施工项目成本形成中的各责任者，按施工项目成本目标责任制的有关规定，将成本的实际指标与计划、定额、预算进行对比和考核，评定施工项目成本计划的完成情况和各责任者的业绩，并以此给以相应的奖励和处罚。

A. 施工成本考核　　B. 施工成本分析
C. 施工成本控制　　D. 施工成本核算

二、多选题

1. 施工成本管理的任务主要包括（　　）。

A. 成本预测　　B. 成本计划　　C. 成本控制　　D. 成本核算

E. 施工计划

2. 施工成本控制可分为（　　）。

A. 前馈控制　　B. 后馈控制　　C. 事先控制　　D. 事中控制

E. 事后控制

3. 成本分析的基本方法包括（　　）。

A. 比较法　　B. 因素分析法　　C. 曲线法　　D. 差额计算法

E. 比率法

4. 为了取得施工成本管理的理想成果，应当从多方面采取措施实施管理，通常可以将这些措施归纳为（　　）。

A. 管理措施　　B. 组织措施　　C. 技术措施　　D. 经济措施

E. 合同措施

5. 施工成本计划的编制依据包括（　　）。

A. 合同报价书，施工预算

B. 施工组织设计成本施工方案

C. 人、料、机市场价格

D. 公司颁布的材料指导价、公司内部机械台班价、劳动力内部挂牌价

E. 施工设计图纸

6. 编制施工成本计划的方法有（　　）。

A. 按施工成本组成编制施工成本计划

B. 按子项目组成编制施工成本计划

C. 按工程实施进度编制施工成本计划

D. 按总报价编制施工成本计划

E. 按施工预算编制施工成本计划

三、简答题

1. 简述地下工程项目施工成本的分类。

2. 简述施工成本计划的类型。

3. 简述施工项目成本计划编制依据。

4. 挣值法当中的三个费用是指哪些？

5. 施工成本控制的步骤有哪些？

6. 工程项目成本分析的基本方法有哪些？

教学单元 5　地下工程项目质量控制

1. 知识目标：理解建设工程项目质量控制的内涵及质量管理原理，了解建设工程项目质量控制；掌握建设工程项目质量验收及质量事故处理。

2. 能力目标：具备地下工程施工现场质量管理的能力，能编制施工质量事故处理报告。

3. 素质目标：牢固树立“质量为本，追求卓越”的意识，弘扬精益求精的工匠精神和事先控制的质量思维。

思政映射点：精益求精的工匠精神；质量为本，事先控制

实现方式：课堂讲解；现场教学

参考案例：质量事故案例

思维导图

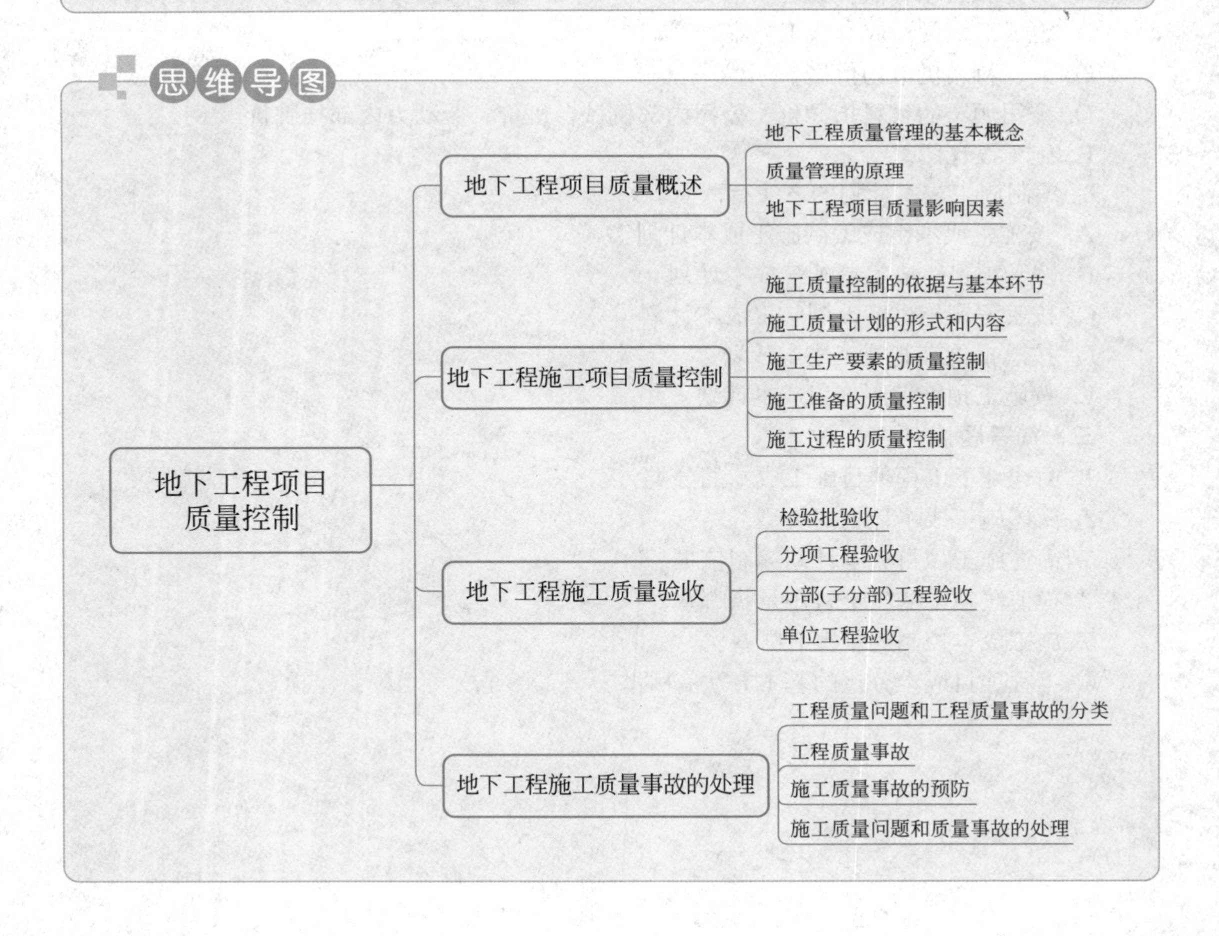

质量是建设工程项目管理的主要控制目标之一。地下工程项目的质量控制，需要系统有效地应用质量管理和质量控制的基本原理和方法，建立和完善工程项目质量保障体系，落实项目各参与方的质量责任，通过项目实施过程各个环节质量控制的职能活动，有效预防和正确处理可能发生的工程质量事故，在政府的监督下实现建设工程项目的质量目标。

5.1　地下工程项目质量概述

5.1.1　地下工程质量管理的基本概念

1. 质量与地下工程质量

质量和质量管理是日常生活中天天和事事都会遇到的问题。什么是“质量”？人们习惯上的理解是，好坏就是质量，但内涵很不完善。随着科学技术的不断发展，人们对产品需要的特性要求也越来越丰富。

（1）根据我国国家标准《质量管理体系 基础和术语》GB/T 19000—2016 的定义，质量，是指客体的一组固有特性满足要求的程度。

客体，是指可感知或可想象到的任何事物，可能是物质的、非物质的或想象的，包括产品、服务、过程、人员、组织、体系、资源等。固有特性是指本来就存在的，尤其是那种永久的特性。质量由与要求有关的、客体的固有特性，即质量特性来表征；而要求是指明示的、通常隐含的或必须履行的需求或期望。质量差、好或优秀，以其质量特性满足质量要求的程度来衡量。

建设工程项目质量，是指通过项目实施形成的工程实体的质量，是反映建筑工程满足法律、法规的强制性要求和合同约定的要求，包括在安全、使用功能以及在耐久性能、环境保护等方面满足要求的明显和隐含能力的特性总和。其质量特性主要体现在适用性、安全性、耐久性、可靠性、经济性及与环境的协调性六个方面。

（2）地下工程质量，是指地下工程满足业主需要的，符合国家法律、法规、技术规范标准、设计文件及合同规定的特性综合。地下工程作为一种特殊的产品，除具有一般产品共有的质量特性，如性能、寿命、可靠性、安全性、经济性等满足社会需要的使用价值及其属性外，还具有特定的内涵。

2. 质量管理

质量管理，是指确立质量方针及实施质量方针的全部职能及工作内容，并对其工作效果进行评价和改进的一系列工作。质量管理中的“质量”概念应该是可以量度的，在合同规定或是法规规定的情况下，如在安全领域中，是需要明确规定的，而在其他情况下，隐含的需要则应加以识别并确定。在许多情况下，需要会随着时间变化而变化，这就意味着要对质量要求进行定期评审。对产品质量的要求，应既包括结果，也包括质量形成和实现的过程。如一幢建筑物、一座立交桥的质量，不仅要满足人们使用上的需要，还要满足社会发展的某些需要。

3. 地下工程质量控制

地下工程质量控制是质量管理的一部分，是致力于满足质量要求的一系列相关活动（包括作业技术活动和管理活动）。由于地下工程项目的质量要求是由业主（或投资者、项目法人）提出的，即地下工程项目的质量总目标（即业主的建设意图）是通过项目策划，包括项目的定义及建设规模、系统构成、使用功能和价值、规格档次、标准等的定位策划和目标决策来确定的。因此，在工程勘察设计招标采购、施工安装、竣工验收等各个阶段，项目干系人均应围绕着致力于满足业主要求的质量总目标而展开建设工程质量控制。

5.1.2 质量管理的原理

1. 质量管理的 PDCA 循环

PDCA 循环又叫戴明环，是美国质量管理专家戴明博士提出的，在长期的生产实践和理论研究过程中形成的 PDCA 循环，是确立质量管理和建立质量体系的基本原理。PDCA 循环如图 5-1 所示，从实践论角度看，质量管理就是确定任务目标，并按照 PDCA 循环原理来实现预期目标。每一循环都围绕着实现预期的目标，进行计划、实施、检查和处置活动，随着对存在问题的克服、解决和改进，不断增强质量能力，提高质量水平。一个循环的四大职能活动相互联系，共同构成了质量管理的系统过程［PDCA，P—计划（Plan）；D—实施（Do）；C—检查（Check）；A—处置（Action）］。

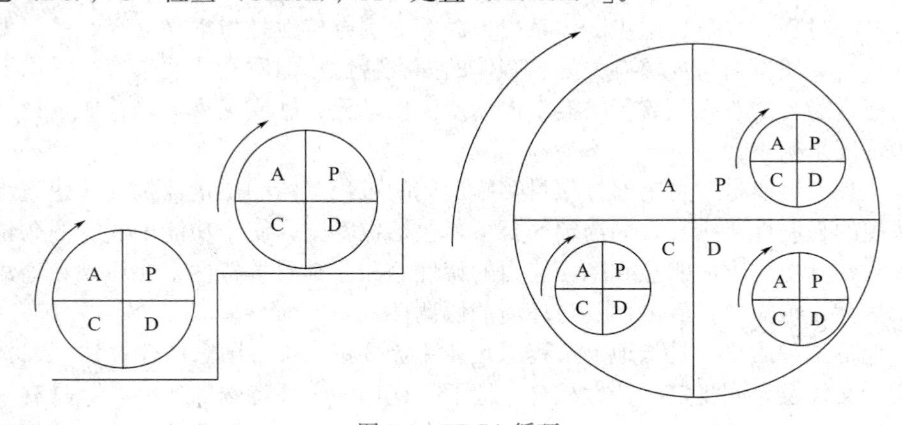

图 5-1 PDCA 循环

（1）计划

质量管理的计划职能，包括确定或明确质量目标和制定实现质量目标的行动方案两方面。实践表明质量计划的严谨周密、经济合理和切实可行，是保证工作质量、产品质量和服务质量的前提条件。

建设工程项目的质量计划，是由项目干系人根据其在项目实施中所承担的任务、责任范围和质量目标，分别进行质量计划而形成的质量计划体系，其中，建设单位的工程项目质量计划，包括确定和论证项目总体的质量目标以及提出的项目质量管理的组织、制度、工作程序、方法和要求。项目其他各方干系人，则根据工程合同规定的质量标准和责任，在明确各自质量目标的基础上，制定实施相应范围质量管理的行动方案，包括技术方法业务流程、资源配置、检验试验要求、质量记录方式、不合格处理、管理措施等具体内容和做法的质量管理文件，同时亦须对其实现预期目标的可行性、有效性、经济合理性进行分析论证，并按照规定的程序与权限，经过审批后执行。

（2）实施

实施职能在于将质量的目标值，通过生产要素的投入、作业技术活动和产出过程，转换为质量的实际值。为保证工程质量的产出或形成过程能够取得预期的结果，在各项质量活动实施前，要根据质量管理计划进行行动方案的部署和交底。交底的目的在于使具体的作业者和管理者明确计划的意图和要求，掌握质量标准及其实现的程序与方法。在质量活动的实施过程中，则要求严格执行计划的行动方案，规范管理行为，把质量管理计划的各项规定和安排落实到具体的资源配置和作业技术活动中去。

（3）检查

检查是指对计划的实施过程进行各种检查，包括作业者的自检、互检和专职管理者专检。各类检查包含两大方面：一是检查是否严格执行了计划的行动方案，实际条件是否发生了变化，不执行计划的原因；二是检查计划执行的结果，即产出的质量是否达到标准的要求，并对此进行确认和评价。

（4）处置

对于质量检查所发现的质量问题或质量不合格，及时进行原因分析，并采取必要的措施予以纠正，保持工程质量形成过程的受控状态。处置分为纠偏和预防改进两个方面。前者是指采取应急措施，解决当前的质量偏差、问题或事故；后者是指提出目前质量状况信息，并反馈管理部门，反思问题症结或计划时的不周，确定改进目标和措施，为今后类似的质量问题预防提供借鉴。

2. 全面质量管理（TQC）的思想

TQC，即全面质量管理（Total Quality Control），是20世纪中期在欧美和日本广泛应用的质量管理理念和方法，我国从20世纪80年代开始引进和推广全面质量管理方法。其基本原理就是强调在企业或组织的最高管理者质量方针的指引下，实行全面、全过程和全员参与的质量管理。

全面质量管理的主要特点是以顾客满意为宗旨，领导参与质量方针和目标的制定，提倡预防为主、科学管理、用数据说话等。在当今国际标准化组织颁布的质量管理体系标准中，都体现了这些重要特点和思想。建设工程项目的质量管理，同样应贯彻如下“三全”管理的思想和方法。

（1）全方位质量管理

建设工程项目的全方位质量管理，是建设工程项目各方干系人所进行的工程项目质量管理的总称，其中包括工程（产品）质量和工作质量的全方位管理。工作质量是产品质量的保证，工作质量直接影响着产品质量的形成。业主、监理单位、勘察单位、设计单位、施工总包单位、施工分包单位、材料设备供应商等任何一方，在任何环节的怠慢疏忽或质量责任不到位都会对建设工程质量产生消极影响。

（2）全过程质量管理

建设工程项目的全过程质量管理，是指根据工程质量的形成规律，从源头抓起，全过程推进。GB/T19000—ISO90000 系列标准强调质量管理的“过程方法”管理原则。因此，必须掌握识别过程和使用“过程方法”进行全过程质量控制的方式方法。主要的过程有：项目策划与决策过程；勘察设计过程；施工采购过程；施工组织与准备过程；检测设备控制与计量过程；施工生产的检验试验过程；工程质量的评定过程；工程竣工验收与交付过程；工程回访维修服务过程等。

（3）全员参与质量管理

按照全面质量管理的原理，组织内部的每个部门和工作岗位都应承担相应的质量职能，组织的最高管理者确定了质量方针和目标后，就应组织和动员全体员工参与到实施质量方针的系统活动中去，发挥自己的角色作用。开展全员参与质量管理的重要手段就是运用目标管理方法，将组织的质量总目标逐级进行分解，使之形成自上而下的质量目标分解体系和自下而上的质量目标保证体系，发挥组织系统内部每个工作岗位、部门或团队在实现质量总目标过程中的作用。

5.1.3 地下工程项目质量影响因素

地下工程建设项目质量的影响因素，主要是指在工程项目质量目标策划、决策和实现过程中的各种客观因素和主观因素，包括人的因素、技术因素、管理因素、环境因素和社会因素等。

视频微课

20. 地下工程质量影响因素

1. 人的因素

人的因素对地下工程项目质量形成的影响，包括两个方面的含义：一是指直接承担地下工程项目质量职能的决策者、管理者和作业者个人的质量意识及质量活动能力；二是指承担地下工程项目策划、决策或实施的建设单位、勘察设计单位、咨询服务机构、工程承包企业等实体组织。前者是个体的人，后者是群体的人。我国实行建筑业企业经营资质管理制度、市场准入制度、执业资格注册制度、作业及管理人员持证上岗制度等，从本质上说，都是对从事地下工程活动的人的素质和能力进行必要的控制。此外，《中华人民共和国建筑法》和《建设工程质量管理条例》还对建设工程的质量责任制度作出明确规定，如规定按资质等级承包工程任务，不得越级、不得挂靠、不得转包，严禁无证设计、无证施工等，从根本上说是为了防止因人的资质或资格失控而导致质量能力的失控。

2. 技术因素

影响地下工程项目质量的技术因素所涉及的内容十分广泛，包括直接的工程技术和辅助的生产技术，前者如工程勘察技术、设计技术、施工技术、材料技术等，后者如工程检测检验技术、试验技术等。地下工程技术的先进性程度，从总体上说取决于国家一定时期的经济发展和科技水平，取决于建筑业及相关行业的技术进步。对于具体的地下工程项目主要是通过技术工作的组织与管理，优化技术方案，发挥技术因素对地下工程项目质量的保证作用。

3. 管理因素

影响地下工程项目质量的管理因素，主要是决策因素和组织因素。其中，决策因素首先是业主方的地下工程项目决策，其次是地下工程项目实施过程中，实施主体的各项技术决策和管理决策。实践证明，没有经过资源论证、市场需求预测，盲目建设、重复建设建成后不能投入生产或使用，所形成的合格而无用途的建筑产品，从根本上是社会资源的极大浪费，不具备质量的适用性特征。同样盲目追求高标准，缺乏质量经济性考虑的决策，也将对工程质量的形成产生不利的影响。

管理因素中的组织因素，包括地下工程项目实施的管理组织和任务组织。管理组织指地下工程项目管理的组织架构、管理制度及其运行机制，三者的有机联系构成了一定的组织管理模式，其各项管理职能的运行情况，直接影响着地下工程项目目标的实现。任务组织，是指对地下工程项目实施的任务及其目标进行分解、发包、委托以及对实施任务所进行的计划、指挥、协调、检查和监督等一系列工作过程。从地下工程项目质量控制的角度看，地下工程项目管理组织系统是否健全、实施任务的组织方式是否科学合理，无疑将对质量目标控制产生重要的影响。

4. 环境因素

地下工程周边环境复杂多变，不可预见，建设项目的决策、立项和实施，受到经济、政治、社会、技术等多方面因素的影响，是地下工程建设项目可行性研究、风险识别与管理所必须考虑的环境因素。对于地下工程项目质量控制而言，无论该地下工程项目是某地下工程建设项目的一个子项工程，还是本身就是一个独立的地下工程建设项目，作为直接影响地下工程项目质量的环境因素，一般是指地下工程项目所在地点的水文、地质和气象等自然环境，施工现场的通风、照明、安全卫生防护设施等劳动作业环境以及由多单位、多专业交叉协同施工的管理关系、组织协调方式、质量控制系统等构成的管理环境。对这些环境条件的认识与把握，是保证地下工程项目质量的重要环节。

5. 社会因素

影响地下工程项目质量的社会因素，表现在建设法律、法规的健全程度及其执法力度；地下工程项目法人或业主的理性化以及地下工程经营者的经营理念；建筑市场包括地下工程交易市场和建筑生产要素市场的发育程度及交易行为的规范程度；政府的工程质量监督的状况等。

必须指出，作为地下工程项目管理者，不仅要系统认识和思考以上各种因素对建设工程项目质量形成的影响及其规律，而且要分清对于地下工程项目质量控制，哪些是可控因素，哪些是不可控因素。不难理解，人、技术、管理和环境因素，对于地下工程项目而言是可控因素；社会因素存在于地下工程项目系统之外，一般情形下对于地下工程项目管理者而言，属于不可控因素，但可以通过自身的努力，尽可能做到趋利去弊。

5.2 地下工程施工项目质量控制

地下工程项目的施工质量控制，有两个方面的含义：一是指项目施工单位的施工质量控制，包括施工总承包、分包单位，综合的和专业的施工质量控制；二是指广义的施工阶段项目质量控制，即除了施工单位的施工质量控制外，还包括建设单位、设计单位、监理单位以及政府质量监督机构，在施工阶段对项目施工质量所实施的监督管理和控制职能。因此，项目管理者应全面理解施工质量控制的内涵，掌握项目施工阶段质量控制的目标、依据与基本环节以及施工质量计划的编制和施工生产要素、施工准备工作和施工作业过程的质量控制方法。

5.2.1 施工质量控制的依据与基本环节

1. 施工质量控制的依据

（1）共同性依据

指适用于施工质量管理有关的、通用的、具有普遍指导意义和必须遵守的基本法规。主要包括：国家和政府有关部门颁布的与工程质量管理有关的法律法规性文件，如《中华人民共和国建筑法》《中华人民共和国招标投标法》和《建设工程质量管理条例》等。

视频微课

21. 质量控制的依据与基本环节

（2）专业技术性依据

指针对不同的行业、不同质量控制对象制定的专业技术规范文件，包括规范、规程等，如：地下工程建设项目质量检验评定相关标准，有关建筑材料、半成品和构配件质量方面的专门技术法规性文件，有关材料验收、包装和标志等方面的技术标准和规定，施工工艺质量等方面的技术法规性文件，有关新工艺、新技术、新材料、新设备的质量规定和鉴定意见等。

（3）项目专用性依据

指本项目的工程建设合同、勘察设计文件、设计交底及图纸会审记录、设计修改和技术变更通知，以及相关会议记录和工程联系单等。

2. 施工质量控制的基本环节

施工质量控制应贯彻全面、全员、全过程质量管理的思想，运用动态控制原理，进行质量的事前控制、事中控制和事后控制。

（1）事前质量控制

即在正式施工前进行的事前主动质量控制，通过编制施工质量计划，明确质量目标，制订施工方案，设置质量管理点，落实质量责任，分析可能导致质量目标偏离的各种影响因素，针对这些影响因素制订有效的预防措施，防患于未然。

事前质量预控要求针对质量控制对象的控制目标、活动条件、影响因素进行周密分析，找出薄弱环节，制定有效的控制措施和对策。

（2）事中质量控制

指在施工质量形成过程中，对影响施工质量的各种因素进行全面的动态控制。事中质量控制也称作业活动过程质量控制，包括质量活动主体的自我控制和他人监控的控制方式。自我控制是第一位的，即作业者在作业过程对自己质量活动行为的约束和技术能力的发挥，以完成符合预定质量目标的作业任务；他人监控是对作业者的质量活动过程和结果，由来自企业内部管理者和企业外部有关方面进行监督检查，如工程监理机构、政府质量监督部门等的监控。

施工质量的自控和监控是相辅相成的系统过程。自控主体的质量意识和能力是关键，是施工质量的决定因素；各监控主体所进行的施工质量监控是对自控行为的推动和约束。因此，自控主体必须正确处理自控和监控的关系，在致力于施工质量自控的同时，还必须接受来自业主、监理等方面对其质量行为和结果所进行的监督管理，包括质量检查、评价和验收。自控主体不能因为监控主体的存在和监控职能的实施而减轻或推脱其质量责任。

事中质量控制的目标是确保工序质量合格，杜绝质量事故发生；控制的关键是坚持质量标准；控制的重点是工序质量、工作质量和质量控制点的控制。

（3）事后质量控制

事后质量控制也称为事后质量把关，以使不合格的工序或最终产品（包括单位工程或整个工程项目）不流入下道工序、不进入市场。事后控制包括对质量活动结果的评价、认定；对工序质量偏差的纠正；对不合格产品进行整改和处理。控制的重点是发现施工质量方面的缺陷，并通过分析提出施工质量改进的措施，保证质量处于受控状态。

以上三大环节不是互相孤立和截然分开的，它们共同构成有机的系统过程，实质上也就是质量管理 PDCA 循环的具体化，在每一次滚动循环中不断提高，达到质量管理和质量控制的持续改进。

5.2.2 施工质量计划的形式和内容

按照我国质量管理体系标准，质量计划是质量管理体系文件的组成内容。在合同环境下，质量计划是企业向顾客表明质量管理方针、目标及其具体实现的方法、手段和措施的文件，体现企业对质量责任的承诺和实施的具体步骤。

1. 施工质量计划的形式

目前，我国除了已经建立质量管理体系的施工企业采用将施工质量计划作为一个独立文件的形式外，通常还采用在工程项目施工组织设计或施工项目管理实施规划中包含质量计划内容的形式。

施工组织设计或施工项目管理实施规划之所以能发挥施工质量计划的作用，这是因为根据建筑生产的技术经济特点，每个工程项目都需要进行施工生产过程的组织与计划，包括施工质量、进度、成本、安全等目标的设定，实现目标的步骤和技术措施的安排等。因此，施工质量计划所要求的内容，理所当然地被包含于施工组织设计或项目管理实施规划中，而且能够充分体现施工项目管理目标（质量、工期、成本、安全）的关联性、制约性和整体性，这也和全面质量管理的思想方法相一致。

2. 施工质量计划的基本内容

施工质量计划的基本内容一般应包括：

（1）工程特点及施工条件（合同条件、法规条件和现场条件等）分析。

（2）质量总目标及其分解目标。

（3）质量管理组织机构和职责，人员及资源配置计划。

（4）确定施工工艺与操作方法的技术方案和施工组织方案。

（5）施工材料、设备等物资的质量管理及控制措施。

（6）施工质量检验、检测、试验工作的计划安排及其实施方法与检测标准。

（7）施工质量控制点及其跟踪控制的方式与要求。

（8）质量记录的要求等。

5.2.3 施工生产要素的质量控制

施工生产要素是施工质量形成的物质基础，其质量的含义包括：作为劳动主体的施工人员，即直接参与施工的管理者、作业者的素质及其组织效果；作为劳动对象的建筑材料、构件、半成品、工程设备等的质量；作为劳动方法的施工工艺及技术措施的水平；为劳动手段的施工机械、设备、工具、模具等的技术性能以及施工现场水文、地质、气象等自然条件，通风、照明、安全等作业环境设置以及协调配合的管理水平。

1. 施工人员的质量控制

施工人员的质量包括参与工程施工各类人员的施工技能、文化素养、生理体能、心理行为等方面的个体素质以及经过合理组织和激励发挥个体潜能综合形成的群体素质。因此，企业应通过择优录用、加强思想教育及技能方面的教育培训，合理组织、严格考核。并辅以必要的激励机制，使企业员工的潜在能力得到充分的发挥和最好的组合，使施工人员在质量控制系统中发挥自控主体作用。

施工企业必须坚持执业资格注册制度和作业人员持证上岗制度；对所选派的施工项目领导者、组织者进行教育和培训，使其质量意识和组织管理能力能满足施工质量控制的要求；对所属施工队伍进行全员培训，加强质量意识的教育和技术训练，提高每个作业者的质量活动能力和自控能力；对分包单位进行严格的资质考核和施工人员的资格考核，其资质、资格必须符合相关法规的规定，与其分包的工程相适应。

2. 施工机械的质量控制

施工机械设备是所有施工方案和工法得以实施的重要物质基础，合理选择和正确使用施工机械设备是保证施工质量的重要措施。

（1）对施工所用的机械设备，应根据工程需要从设备选型、主要性能参数及使用操作要求等方面加以控制，符合安全、适用、经济、可靠和节能、环保等方面的要求。

（2）对施工中使用的模具、脚手架等施工设备，除可按适用的标准定型选用之外，一般需按设计及施工要求进行专项设计，对其设计方案及制作质量的控制及验收应作为重点进行控制。

（3）混凝土预制构件吊运应根据构件的形状、尺寸、重量和作业半径等要求选择吊具和起重设备，预制柱的吊点数量、位置应经计算确定，吊索水平夹角不宜大于60°，不应小于45°。

（4）按现行施工管理制度要求，工程所用的施工机械、模板、脚手架，特别是危险性较大的现场安装的起重机械设备，在安装前要编制专项安装方案并经过审批后实施，安装完毕不仅必须经过自检和专业检测机构检测，而且要经过相关管理部门验收合格后方可使用。同时，在使用过程中尚需落实相应的管理制度，以确保其安全和正常使用。

3. 材料设备的质量控制

对原材料、半成品及工程设备进行质量控制的主要内容为：控制材料设备的性能、标准、技术参数与设计文件的相符性；控制材料、设备各项技术性能指标、检验测试指标与标准规范要求的相符性；控制材料、设备进场验收程序的正确性及质量文件资料的完备性；优先采用节能低碳的新型建筑材料和设备以及禁止使用国家明令禁用或淘汰的建筑材料和设备等。

施工单位应按照现行的《建筑工程检测试验技术管理规范》JGJ 190—2010，施工过程中贯彻执行企业质量程序文件中关于材料和设备封样、采购、进场检验、抽样检测及质保资料提交等方面明确规定的一系列控制程序和标准。

4. 地下工程施工环境因素的控制

地下工程环境因素对工程质量的影响，具有复杂多变和不确定性的特点，具有明显的风险特性。要减少其对施工质量的不利影响，主要是采取预测预防的风险控制方法。

（1）对施工现场自然环境因素的控制

对地质、水文等方面影响因素，应根据设计要求，分析工程岩土地质资料，预测不利因素，并会同设计等方面制定相应的措施，采取如基坑降水、排水、加固围护等技术控制方案。

对天气气象方面的影响因素，应在施工方案中制定专项应急预案，明确在不利条件下的施工措施，落实人员、器材等方面的准备，加强施工过程中的预警与监控。

（2）对施工质量管理环境因素的控制

要根据工程承发包的合同结构，理顺管理关系，建立统一的现场施工组织系统和质量管理的综合运行机制，确保质量保证体系处于良好的状态；创造良好的质量管理环境和氛围，使施工顺利进行，保证施工质量。

（3）对施工作业环境因素的控制

要认真实施经过审批的施工组织设计和施工方案，落实相关管理制度，严格执行施工规划和施工纪律，保证各种施工条件良好，制定应对停水、停电、火灾、食物中毒等方面的应急预案。

5.2.4 施工准备的质量控制

1. 施工技术准备工作的质量控制

施工技术准备工作，是指在正式开展施工作业活动前进行的技术准备工作。这类工作内容繁多，主要在室内进行，例如熟悉施工图纸，组织设计交底和图纸审查；进行工程项目检查验收的项目划分和编号；审核相关质量文件，细化施工技术方案和施工人员、机具的配置方案，编制施工作业技术指导书，绘制各种施工详图（如测量放线图、大样图及配筋配板、配线图表等），进行必要的技术交底和技术培训。如果施工准备工作出错，必然影响施工进度和作业质量，甚至直接导致质量事故的发生。

技术准备工作的质量控制，包括对上述技术准备工作成果的复核审查，检查这些成果是否符合设计图纸和施工技术标准的要求；依据经过审批的质量计划审查、完善施工质量控制措施；针对质量控制点，明确质量控制的重点对象和控制方法；尽可能地提高上述工作成果对施工质量的保证程度等。

2. 现场施工准备工作的质量控制

（1）计量控制

这是施工质量控制的一项重要基础工作。施工过程中的计量，包括施工生产时的投料计量、监测计量以及对项目、产品或过程的测试、检验、分析计量等。开工前要建立和完善施工现场计量管理的规章制度；明确计量控制责任者和配置必要的计量人员；严格按规定对计量器具进行维修和校验；统一计量单位，组织量值传递，保证量值统一，从而保证施工过程中计量的准确。

（2）测量控制

工程测量放线是地下工程产品由设计转化为实物的第一步。施工测量质量的好坏，直接决定工程的定位和标高是否正确，并且制约施工过程有关工序的质量。因此，施工单位在开工前应编制测量控制方案，经项目技术负责人批准后实施。要对建设单位提供的原始坐标点、基准线和水准点等测量控制点、线进行复核，并将复测结果上报监理工程师审核，批准后施工单位才能建立施工测量控制网，进行工程定位和标高基准的控制。

（3）施工平面图控制

建设单位应按照合同约定并充分考虑施工的实际需要，事先划定并提供施工用地和现场临时设施用地的范围，协调平衡和审查批准各施工单位的施工平面设计。施工单位要严格按照批准的施工平面布置图，科学合理地使用施工场地，正确安装、设置施工机械设备和其他临时设施，维护现场施工道路畅通无阻和通信设施完好，合理控制材料的进场与堆放，保持良好的防洪排水能力，保证充分的给水和供电。建设（监理）单位应会同施工单位制定严格的施工场地管理制度、施工纪律和相应的奖惩措施，严禁乱占场地和擅自断水、断电、断路，及时制止和处理各种违纪行为，并做好施工现场的质量检查记录。

5.2.5 施工过程的质量控制

施工过程的质量控制，是在工程项目质量实际形成过程中的事中质量控制。一般可称过程控制。

地下工程项目施工是由一系列相互关联、相互制约的作业过程（工序）构成，因此施工质量控制，必须对全部作业过程，即各道工序的作业质量持续进行控制。从项目管理的立场看，工序作业质量的控制，首先，是质量生产者即作业者的自控，在施工生产要素合格的条件下，作业者能力及其发挥的状况是决定作业质量的关键。其次，是来自作业者外部的各种作业质量检查、验收和对质量行为的监督，也是不可缺少的管理措施。

1. 工序施工质量控制

工序是人、机械、材料设备、施工方法和环境因素对工程质量综合起作用的过程，所以对施工过程的质量控制，必须以工序作业质量控制为基础和核心。因此，工序的质量控制是施工阶段质量控制的重点。只有严格控制工序质量，才能确保施工项目的实体质量。工序施工质量控制主要包括工序施工条件质量控制和工序施工效果质量控制。

（1）工序施工条件控制

工序施工条件，是指从事工序活动的各生产要素质量及生产环境条件。工序施工条件控制就是控制工序活动的各种投入要素质量和环境条件质量。控制的手段主要有：检查、测试、试验、跟踪监督等。控制的依据主要是：设计质量标准、材料质量标准、机械设备打术性能标准、施工工艺标准以及操作规程等。

（2）工序施工效果控制

工序施工效果是工序产品的质量特征和特性指标的反映。对工序施工效果的控制就是控制工序产品的质量特征和特性指标能否达到设计质量标准以及施工质量验收标准的要求。工序施工效果控制属于事后质量控制，其控制的主要途径是：实测获取数据、统计分析获取的数据、判断认定质量等级和纠正质量偏差。

施工过程质量检测试验的内容应依据国家现行相关标准、设计文件、合同要求和施工质量控制的需要确定。

2. 施工作业质量的自控

（1）施工作业质量自控的程序

施工作业质量的自控过程是由施工作业组织的成员进行的，其基本的控制程序包括：施工作业技术交底、作业活动的实施和作业质量的自检自查、互检互查以及专职管理人员的质量检查等。

1）施工作业技术的交底

技术交底是施工组织设计和施工方案的具体化，施工作业技术交底的内容必须具有可行性和可操作性。

从项目的施工组织设计到分部分项工程的作业计划，在实施之前都必须逐级进行交底，其目的是使管理者的计划和决策意图为实施人员所理解。施工作业交底是最基层的技术和管理交底活动，施工总承包方和工程监理机构都要对施工作业交底进行监督。作业交底的内容包括作业范围、施工依据、作业程序、技术标准和要领、质量目标以及其他与安全、进度、成本、环境等目标管理有关的要求和注意事项。

2）施工作业活动的实施

施工作业活动是由一系列工序所组成的。为了保证工序质量的受控，首先要对作业条件进行再确认，即按照作业计划检查作业准备状态是否落实到位，其中包括对施工程序和作业工艺顺序的检查确认，在此基础上，严格按作业计划的程序、步骤和质量要求展开工序作业活动。

3）施工作业质量的检验

施工作业的质量检查，是贯穿整个施工过程的最基本的质量控制活动，包括施工单位内部的施工作业质量自检、互检、专检和交接检查，以及现场监理机构的旁站检查、平行检验等。施工作业质量检查是施工质量验收的基础，已完检验批及分部分项工程，其施工质量必须在施工单位完成质量自检并确认合格之后，才能报请现场监理机构进行检查验收。

前道工序作业质量经验收合格后，才可进入下道工序施工。未经验收合格的工序，不得进入下道工序施工。

（2）施工作业质量自控的要求

工序作业质量是直接形成工程质量的基础，为达到对工序作业质量控制的效果，在加强工序管理和质量目标控制方面应坚持以下要求：

1）预防为主

严格按照施工质量计划的要求，进行各分部分项施工作业的部署。同时，根据施工作业的内容、范围和特点，制定施工作业计划，明确作业质量目标和作业技术要领，认真进行作业技术交底，落实各项作业技术组织措施。

2）重点控制

在施工作业计划中，一方面要认真贯彻实施施工质量计划中的质量控制点的控制措施，同时，要根据作业活动的实际需要，进一步建立工序作业控制点，深化工序作业的重点控制。

3）坚持标准

工序作业人员对工序作业过程应严格进行质量自检，通过自检不断改善作业，并创造条件开展作业质量互检，通过互检加强技术与经验的交流。对已完工序作业产品，即检验批或分部分项工程，应严格坚持质量标准。对不合格的施工作业质量，不得进行验收签证，必须按照规定的程序进行处理。

4）记录完整

施工图纸、质量计划、作业指导书、材料质保书、检验试验及检测报告、质量验收记录等，是形成可追溯性质量保证的依据，也是工程竣工验收所不可缺少的质量控制资料。因此，对工序作业质量，应有计划、有步骤地按照施工管理规范的要求进行填写记载，做到及时、准确、完整、有效，并具有可追溯性。

（3）施工作业质量自控的制度

根据实践经验的总结，施工作业质量自控的有效制度有：

1）质量自检制度。

2）质量例会制度。

3）质量会诊制度。

4）质量样板制度

5）质量挂牌制度

6）每月质量奖评制度等。

3. 施工作业质量的监控

（1）施工作业质量的监控主体

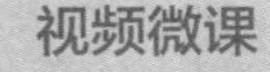

22. 施工作业质量的监控

为了保证项目质量，建设单位、监理单位、设计单位及政府的工程质量监督部门，在施工阶段依据法律法规和工程施工承包合同，对施工单位的质量行为和项目实体质量实施监督控制。

设计单位应当就审查合格的施工图纸设计文件向施工单位作出详细说明；应当参与地下工程质量事故分析，并对因设计造成的质量事故，提出相应技术处理方案。

建设单位在开工前，应当按照国家有关规定办理工程质量监督手续，并对必须实行监理的地下工程，委托监理单位实行监理。

项目监理机构在施工作业实施过程中，根据其监理规划与实施细则，采取现场旁站巡视、平行检验等形式，对施工作业质量进行监督检查，如发现工程施工有不符合工程设计要求、施工技术标准和合同约定的地方，有权要求施工单位改正。监理机构应进行检查，而没有检查或没有按规定进行检查的，给建设单位造成损失的应承担赔偿责任。必须强调，施工质量的自控主体和监控主体，在施工全过程是相互依存、各尽其责，共同推动着施工质量控制过程的展开，最终共同实现工程项目的质量总目标。

（2）现场质量检查

现场质量检查是施工作业质量监控的主要手段。

1）现场质量检查的内容

① 开工前的检查，主要检查是否具备开工条件，开工后是否能够保持连续正常施工，能否保证工程质量。

② 工序交接检查，对于重要的工序或对工程质量有重大影响的工序，应严格执行“三检”制度（即自检、互检、专检），未经监理工程师（或建设单位本项目技术负责人）检查认可，不得进行下道工序施工。

③ 隐蔽工程的检查，施工中凡是隐蔽工程必须经检查认证后方可进行隐蔽掩盖。

④ 停工后复工的检查，因客观因素停工或处理质量事故等原因停工，在复工前必须经检查认可后方可复工。

⑤ 分项、分部工程完工后的检查，应经检查认可，并签署验收记录后，才能进行下一工程的施工。

⑥ 成品保护的检查，检查成品有无保护措施以及保护措施是否有效可靠。

2）现场质量检查的方法

① 目测法

即凭借感官进行检查，也称观感质量检验，其手段可概括为“看、摸、敲、照”四个字。

看——就是根据质量标准要求进行外观检查。例如清水墙面是否洁净，喷涂的密实度和颜色是否良好、均匀，工人的操作是否正常，内墙抹灰的大面及口角是否平直，混凝土外观是否符合要求等。

摸——就是通过触摸手感进行检查。例如油的光滑度，浆活是否牢固不掉粉等。

敲——就是应用敲击工具进行音感检查。例如地面工程、隧道内装饰工程中的水石、面砖、石材饰面等，均应进行敲击检查。

照——就是通过人工光源或反射光照射，检查难看到或光线较暗的部位。例如管道井、电梯井等内部管线、设备安装质量等。

② 实测法

就是通过实测数据与施工规范、质量标准的要求及允许偏差值进行对照，以此判断质量是否符合要求，其手段可概括为“靠、量、吊、套”四个字。

靠——就是用直尺、塞尺检查，如墙面、地面、路面等的平整度。

量——就是用测量工具和计量仪表等检查断面尺寸、标高、湿度、温度等的偏差。例如摊铺沥青拌合料的温度、混凝土坍落度的检测等。

吊——就是利用托线板以及线坠吊线检查垂直度。

套——就是用方尺套方，辅以塞尺检查。例如对阴阳角的方正、垂直度预制构件的方正及构件的对角线检查等。

③ 试验法

试验法，是指通过必要的试验手段对质量进行判断的检查方法，主要包括如下内容：

理化试验：工程中常用的理化试验包括物理力学性能方面的检验和化学成分及化学性能的测定等两个方面。物理力学性能的检验，包括各种力学指标的测定，如抗拉强度、抗压强度、抗弯强度、抗折强度、冲击韧性、硬度、承载力等，以及各种物理性能方面的测定，如密度、含水量、凝结时间、安定性及抗渗、耐磨、耐热性能等。化学成分及化学性质的测定，如钢筋中的磷、硫含量，混凝土中粗骨料中的活性氧化硅成分，以及耐酸、耐碱、抗腐蚀性等。此外，根据规定有时还需进行现场试验，例如压力管道的耐压试验、防水层的蓄水或淋水试验等。

无损检测：利用专门的仪器仪表从表面探测结构物、材料、设备的内部组织结构或损伤情况。常用的无损检测方法有超声波探伤、X射线探伤、γ射线探伤等。

(3) 技术核定与见证取样送检

1) 技术核定

在地下工程项目施工过程中，因施工方对施工图纸的某些要求不明白，或图纸内部存在某些矛盾，或工程材料调整与代用，改变节点构造、管线位置或走向等。需要通过设计单位明确或确认的，施工方必须以技术核定单的方式向监理工程师提出，报送设计单位核准确认。

2) 见证取样送检

为了保证地下工程质量，我国规定对工程所使用的主要材料、半成品、构配件以及施工过程留置的试块、试件等应实行现场见证取样送检。见证人员由建设单位及工程监理机构中有相关专业知识的人员担任；送检的实验室应具备经国家或地方工程检验检测主管部门核准的相关资质；见证取样送检必须严格按规定的程序进行，包括取样见证记录、样本编号、填单、封箱、送试验室、核对、交接、试验检测、报告等。

检测机构应当建立档案管理制度。检测合同、委托单、原始记录、检测报告应当按年度统一编号，编号应当连续，不得随意抽撤、涂改。

4. 隐蔽工程验收与成品质量保护

(1) 隐蔽工程验收

凡被后续施工所覆盖的施工内容，如地基基础工程、钢筋工程、预埋管线等均属隐蔽工程。在后续工序施工前必须进行质量验收。加强隐蔽工程质量验收，是施工质量控制的重要环节。其程序要求是：施工方应首先完成自检并合格，然后填写专用的“隐蔽工程验收单”，验收单所列的验收内容应与已完的隐蔽工程实物相一致；提前通知监理机构及有关方面，按约定时间进行验收。验收合格的隐蔽工程由各方共同签署验收记录；验收不合格的隐蔽工程，应按验收整改意见进行整改后重新验收。严格隐蔽工程验收的程序和记录，对于预防工程质量隐患，提供可追溯质量记录具有重要作用。

(2) 施工成品质量保护

地下工程项目已完施工的成品保护，目的是避免已完施工成品受到来自后续施工以及其他方面的污染或损坏。已完施工的成品保护问题和相应措施，在工程施工组织设计与计划阶段就应该从施工顺序上进行考虑，防止施工顺序不当或交叉作业造成相互干扰、污染和损坏；成品形成后可采取防护、覆盖、封闭、包裹等相应措施进行保护。

5.3 地下工程施工质量验收

施工质量验收分为：检验批验收、分项工程验收，分部（子分部）工程验收，以及单位工程验收。

5.3.1 检验批验收

1. 检验批的组成与验收

检验批为按统一的生产条件或按规定的方式汇总起来供检验用的，根据施工、质量控制和专业验收的需要，按工程量、楼层、施工段、变形缝等进行划分，由一定数量样本组成的检验体，是工程验收的最小单元，由专业监理工程师或建设单位技术负责人组织施工单位专业质量（技术）负责人验收。

2. 检验批质量验收规定

（1）主控项目的质量经抽样检验均应合格。

（2）一般项目的质量经抽样检验合格，当采用计数检验时，除有专门要求外，一般项目的合格点率应达到80%以上，且超差点的最大偏差值应在允许差值的1.5倍范围内。

（3）主要工程材料的进场验收和复验合格，试块、试件检验合格。

（4）具有完整的施工操作依据、质量验收记录。

（5）检验批应由专业监理工程师组织施工单位项目专业质量检查员、专业工长等进行验收。

5.3.2 分项工程验收

1. 分项工程的组成与验收

在分部工程中按照工种、工序、材料、施工工艺、设备类别等划分的工程实体及专业设备安装工程，由专业监理工程师或建设单位技术负责人组织施工单位专业质量（技术）负责人验收。

2. 分项工程质量验收规定

（1）所含检验批的质量均应验收合格。

（2）所含检验批的质量验收记录应完整、正确，有关质量保证资料和试验检测资料应齐全。

（3）分项工程应由专业监理工程师组织施工单位项目专业技术负责人等进行验收。

5.3.3 分部（子分部）工程验收

1. 分部（子分部）的组成与验收

分部工程指不能独立发挥效益或能力，又不具备独立施工条件，但具有结算工程价款条件的工程，是单位工程的组成部分，可按照专业性质、工程部位来确定，通常一个单位工程可按其工程实体的各部位划分为若干个分部或子分部工程。由总监理工程师（建设单位项目负责人）组织施工单位项目负责人和技术、质量负责人等进行验收，涉及地基基础和主体结构验收还应邀请勘察、设计单位参加验收。

2. 分部（子分部）工程质量验收规定

（1）所含分项工程的质量均应验收合格。

（2）质量控制资料应完整。

（3）有关安全、节能、环境保护和主要功能的抽样检验结果应符合相应规定。

（4）观感质量验收应符合要求。

5.3.4 单位工程验收

1. 单位工程的组成

具备独立施工条件并能形成独立使用功能的建（构）筑物、设施、设备系统，对于规模较大的单位工程，可将其能形成独立使用功能的部分划分为一个子单位工程。

2. 单位工程质量验收规定

（1）所含分部工程的质量均应验收合格。

（2）质量控制资料应完整。

（3）所含分部工程中有关安全、节能、环境保护和主要使用功能的检验资料应完整。

（4）主要使用功能的抽查结果应符合相关专业验收规范的规定。

（5）观感质量应符合要求。

3. 单位工程预验收

单位工程预验收目的是检查各分部工程的整改完成情况、工程实体的质量情况，为单位工程质量验收做准备。

（1）准备工作：

1）单位工程完工后，施工单位应按照国家有关验收标准及规范全面检查工程质量，并组织有关人员进行自检。

2）监理单位在施工单位自检合格的基础上，确定预验收时间，并提前三天通知各相关单位。

（2）单位工程预验收组织：总监理工程师；参加单位包括建设单位、勘察单位、设计单位、施工单位、监理单位及其他必要参加的单位。

4. 单位工程验收

在单位工程预验收完成后，整改符合要求的情况下，进行单位工程验收。

（1）验收组织

单位工程验收由建设单位（业主）组织，由建设单位、勘察单位、设计单位、监理单位、施工单位、政府安全监督机构等部门参加。

（2）验收程序

① 施工单位介绍工程概况、单位工程实体及资料整理的完成情况及质量自检自评意见、分部工程、子单位工程验收后遗留问题的整改情况、目前遗留的工程问题等。

② 监理单位介绍工程监理情况、工程实体及资料的整改完成情况，工程验收执行政府备案制度的准备情况、目前遗留的问题等。

③ 分组检查：

工程实体组：按不同专业分组现场检查工程实体完成情况、整改情况。

内业资料组（包括声、像、电子文件档案等）：对施工、监理单位提交的内业资料、档案归档立卷情况进行检查。

④ 勘察单位（土建）介绍工程地质情况，就是否依法进行勘察工作及执行有关主管部门批文的情况，提供的工程成果是否符合合同要求，且真实、准确，施工质量是否达到勘察成果文件的要求、存在问题、质量验收等提出意见。

⑤ 设计单位参加分部工程的验收时，需介绍依法进行设计、执行有关部门的批文及根据勘察成果文件进行设计的情况，是否已完成工程设计文件要求的各项内容，设计变更手续是否完善、完成，有无遗留工程，施工是否满足设计要求、存在问题、质量验收等提出意见。

⑥ 会议讨论各检查组负责人汇报小组检查情况，指出该单位工程目前存在的问题。对各小组提出的问题逐一讨论，需要进行整改的应确定整改期限。

主持人综合检查组的意见，对工程质量作业全面评价，形成验收意见，对工程实体是否按合同完工，移交实体范围、移交日期、整改期限等问题一一确认后，与会务方逐一签字。

监理单位负责编写会议纪要及负责后期整改问题的跟踪检查、销项。

5.4　地下工程施工质量事故的处理

5.4.1　工程质量问题和工程质量事故的分类

1. 质量不合格和质量缺陷

根据我国有关工程质量管理体系标准的规定，凡工程产品没有满足某个规定的要求，称为质量不合格；工程未满足某个与预期或规定用途有关的要求，称为质量缺陷。

2. 质量问题和质量事故

凡是质量不合格，影响使用功能或工程结构安全，造成永久性质量缺陷或存在重大质量隐患，甚至直接导致工程倒塌或人身伤亡的工程，必须进行返修、加固或报废处理。按照直接经济损失的大小，此类事件可分为质量问题和质量事故。直接经济损失低于5000元的为质量问题，直接经济损失在5000元之上的为质量事故。

5.4.2 工程质量事故

工程质量事故，是指由于建设、勘察、设计、施工、监理等单位违反工程质量有关法律法规和工程建设标准，使工程产生结构安全、重要使用功能等方面的质量缺陷，造成人身伤亡或者重大经济损失的事故。

1. 按事故造成的损失的程度分级

按照住房和城乡建设部《关于做好房屋建筑和市政基础设施工程质量事故报告和调查处理工作的通知》（建质〔2010〕111号）的规定，据工程质量事故造成的人员伤亡或者直接经济损失，工程质量事故可分为四个等级。

（1）特别重大事故，是指造成30人以上死亡，或者100人以上重伤（包括急性工业中毒，下同），或者1亿元以上直接经济损失的事故。

（2）重大事故，是指造成10人以上30人以下死亡，或者50人以上100人以下重伤，或者5000万元以上1亿元以下直接经济损失的事故。

（3）较大事故，是指造成3人以上10人以下死亡，或者10人以上50人以下重伤，或者1000万元以上5000万元以下直接经济损失的事故。

（4）一般事故，是指造成3人以下死亡，或者10人以下重伤，或者1000万元以下直接经济损失的事故。

本等级划分所称的“以上”包括本数，所称的“以下”不包括本数。

2. 按事故责任分类

（1）指导责任事故，指由于工程实施指导或领导失误而造成的质量事故。如施工技术方案未经分析论证，贸然组织施工；材料配方失误；违背施工程序指挥施工等。

（2）操作责任事故，指在施工过程中，由于实施操作者不按规程和标准实施操作而造成的质量事故。如工序未执行施工操作规程；无证上岗等。

5.4.3 施工质量事故的预防

施工质量事故的预防，要从施工质量事故发生的原因入手，抓住影响施工质量的各种因素和施工质量形成过程的各个环节，采取具有针对性的有效预防措施。

1. 施工质量事故发生的原因

（1）技术原因：指引发质量事故是由于在工程项目设计、施工中在技术上的失误。例如，结构设计计算错误，对水文地质情况判断错误，以及采用了不适当的施工方法或施工工艺等。

（2）管理原因：指引发的质量事故是由于管理上的不完善或失误。例如，施工单位质量管理体系不完善、质量控制不严格、检测仪器设备因管理不善而失准等。

2. 施工质量事故预防的具体措施

（1）严格按照基本建设程序办事。要做好开工前的可行性论证，搞清工程地质水文条件方可开工；杜绝无证设计、无图施工；禁止任意修改设计和不按图纸施工。

（2）认真做好工程地质勘查。地质勘查时要适当控制钻孔位置和设定钻孔深度。钻孔间距过大，不能全面反映地基实际情况；钻孔深度不够，难以查清地下软土层、滑坡、墓穴、孔洞等有害地质构造。

（3）科学加固处理地基。对软弱土、冲填土、杂填土、岩层出露、土洞等不均匀地基要进行科学的加固处理。要根据不同地基与设计的工程特性，按照地基处理与上部结构相结合，使其共同工作的原则进行处理。

（4）设计图纸的审查复核。由具有专业资质的审图机构对施工图进行审查复核，防止因设计考虑不周、结构构造不合理、设计计算错误、沉降缝及伸缩缝设置不当、悬挑结构未通过抗倾覆验算等，导致质量事故的发生。

（5）严格把好建筑材料及制品的质量关。严格控制建筑材料的进场质量，防止不合格材料应用到工程上。

（6）对施工人员进行培训。通过对施工人员进行建筑结构和建筑材料方面知识的培训，使施工人员在施工中自觉遵守操作规则，不蛮干、不违章操作、不偷工减料。

（7）加强施工过程的管理。施工中必须按图纸、施工验收规范、操作规程进行施工；对工程的复杂工序、关键部位应编制专项施工方案并严格执行。

（8）制定应对不利施工条件和各种灾害的预案。事先针对可能出现的风、雨、高温、严寒、雷电等不利施工条件，制定相应的施工技术措施；对不可预见的人为事故和严重自然灾害制定应急预案。

5.4.4　施工质量问题和质量事故的处理

1. 施工质量事故处理程序

（1）事故报告。施工现场发生质量事故时，施工负责人（项目经理）应按规定时间和规定的程序及时向企业报告事故状况，内容包括事故发生的工程名称、部位、时间、地点；事故经过及主要状况和后果；事故原因的初步分析判断：现场已采取的控制事态的措施等。

工程质量事故发生后，事故现场有关人员应当立即向工程建设单位负责人报告；工程建设单位负责人接到报告后，应于1h内向事故发生地县级以上人民政府、住房和城乡建设主管部门及有关部门报告。情况紧急时，事故现场有关人员可直接向事故发生地县级以上人民政府住房和城乡建设主管部门报告。

（2）事故调查。事故调查是搞清质量事故原因，有效进行技术处理，分清质量事故责任的重要手段。事故调查包括现场施工管理组织的自查和来自企业的技术、质量管理部门的调查。此外，根据事故的性质，需要接受政府建设行政主管部门、工程质量监督部门以及检察、劳动部门等的调查。现场施工管理组织应积极配合，如实提供情况和资料。

（3）事故处理。施工事故处理包括两大方面：事故的技术处理，以解决施工质量不合格和缺陷问题；事故的责任处罚，根据事故的性质、损失大小、情节轻重对事故的责任单位和责任人作出相应的行政处分直至追究刑事责任。

（4）事故处理的鉴定验收。质量事故处理是否达到预期的目的，是否依然存在隐患，应当通过检查鉴定和验收作出确认。事故处理的质量鉴定，应严格按施工验收规范和相关的质量标准的规定进行，必要时还应通过实际测量、试验和仪器检测等方法获取必要的数据，以便准确地对事故处理的结果作出鉴定。

2. 施工质量事故处理的依据和要求

处理依据包括：质量事故的实况资料、有关合同及合同文件、技术文件和档案、建设法规。

处理要求包括：搞清原因、稳妥处理；坚持标准，技术合理；安全可靠，不留隐患；验收鉴定，结论明确。

3. 工质量事故处理的基本方法

（1）修补处理。工程的某些部位存在一定的缺陷，经修补后可以达到要求的质量标准，又不影响使用功能或外观的要求时，可采取修补处理的方法。例如，混凝土结构表面出现蜂窝、麻面，局部未振实、火灾、碱骨料反应等，这些损伤仅仅在结构的表面或局部，不影响其使用和外观，可进行修补处理。

视频微课

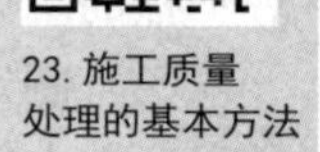

23. 施工质量处理的基本方法

（2）加固处理。对危及结构承载力的质量缺陷的处理。通过对缺陷的加固处理，使建筑结构恢复或提高承载力，重新满足结构安全性与可靠性的要求，使结构能继续使用或改作其他用途。例如，对混凝土结构常用加固的方法有增大截面加固法、外包钢加固法、粘钢加固法等。

（3）返工处理。当工程质量缺陷经过修补处理后仍不能满足规定的质量标准要求，或不具备补救可能性时，必须采取返工处理。

（4）限制使用。当工程质量缺陷按修补方法处理后无法保证达到规定的使用标准和安全标准，而又无法返工处理时，可作出诸如结构卸荷或减荷以及限制使用的决定。

（5）不作处理。某些工程质量问题虽然达不到规定的要求和标准，但其情况不严重，对工程或结构的使用及安全影响较小，经过分析、论证、法定检测单位鉴定和设计单位等认可后，可不作专门处理。

1）不影响结构安全、生产工艺和使用要求的。如某些部位混凝土表面裂缝，经检查分析，属于表面养护不够的干缩微裂，不影响使用和外观，可不作处理。

2）后道工序可以弥补的质量缺陷。例如混凝土表面的轻微麻面，可以通过后续的抹灰。刮涂、喷涂等弥补，可不作处理。

3）经法定检测单位鉴定合格。例如某检验批混凝土试块强度值不满足规范要求，强度不足，但经法定检测单位对混凝土实体强度进行实际检测后，其强度达到规范允许和设计要求值时，可不作处理。

4）出现的质量缺陷，经检测鉴定达不到设计要求，但经原设计单位核算，仍能满足结构安全和使用功能的。例如某一结构构件截面尺寸不足，或材料强度不足，影响结构承载力，但按实际情况进行复核后仍能满足设计要求的承载力时，可不进行处理。

(6) 报废处理。出现质量事故的部位，采取上述处理方法后仍不能满足规定的质量要求或标准，则必须进行报废处理。

单元总结

本单元通过对地下工程项目质量控制的概念；地下工程项目施工质量控制；地下工程项目施工质量验收；施工质量事故的处理等内容的学习，帮助学生了解地下工程施工质量管理基本知识，掌握地下工程项目施工过程中质量管理的相关内容。

思考及练习

一、单选题

1. 工程建设的不同阶段对工程项目质量的形成起着不同的作用和影响，决定工程质量的关键阶段是（　　）。

A. 可行性研究阶段　　B. 决策阶段

C. 设计、施工阶段　　D. 保修阶段

2. 建筑工程项目质量控制的内容是指人、材料、机械及（　　）。

A. 方法与环境　　B. 方法与设计方案

C. 投资额与合同工期　　D. 投资额与环境

3. 在影响施工质量的五大因素中，建设主管部门推广的高性能混凝土技术，属于（　　）的因素。

A. 环境　　B. 方法　　C. 材料　　D. 机械

4. 某地下工程施工过程中发生隧道透水塌方事故，造成11名施工人员当场死亡，此次工程质量事故等级认定为（　　）。

A. 特别重大事故　　B. 重大事故

C. 较大事故　　D. 一般事故

5. 以下不属于施工质量控制因素的为（　　）。

A. 施工人员控制　　B. 材料的质量控制

C. 机具的质量控制　　D. 天气

6. （　　）是工程验收的最小单元。

A. 检验批　　B. 分项工程

C. 分部工程　　D. 单位工程

7. 检验批合格的标准之一是主控项目的质量经抽样检验（　　）合格。

A. 50%　　B. 70%

C. 80%　　D. 100%

8. 分部工程由（　　）组织验收。

A. 施工单位技术负责人　　B. 专业监理工程师

C. 总监理工程师　　D. 设计负责人

9. 未经检验和已经检验为不合格的材料、半成品、构配件，必须按规定进行（　　）

处理

A. 复检或退场　　B. 销毁

C. 不必处理　　D. 现场使用

10. 质量管理的PDCA循环中，“D”的职能是（　　）。

A. 将质量目标值通过投入产出活动转化为实际值

B. 对质量检查中的问题或不合格及时采取措施纠正

C. 确定质量目标和制定实现质量目标的行动方案

D. 对计划执行情况和结果进行检查

二、多选题

1. 对影响隧道主体结构（　　）不合格的产品，应邀请发包方代表或监理工程师、设计人员共同确定处理方案，报工程所在地建设主管部门批准。

A. 安全　　B. 外观　　C. 使用功能　　D. 表面

E. 形状

2. 以下哪些属于质量验收内容（　　）。

A. 项目工程验收　　B. 单位工程验收

C. 分部工程验收　　D. 分项工程验收

E. 安全验收

3. 施工质量控制的特点有（　　）。

A. 影响质量的因素多　　B. 质量波动大

C. 工程项目质量形成过程复杂　　D. 结果控制要求高

E. 终检局限性大

4. 美国质量管理专家将质量管理划分为三个过程，它们是（　　）。

A. 质量策划　　B. 质量保证

C. 质量改进　　D. 质量控制

E. 质量确定

5. 项目质量目标的来源有（　　）。

A. 顾客的需求　　B. 人类的内在活动

C. 社会　　D. 项目客观规律

E. 技术推动

6. 对于重要的工序或对工程质量有重大影响的工序，应严格执行“三检”制度即（　　）。

A. 自检　　B. 互检　　C. 平行检　　D. 专检

E. 平行检

7. 现场质量检查的方法中目测法包括（　　）。

A. 看　　B. 摸　　C. 敲　　D. 照

E. 量

8. 现场质量检查的方法中实测法包括（　　）。

A. 靠　　B. 量　　C. 敲　　D. 吊

E. 套

三、简答题

1. 什么是质量管理的 PDCA 循环？
2. 地下工程项目质量影响因素有哪些？
3. 施工质量过程控制程序包括哪些？
4. 施工质量控制的基本环节有哪些？
5. 现场质量检查的内容有哪些？
6. 施工质量事故的预防的具体措施有哪些？

教学单元6　地下工程施工组织设计

教学目标

1. 知识目标：了解施工组织设计的编制意义和编制依据；理解施工组织设计的编制内容和编制顺序；掌握施工组织设计的编制方法，会进行施工组织设计的编制。

2. 能力目标：具备一般的地下工程施工组织设计的编制能力。

3. 素质目标：建立工程思维和系统思维，践行精益求精的工匠精神，能在约束条件下进行合理取舍，强化社会主义核心价值观。

思政映射点：工程思维，系统思维；自我约束，合理取舍

实现方式：课堂讲解；小组讨论

参考案例：施工组织设计案例

思维导图

- 地下工程施工组织设计
  - 地下工程施工组织设计
    - 地下工程施工组织设计概述
    - 地下工程施工组织设计的主要内容
    - 施工组织设计的编制依据
  - 工程概况
    - 工程主要情况
    - 施工设计简介
    - 工程施工条件
  - 施工部署
    - 施工部署中的进度安排和空间组织
    - 工程施工重点和难点
    - 工程管理组织机构
    - “四新技术”的应用
    - 分包单位选择及管理
  - 进度计划
    - 施工进度计划编制原则
    - 施工进度计划编制
  - 施工准备工作与资源配置
    - 施工准备
    - 资源配置
  - 主要施工方案
    - 施工方案制定的原则
    - 施工方案主要内容
  - 施工总平面布置
    - 单位工程施工平面图设计的意义
    - 单位工程施工平面图内容
    - 单位工程施工平面图设计的依据
    - 单位工程施工平面图设计原则
    - 单位工程施工平面图设计步骤
  - 主要技术经济指标及保证体系
    - 工期指标与保证体系
    - 质量指标与保证体系
    - 环境安全指标与保证体系
    - 降低成本指标与保证体系

一个施工项目开始前，需要对整个项目的进行有一个总体的、科学的管理总纲，通过对项目相关设计方案、现场实际情况和工程所处的周边环境，科学地筹划和组织，明确工程的施工方案、施工顺序、劳动力组织、施工资源需求与供应、现场临时设计与材料机具的布置、场内外交通组织，达到有效地使用施工场地、提高经济效益的目的。

6.1　地下工程施工组织设计

6.1.1　地下工程施工组织设计概述

地下工程施工组织设计，是以某一地下工程施工项目为对象编制的，用以指导施工的技术、经济和管理的综合性文件，它体现了实现基本建设计划和设计的要求，提供了各阶段的施工准备工作内容，协调施工过程中各施工单位、各施工工种、各项资源之间的相互关系。通过施工组织设计，可以根据具体工程的特定条件，拟定施工方案、确定施工顺序、施工方法、技术组织措施，可以保证拟建地下工程按照预定工期完成，可以在开工前了解到所需资源的数量及其使用的先后顺序，可以合理安排施工现场布置。

施工组织设计是地下工程项目在投标、施工阶段必须提交的技术文件，是投标前报价和中标后施工组织的技术依据。是建筑施工企业组织和指导单位工程施工全过程各项活动的技术经济文件。它是基层施工单位编制分部分项工程作业设计；是编制劳动力、材料、预制构件、施工机具等供应计划的主要依据；也是建筑施工企业加强生产管理的一项重要工作。

6.1.2　地下工程施工组织设计的主要内容

视频微课

24. 地下工程施工组织的主要内容

根据工程的性质、规模、结构特点、技术复杂难易程度和施工条件等，单位工程施工组织设计编制内容的深度和广度也不尽相同。但一般来说应包括下述主要内容：编制依据、工程概况、施工部署 、施工进度计划、施工准备及资源配置计划、主要施工方案、施工平面布置图及主要施工管理计划、主要技术经济指标。

6.1.3　施工组织设计的编制依据

视频微课

25. 施工组织设计编制依据

1. 主管部门的批示文件及有关要求：如工程所在地区行政主管部门的相关批准文件、交警部门、上级机关对工程的有关指示和要求，建设单位对施工的要求，施工合同中的有关规定等。

2. 本工程施工影响范围内的地下工程设施管理单位的意见，如相邻地铁建筑、人防、车库、河道、管线等。

3. 相关设计文件：包括单位工程的全套施工图纸、图纸会审纪要及有关标准图。

4. 施工企业的施工能力：如施工企业的生产能力、机具设备状况、技术水平等。

5. 施工合同和招标投标文件。

6. 工程预算文件及有关定额：应有详细的分部分项工程量，必要时应有分层、分段、分部位的工程量使用的预算定额和施工定额。

7. 建设单位对工程施工可能提供的条件：如供水、供电、供热的情况及可借用作为临时办公、仓库、宿舍的施工用房等。

8. 施工条件和资源供应情况：如施工单位的人力、物力、财力等情况、工程相关的资源供应情况。

9. 施工现场的勘察资料：如高程、地形、地质、水文、气象、交通运输、现场障碍物等情况以及工程地质勘察报告、地形图、测量控制网。

10. 工程建设有关的法律、法规、规范、规程和标准：如《建设工程项目管理规范》GB/T 50326—2015、《建筑工程施工质量验收统一标准》GB 50300—2013、《建筑工程施工质量评价标准》GB/T 50375—2016、《混凝土结构工程施工质量验收规范》GB 50204—2015 等。

11. 有关的参考资料

如施工手册、相关施工组织设计等。

6.2 工程概况

工程概况应包括工程主要情况（工程名称、工程地点、规模、性质、用途、对于资金来源、建筑面积、结构形式）、参建单位（建设单位、设计单位、监理单位、施工单位、勘察单位）、工程总造价、开竣工日期、施工条件、图纸设计完成情况、主要工程量、承包合同范围等。

6.2.1 工程主要情况

工程主要情况应包括下列内容：

1. 本工程名称、性质、规模、结构特点、建设期限和地理位置。
2. 工程的建设、勘察、设计、监理和总承包等相关单位的情况。
3. 工程承包范围和分包工程范围。
4. 施工合同、招标文件或总承包单位对工程施工的重点要求。
5. 施工力量、劳动力、机具、材料、构件等资源供应情况。
6. 其他应说明的情况。

6.2.2 施工设计简介

设计简介应包括下列内容：结构设计简介应依据建设单位提供的结构设计文件进行描

述，包括建筑规模、建筑功能、项目起止里程等，基坑开挖深度、长度、围护形式、开挖方法、结构形式、防水等级、结构安全等级、抗震设防类别、主要结构构件类型及要求、主要工程量等。

6.2.3　工程施工条件

项目主要施工条件应包括下列内容：

1. 项目建设地点气象状况。
2. 项目施工区域地形与周边环境、管线情况、工程地质、水文地质状况。
3. 项目施工区域地上、地下管线及相邻的地上、地下建（构）筑物情况。
4. 与项目施工有关的道路及交通组织、河流及导流等状况。
5. 当地建筑材料、设备供应和交通运输等服务能力状况。
6. 当地供电、供水和通信能力状况。
7. 其他与施工有关的主要因素。

6.3　施工部署

施工部署主要是针对工程施工目标而进行的影响力安排，主要包括施工阶段的区域划分与安排、施工流程（顺序）、进度计划，工种、材料、机具设备、运输计划。工程施工目标应根据施工合同、招标文件以及本单位对工程管理目标的要求确定，包括进度、质量、安全、环境和成本等目标。各项目标应满足施工组织总设计中确定的总体目标。

6.3.1　施工部署中的进度安排和空间组织

1. 工程主要施工内容及进度安排应明确说明，施工顺序应符合工序逻辑关系。

2. 施工流水段应结合工程具体情况分阶段进行划分。单位工程根据不同的施工工法划分不同的施工阶段，明挖法一般包括围护施工、土方开挖与支撑施工、地下结构防水与主体结构施工等三个阶段。盾构法隧道一般包括始发和接收井、盾构掘进与管片拼装、壁后注浆。暗挖法隧道一般包括土体加固、洞口工程、支护与开挖、防水与二次衬砌施工等。

6.3.2　工程施工重点和难点

26. 工程施工重点和难点

对于工程施工的重点和难点应进行分析，包括组织管理和施工技术两个方面。施工重难点在分析工程特点的基础上进行，管理上的重难点主要包括安全生产、文明施工、工期安排、材料供应和对内外的协调等方面，需要采取相应的管理措施进行有针对性的管控，如安全生产需要从交底、培训、考核、预案、过程管控、危险源识别与管控、出现问题和隐患及时处理等方面进行加强。技术上的重难点主要从分部分项工程上进行，比如危险性较大的分部分项工程中的高大支模架的管控，需要从方案编制与论证、交底、现场公示、现场基础处理、支架材料、搭设规范、验收等方面进行控制。

6.3.3 工程管理组织机构（图 6-1）

管理组织机构包括机构设置、项目经理、技术负责人、施工管理负责人及各部门主要负责人等岗位职责、工作程序等，要根据具体项目特点进行部署。

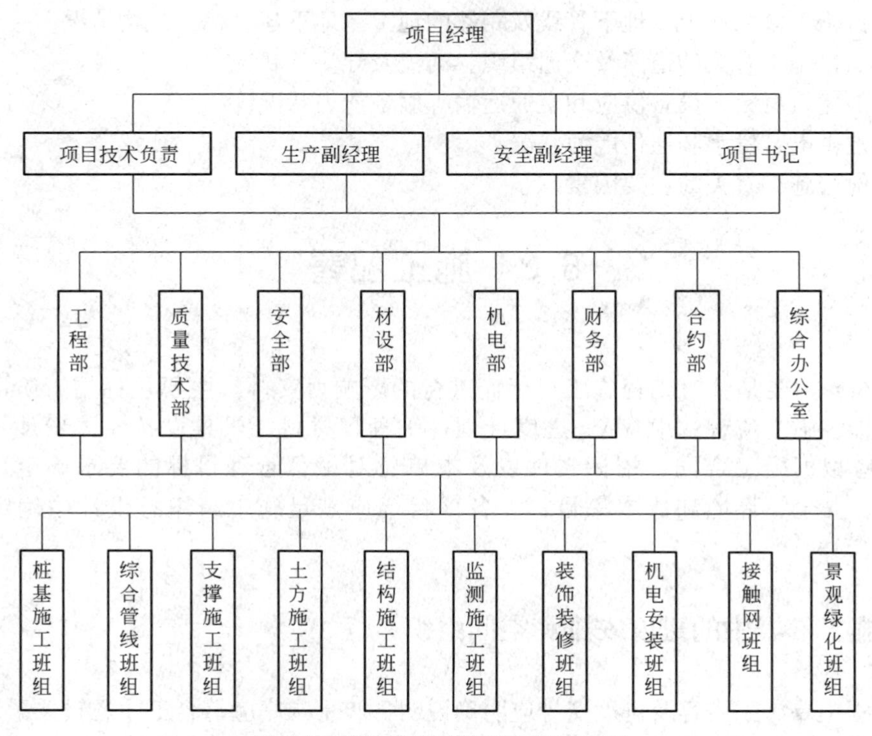

图 6-1 某地铁项目管理组织机构图

按“项目法”组织施工，建立以项目经理为首的项目经理部进行工程项目管理。全权负责现场施工管理、物资采购供应、施工技术、工程质量、施工进度、安全生产、劳务管理、机械设备保障、文明施工、环境保护等工作。

6.3.4 “四新技术”的应用

“四新技术”主要是指在行业内采用新技术、新工艺、新材料、新设备的技术。“四新技术”需要遵循“科技是第一生产力”的原则，广泛应用新技术、新工艺、新材料、新设备“四新”成果，充分发挥科技在施工生产中的先导、保障作用，提升行业创新发展能力，助力经济社会发展。

“四新技术”的应用项目部层面需要专人负责，编制“四新技术”应用实施方案，进行社会调研，收集技术资料，关注国内外建筑新技术动态，推广行之有效的“四新技术”在项目中的应用实施完成后应对新技术应用及时进行总结。

6.3.5　分包单位选择及管理

对主要分包工程施工单位的选择要求及管理方式应进行简要说明。

分包主要包括专业分包和劳务分包。以包工包料的方式发包给本企业以外的单位进行施工称为专业分包，纯粹提供劳务服务的为劳务分包。

1. 分包队伍的选择

分包队伍的选择需要选择有资质、信誉好的分包队伍，因为分包内容是总包工程的一部分，一旦质量、进度和安全得不到有效控制，就会对总包单位总体质量、安全、进度和信誉带来很大的影响。应从分包方的资信、施工能力和技术力量能否满足总包方的要求方面进行考察，投入的人员工作经历、以往的业绩和社会信誉度及与本单位以前的合作情况也需要考虑。

2. 分包队伍的管理

分包队伍的管理主要包括组织分包队伍参加图纸会审、施工方案编制、核查进场人员和设备、现场检查以及竣工验收。

（1）分包队伍人员参加图纸会审，设计交底活动，将分包单位的疑问交由设计人员来解决。

（2）如果是专业分包，需要专业分包就其所分包的内容编制专项施工方案，交由总包进行审批，审批主要看方案是否满足设计图纸和图纸会审的要求，质量和工期是否满足合同要求，人员投入是否满足合同要求。若不能满足应要求分包单位进行完善，待完善后再正式开工。

（3）核查分包队伍实际进场人员和设备。分包工程开工前需要依据施工组织设计或合同约定核查分包的人员是否满足要求，设备是否按合同要求自有或租赁，防止分包单位将分包内容进行再转包。

（4）分包工程现场检查。开工后总包对分包进行相应的检查，主要包括对材料、半成品、设备的监督检查；对施工工序质量的监督检查及报验，严禁分包跳过总包直接与监理、业主进行沟通；对实际施工进度和动态的人员到位检查；对机械设备的履行能力检查；施工过程中分包单位承包范围的安全文明施工检查。

（5）竣工验收的检查。对分包的验收主要包括实物质量验收、竣工资料检查验收和工程保修书的签订。

6.4　进度计划

施工进度计划是施工组织设计的重要组成部分，对工程履约起着主导作用，也是施工筹划的重要体现部分。编制施工进度计划的基本要求是：保证工程施工在合同规定的期限内完成，迅速发挥投资效益和社会效益，保证施工的连续性和均衡性，节约费用、实现成本目标。

6.4.1 施工进度计划编制原则

1. 符合有关规定

（1）符合国家政策、法律法规和工程项目管理的有关规定。

（2）符合合同条款有关进度的要求。

（3）兑现投标书的承诺。

2. 先进可行

（1）满足企业对工程项目要求的施工进度目标。

（2）结合项目部的施工能力，切合实际地安排施工进度。

（3）应用网络计划技术编制施工进度计划，力求科学化，尽量在不增加资源条件下，缩短工期。

（4）能有效调动施工人员的积极性和主动性，保证施工过程中施工的均衡性和连续性。

（5）有利于节约施工成本，保证施工质量和施工安全。

6.4.2 施工进度计划编制

1. 编制依据

（1）以合同工期为依据安排开、竣工时间。

（2）设计图纸、材料定额、机械台班定额、工期定额、劳动定额等。

（3）机具（械）设备和主要材料的供应及到货情况。

（4）项目部可能投入的施工力量及资源情况。

（5）工程项目所在地的水文、地质及其他方面自然情况。

（6）工程项目所在地资源可利用情况。

（7）影响施工的经济条件和技术条件。

（8）工程项目的外部条件等。

2. 编制流程

（1）首先要落实施工组织；其次为实现进度目标，应注意分析影响工程进度的风险，并在分析的基础上采取恰当的风险管理的措施；最后采取必要的技术措施，对各种施工方案进行论证，选择既经济又能节省工期的施工方案。

（2）施工进度计划应准确、全面地表示施工项目中各个单位工程或各分项、分部工程的施工顺序、施工时间及相互衔接关系。施工进度计划的编制应根据各施工阶段的工作内容、工作程序、持续时间和衔接关系以及进度总目标，按资源优化配置的原则进行。

（3）在计划实施过程中应严格检查各工程环节的实际进度，及时纠正偏差或调整计划，跟踪实施，如此循环、推进，直至工程竣工验收。

（4）施工总进度计划是以工程项目群体工程为对象，对整个工地的所有工程施工活动提出时间安排表，其作用是确定分部、分项工程及关键工序准备、实施期限、开工和完工的日期，确定人力资源、材料、成品、半成品、施工机具的需要量和调配方案，为项目经理确定现场临时设施、水、电、交通的需要数量和需要时间提供依据。因此，正确地编制施工总进度计划是保证工程施工按合同期交付使用、充分发挥投资效益、降低工程成本的重要基础。

（5）规定各工程的施工顺序和开、竣工时间，以此为依据确定各项施工作业所必需的劳动力、机具（械）设备和各种物资的供应计划。

3. 工程进度计划编制方法

常用的表达工程进度计划方法有横道图和网络计划图两种形式。

（1）采用网络图的形式表达单位工程施工进度计划，能充分揭示各项工作之间的相互制约和相互依赖关系，并能明确反映出进度计划中的主要矛盾；可采用计算软件进行计算、优化和调整，使施工进度计划更加科学，也使得进度计划的编制更能满足进度控制工作的要求。

（2）采用横道图的形式表达单位工程施工进度计划可比较直观地反映出施工资源的需求及工程持续时间。

6.5　施工准备工作与资源配置

6.5.1　施工准备

施工准备应包括技术准备、现场准备和资金准备等。

1. 技术准备应包括施工所需技术资料的准备、施工方案编制计划、试验检验、设备调试工作计划、“首件制”制作计划等。

（1）主要分部（分项）工程和专项工程在施工前应单独编制施工方案，施工方案可根据工程进展情况，分阶段编制完成，对需要编制的主要施工方案应制定编制计划。

（2）试验检验及设备调试工作计划应根据现行规范、标准中的有关要求及工程规模、进度等实际情况制定。

（3）“首件制”制作计划应根据施工合同或招标文件的要求并结合工程特点制定。

2. 现场准备应根据现场施工条件和实际需要，准备现场生产、生活等临时设施。

3. 资金准备应根据施工进度计划编制资金使用计划。

6.5.2　资源配置

资源配置计划应包括劳动力计划和物资配置计划等。

1. 劳动力配置计划

劳动力配置计划应包括下列内容：

（1）确定各施工阶段用工量。

（2）根据施工进度计划确定各施工阶段劳动力配置计划。

单位工程施工中所需要的各种技术工人、普通工人数，一般要求按月（旬）编制计划。主要根据确定的施工进度计划提出，其方法是按进度表上每天需要的施工人数，分工种进行统计，得出每天所需工种及人数，按时间进度要求汇总编出。其标准参见表 6-1。

劳动力配置计划　　表 6-1

序号	工种名称	人数	月			月			月			月		
			上	中	下	上	中	下	上	中	下	上	中	下

2. 物资配置计划

物资配置计划应包括下列内容：

主要工程材料和设备的配置计划应根据施工进度计划确定，包括各施工阶段所需主要工程材料、预制构件、设备的种类和数量。

（1）主要材料配置计划是根据施工预算、材料消耗定额和施工进度计划编制的，主要反映施工过程中各种主要材料的需要量，作为备料、供料和确定仓库、堆场面积及运输量的依据。其表格参见表 6-2。

主要材料配置计划　　表 6-2

序号	材料名称	规格	需要量		需要时间									备注
					月			月			月			
			单位	数量										

（2）预制构件配置计划是根据施工图、施工方案及施工进度计划要求编制的。主要反映施工中各种预制构件的需要量及供应日期，并作为落实加工单位以及按所需规格、数量和使用时间组织构件进场的依据。其表格参见表 6-3。

预制构件配置计划　　表 6-3

序号	构件名称	编号	规格	单位	数量	要求进场时间	备注

（3）工程施工主要周转材料和施工机具的配置计划应根据施工部署和施工进度计划确定，包括各施工阶段所需主要周转材料、施工机具的种类和数量。

（4）施工机具配置计划是根据施工预算、施工方案、施工进度计划和机械台班定额编制的，主要反映施工所需机械和器具的名称、型号、数量及使用时间。其表格参见表 6-4。

施工机具配置计划 表6-4

序号	机具名称	型号	单位	需用数量	进/退场时间	备注

6.6 主要施工方案

施工方案的选择是单位工程施工组织设计中的重要环节，是决定整个工程全局的关键。施工方案选择得恰当与否，将直接影响单位工程的施工效率、进度安排、施工质量、施工安全、工期长短。因此，我们必须在若干个初步方案的基础上进行认真分析比较，力求选择出一个最经济、最合理的施工方案（包括专项施工方案）。

6.6.1 施工方案制定的原则

1. 制定切实可行的施工方案，首先必须从实际出发，一切要切合当前的实际情况，有实现的可能性。选定的方案在人力、物力、财力、技术上所提出的要求，应该是当前已具备条件或在一定的时期内有可能争取到的，否则，任何方案都是不可取的。这就要求制定方案之前，要深入细致地做好调查研究工作，掌握主客观情况，进行反复的分析比较，只有这样才能做到切实可行。

视频微课

27. 施工方案制定原则

2. 施工期限满足规定要求，保证工程特别是重点工程按期或提前完成，迅速发挥投资的效益，有重大的经济意义。因此，施工方案必须保证在竣工时间上符合规定，并争取提前完成，这就要在确定施工方案时，在施工组织上统筹安排，照顾均衡施工。在技术上尽可能运用先进的施工经验和技术，力争提高机械化和装配化的程度。

3. 在制定方案时，要充分考虑到工程的质量和安全。在提出施工方案的同时，要提出保证工程质量和安全的技术组织措施，使方案完全符合技术规范与安全规程的要求。如果方案不能确保工程质量与安全生产，其他方面再好也是不可取的。

4. 施工费用最低。施工方案在满足其他条件的同时，还必须使方案经济合理，以增加生产盈利，这就要求在制定方案时，尽量采用降低施工费用的一切有效措施，从人力、材料、机械（具）和项目管理费等方面找出节省的因素，发掘节省的潜力，使工料消耗和施工费用降到最低程度。

以上几点是一个统一的整体，在制定施工方案时，应作通盘考虑。现代施工技术的进步，组织经验的积累，每个工程的施工，都有不同的方法来完成，存在着多种可能的方案，也有不同的变数。因此在确定施工方案时，要以上述几点作为衡量标准，经技术经济分析比较，全面权衡，选出最优方案。

6.6.2 施工方案主要内容

施工方案主要内容，包括施工方法的确定、施工机具的选择、施工顺序的确定，还应包括技术措施及“四新技术”应用等方面的内容。重点分项工程、关键工序、季节性施工还应制定专项施工方案。

1. 施工方法的确定

正确地选择施工方法是确定施工方案的关键。各个施工过程均可采用多种施工方法进行施工，而每一种施工方法都有其各自的优势和使用的局限性。针对具体的地下工程实际情况，从若干可行的施工方法中选择最可行、最经济的施工方法。选择施工方法的依据主要有以下几点：

(1) 工程特点，主要指工程项目的规模、构造、工艺要求、技术要求等方面。

(2) 工期要求，要明确本工程的总工期和各分部、分项工程的工期是属于紧迫、正常和充裕三种情况的哪一种。

(3) 施工组织条件，主要指气候等自然条件，施工单位的技术水平和管理水平，所需设备、材料、资金等供应的可能性。

(4) 标书、合同书的要求，主要指招标书或合同条件中对施工方法的要求。

(5) 根据设计图纸的要求，确定施工方法。

2. 施工机具的选择

(1) 施工方法的确定与机具选择的关系

施工方法一经确定，机具设备的选择就只能以满足其要求为基本依据，施工组织也只能在此基础上进行。但是，在现代化施工条件下，施工方法的确定，主要还是选择施工机具的问题，这有时甚至成为最主要的问题，例如，顶管施工的工作坑，是选择冲抓式钻机还是旋转式钻机，钻机一旦确定，施工方法也就确定了；盾构施工是选择土压平衡盾构机还是泥水平衡盾构机，设备确定后施工方法就确定了。

有时由于施工机具与材料等的限制，只能采用一种施工方法。可能此方案不一定是最佳的，但别无选择。这时就需要从方案出发，制定更好的施工顺序，以达到较好的经济性，弥补方案少而无选择余地的不足。

(2) 施工机具的选择和优化

施工机具对施工工艺、施工方法有直接的影响，施工机具化是现代化大生产的显著标志，对加快建设速度、提高工程质量、保证施工安全、节约工程成本起着至关重要的作用，因此选择施工机具成为确定施工方案的一个重要内容，应主要考虑下列问题：

1) 在选用施工机具时，应尽量选用施工单位现有机具，以减少资金的投入，充分发挥现有机具效率。若现有机具不能满足施工过程需要，则可考虑租赁或购买。

2) 机具类型应符合施工现场的条件：施工现场的条件，指施工现场的地质、地形、工程量大小和施工进度等，特别是工程量和施工进度计划，是合理选择机具的重要依据。一般来说为了保证施工进度和提高经济效益，工程量大应采用大型机具，工程量小则采用小型机具，但也不是绝对的，如一项大型土方工程，由于施工地区偏僻，道路、桥梁狭窄或载重量限制了大型机具的通过，但如果只是专门为了运输问题而修路、桥，显然不经济，因此就应选用中型机具施工。

3）在同一个工地上施工机具的种类和型号应尽可能少，为了便于现场施工机具的维修、管理及减少转移，对于工程量大的工程应尽量采用专用机具：对于工程量小而分散的工程，则应尽量采用多用途的施工机具。

4）要考虑所选机具的运行成本是否经济：施工机具的选择应以能否满足施工需要为目的，如本来土方量不大，却用了大型的土方机具，结果不到一周就完工了，进度虽然加快，但大型机具的台班费、进出场的运输费、便道的修筑费以及折旧费等固定费用相当大，使运行费用过高超过缩短工期所创造的价值。

5）施工机具的合理组合：选择施工机具时要考虑各种机具的合理组合，这样才能使选择的施工机具充分发挥效益。合理组合，一是指主机与辅机在台数和生产能力上相互适应；二是指作业线上各种机具相互配套组合。

6）选择施工机具时应从全局出发统筹考虑：全局出发就是不仅考虑本项工程，而且还要考虑所承担的同一现场或附近现场其他工程施工机具的使用，从局部考虑选择机具是不合理的，应从全局角度进行考虑。

3. 施工顺序的确定

施工顺序，是指各个施工过程或分项工程之间施工的先后次序。施工顺序安排得好，可以加快施工进度，减少人工和机具的停歇时间，并能充分利用工作面，避免施工干扰，达到均衡、连续施工的目的，并能实现科学地组织施工，做到不增加资源前提下，达到加快工期，降低施工成本的目的。

4. 技术措施的设计

技术措施是施工企业为完成施工任务，保证工程工期，提高工程质量，满足安全需求，降低工程成本，在技术上和组织上所采取的措施。企业应把编制技术组织措施作为提高技术水平、改善经营管理的重要工作认真执行。通过编制技术组织措施，结合企业内部实际情况，并学习和推广同行业的先进技术和行之有效的组织管理经验。

6.7 施工总平面布置

施工总平面图是对拟建工程的施工现场，根据施工需要的有关内容，按一定的规则而作出的平面和空间的规划，宜按不同施工阶段分别绘制。它是单位工程施工组织设计的重要组成部分。

6.7.1 单位工程施工平面图设计的意义

组织拟建工程的施工，施工现场必须具备一定的施工条件，除了做好必要的“三通一平”，工作之外，还应布置施工机械、临时堆场、仓库、办公室等生产性和非生产性临时设施，这些设施均应按照一定的原则，结合拟建工程的施工特点和施工现场的具体条件，作出一个合理、适用、经济的平面布置和空间规划方案，并将这些内容表现在图纸上，这就是单位工程施工平面图。

施工平面图设计是单位工程开工前准备工作的重要内容之一。它是安排和布置施工现场的基本依据，也是实现有组织有计划和顺利地进行施工的重要条件，也是施工现场文明施工的重要保证。应当指出，地下工程施工由于工程性质、规模、现场条件和环境的不同，所选的施工方案、施工机械的品种、数量也不同。因此，施工现场需要规划和布置的内容也有多有少，同时工程施工又是一个复杂多变的过程。它随着工程的不断展开，地上和地下场景的转变，不同阶段的交通组织的变化，要规划和布置的内容逐渐增多；随着工程的逐渐收尾，材料、构件等逐渐消耗，施工机械、施工设施逐渐退场和拆除；因此，在整个工程的不同施工阶段，施工现场布置的内容也各有侧重且不断变化。所以，工程规模较大、结构复杂、工期较长的单位工程，应当按不同的施工阶段设计施工平面图，但要统筹兼顾：近期的应照顾远期的；土方开挖完成后及时回筑结构；盾构工作井及时施工移交盾构施工，盾构完成后及时移交结构，结构和盾构施工完成后及时移交机电和装修；局部的应服从整体的。为此在整个工程各阶段工序需共同协商，合理布置施工平面，做到各得其所。

6.7.2 单位工程施工平面图内容

单位工程施工平面图内容包括：

1. 工程施工场地状况。

2. 拟建地下工程的位置、轮廓尺寸、深度等。

3. 工程施工现场的加工设施、存贮设施、办公和生活用房等的位置和面积。

4. 布置在工程施工现场的水平和垂直运输设施、供电设施、供水、供热设施、排水排污设施和临时施工道路等。

5. 占用公共道路的，在不同交通组织阶段场地布置。

6. 施工现场必备的安全、消防、保卫和环境保护等设施。

7. 相邻的地上、地下既有建（构）筑物及相关环境。

6.7.3 单位工程施工平面图设计的依据

在设计施工平面图之前，必须熟悉施工现场与周围的地理环境；调查研究，收集有关技术经济资料；对拟建工程的工程概况、施工方案、施工进度及有关要求进行分析研究。只有这样，才能使施工平面图设计的内容与施工现场及工程施工的实际情况相符合。单位工程施工平面图设计的主要依据：

1. 自然条件调查资料。如气象、地形、水文及工程地质资料等。主要用于：布置地面水和地下水的排水沟；确定易燃、易爆、沥青灶、化灰池等有碍人体健康的设施布置位置；安排冬、雨期施工期间所需设施的地点。

2. 技术经济条件调查资料。如交通运输、水源、电源、物资资源、生产和生活基地状况等的资料。主要用于：布置水、电、卫等管线的位置及走向；交通道路、施工现场出入口的走向及位置；临时设施搭设数量的确定。

3. 拟建工程施工图纸及有关资料。总平面图上标明的一切地上、地下的已建工程及拟建工程的位置，这是正确确定临时设施位置，修建临时道路、解决排水等所必需的资料，以便考虑是否可以利用已有的房屋为施工服务或者是否拆除。

4. 一切已有和拟建的地上、地下的管线的位置、埋深和材质。设计平面布置图时，应考虑是否可以利用这些管道或者已有的管道，对施工有妨碍而必须拆除或迁移，同时要避免把临时建筑物等设施布置在拟建的管道上面。

5. 建筑区域的竖向设计资料和土方平衡图。这对布置水、电管线、安排土方的挖填及确定取土、弃土地点很重要。

6. 施工方案与进度计划。根据施工方案确定的起重机械、搅拌机械等各种机具的数量，考虑安排它们的位置；根据现场预制构件安排要求，作出预制场地（管片）规划；根据进度计划，了解分阶段布置施工现场的要求，并如何整体考虑施工平面布置。

7. 根据各种主要材料、半成品、预制构件加工生产计划、需求量计划及施工进度要求等资料，设计材料堆场、仓库等的面积和位置。

8. 建设单位或能从周边租赁的已建房屋及其他生活设施的面积等有关情况。以便决定施工现场临时设施的搭设数量。

9. 现场必须搭建的有关生产作业场所的规模要求。以便确定其面积和位置。

10. 其他需要掌握的有关资料和特殊要求。

6.7.4　单位工程施工平面图设计原则

1. 在确保安全施工以及使现场施工能比较顺利进行的条件下，要布置紧凑，少占或不占农田，尽可能减少施工占地面积。

2. 最大限度缩短场内运距，尽可能减少二次搬运。各种材料、构件等要根据施工进度并保证能连续施工的前提下，有计划地组织分期分批进场，充分利用场地；合理安排生产流程，材料、构件要尽可能布置在使用地点附近，要通过垂直运输的尽可能布置在垂直运输机具附近，力求减少运距，达到节约用工和减少材料的损耗。

3. 在保证工程施工顺利进行的条件下，尽量减少临时设施的搭设。为了降低临时设施的费用，应尽量利用已有的或拟建的各种设施为施工服务；对必需修建的临时设施尽可能采用装拆方便的设施；布置时要不影响正式工程的施工，避免二次或多次拆建；各种临时设施的布置，应便于生产和生活。

4. 各项布置内容，应符合劳动保护、技术安全、防火和防洪的要求。为此，机械设备的钢丝绳、缆风绳以及电缆、电线与管道等要不妨碍交通，保证道路畅通；各种易燃库、棚，如存放木工、防水涂料、油料等应布置在下风向，并远离生活区；根据工程具体情况，考虑各种劳保、安全、消防设施；在山区雨期施工时，应考虑防洪、排涝等措施，做到有备无患。

根据上述原则及施工现场的实际情况，尽可能进行多方案施工平面图设计。并从满足施工要求的程度；施工占地面积及利用率；各种临时设施的数量、面积、所需费用；场内各种主要材料、半成品（混凝土、管片）、构件的运距和运量大小；各种水电管线的敷设长度；施工道路的长度、宽度；安全及劳动保护是否符合要求等进行分析比较，选择出合理、安全、经济、可行的布置方案。

6.7.5 单位工程施工平面图设计步骤

1. 确定起重机械的位置

起重机械的位置直接影响仓库、钢筋和木料堆场、螺栓、管片、渣土池的位置以及道路和水、电等线路的布置等，因此应予以首先考虑。

布置固定式水平和垂直运输设备，例如塔式起重机、门式起重机等，主要根据机械性能、拟建建筑物的平面和大小、施工段的划分、出土孔、上下材料口、材料进场方向和道路情况而定。其目的是充分发挥起重机械的能力并使地面和地上的水平运距最小。一般说来，塔式起重机需兼顾较长距离的加工场、仓库和工作面的连接，单台塔式起重机距离不满足要求可以采用多台塔式起重机传递，解决一般重量的材料运输。门式起重机可以将较重的材料从一个区域直线搬移至另一个区域，然后再由另一台门式起重机以不同的角度继续传递，同时还兼顾垂直运输功能。门式起重机和塔式起重机基础不能影响道路交通。

2. 确定搅拌站、仓库和材料、构件堆场以及工厂的位置

搅拌站、仓库和材料、构件堆场的位置应尽量靠近使用地点或在起重机起重能力范围内，并考虑到运输和装卸的方便。

（1）当多种材料同时布置时，对大宗的、重大的和先期使用的材料，应尽量在起重机附近布置；少量的、轻的和后期使用的材料，则可布置得稍远一些。

（2）根据不同的施工阶段使用不同材料的特点，在同一位置上可先后布置不同的材料。

（3）当采用塔式起重机进行垂直运输时，材料和构件堆场的位置，以及仓库和搅拌站出料口的位置，应布置在塔式起重机的有效起重半径内。

（4）木工棚和钢筋加工棚的位置可考虑布置在建筑物四周以外的地方，但应有一定的场地堆积木材、钢筋和成品。

3. 运输道路的布置

运输道路的布置主要解决运输和消防两个问题。现场主要道路应尽可能利用永久性道路的路面或路基，以节约费用。现场道路布置时要保证行车畅通，使运输车辆可以交叉或起重机械能张开支腿。因此，运输线路最好沿建筑物布置成环形道路。道路宽度大于8m。

4. 临时设施的布置

（1）临时设施分类、内容

施工现场的临时设施可分为生产性与非生产性两大类。

1）生产性临时设施，内容包括在现场制作加工的作业棚，如木工棚、钢筋加工棚、钢支撑堆场、管片堆场；各种材料库、棚，如砂浆站、水泥桶、防水材料；各种机械操作棚，如电池充电间、电焊机棚；其他设施，如变压器；临时周转用的渣土池、堆土场等。

2）非生产性临时设施，内容包括各种生产管理办公用房、会议室、文化娱乐室、食堂、厕所、民工学校、宿舍、开水房、门卫、传达室等。

(2) 单位工程临时设施布置

布置临时设施，应遵循使用方便、有利施工、尽量合并搭建、符合防火安全的原则；同时结合现场地形和条件、施工道路的规划等因素分析考虑它们的布置。各种临时设施均不能布置在拟建工程（或后续开工工程）、拟建地下管沟、基坑、弃土等地点。各种临时设施尽可能采用活动式、装拆式结构或就地取材。施工现场与外界道路采用围挡进行封闭，在合适位置设置出入口及大门。

5. 布置水电管网

施工用临时给水管，一般由建设单位的干管或施工用干管接到用水地点。布置有线状、环状和混合状等方式，应根据工程实际情况从经济和保证供水两个方面考虑其布置方式。管径的大小、龙头数目根据工程规模由计算确定。管道可埋置于地下，也可铺设在地面上，视气温情况和使用期限而定。工地内有条件设消防水管的消防水管距离建筑物应不小于5m，不应大于25m，距离路边不大于2m。条件允许时，可利用城市或建设单位的永久消防设施。有时为了防止供水的意外中断，可在建筑物附近设置简易水桶，储存一定数量的生产和消防用水。

施工中的临时供电，应在全工地性施工总平面图中一并考虑。只有独立的单位工程施工时才根据计算出的现场用电量选用变压器或由业主原有变压器供电。变压器的位置应布置在离现场较近的高压线接入处，但不宜布置在交通要道口处。

6.8 主要技术经济指标及保证体系

主要技术经济指标及保证体系，包括工期指标与保证体系，工程质量指标与保证体系，环境安全指标与保证体系，降低成本指标与保证体系等内容。

6.8.1 工期指标与保证体系

工期指标，主要是施工组织安排是否与业主要求的工期总节点和阶段性节点一致，为保证该目标的实现，成立工期指标保证体系，制定工期保证措施。

6.8.2 质量指标与保证体系

质量指标，是指质量目标能否满足设计和规范要求的合格标准，是否有更高的要求如，优良等级，是否需要创优夺杯，如“鲁班奖”等。

建立质量管理保证体系，成立质量管理机构，制定分部分项工程保证质量目标的措施以及开展创优所采取的主要措施。

6.8.3 环境安全指标与保证体系

环境安全指标，是指预防和消除环境污染，不发生周边建筑物（周边管线）安全事故；因工负伤，轻伤事故频率不超过千分之三，重伤事故频率不超过万分之四；杜绝发生重大事故。建立环境安全保证体系，成立环境安全管理机构，制定环境安全保证措施。

6.8.4 降低成本指标与保证体系

降低成本指标，是指建成质量好、工期短、达到安全和环保目标前提下，实现项目成本的最低化目标，是项目管理的核心内容；为达到目标，建立成本管理保证体系，加强核算工作，运用目标管理和承包责任制来保证在工程全过程中降低成本。

单元总结

本单元详细阐述了地下工程施工组织设计编制依据、编制内容、编制顺序和编制方法等内容，通过学习学生对地下工程施工组织设计的编制有一个系统的了解，能根据设计、勘察文件和现有施工能力编制相应工程的施工组织设计。

思考及练习

一、单选题

1. 以下不属于的工程主要情况内容为（　　）。

A. 工程名称　　B. 参建单位　　C. 承包范围　　D. 经济效益

2. 施工总进度计划是以（　　）为对象。

A. 分部工程　　B. 分项工程　　C. 单位工程　　D. 工程项目群体工程

3. 施工方法（工艺）是施工方案的（　　）内容。

A. 关键　　B. 核心　　C. 无关　　D. 重要

4. 正确拟定施工方法和选择施工机具是合理组织施工的（　　）。

A. 保障措施　　B. 决定条件　　C. 关键因素　　D. 重要保证

5. 技术组织是保证选择的施工方案得以实施的（　　）。

A. 保证措施　　B. 先决条件　　C. 实施依据　　D. 决定因素

6. 合理、科学地规划单位工程施工平面图，并严格贯彻执行，加强督促和管理，不仅可以顺利地完成施工任务，而且还能（　　）施工效率和效益。

A. 提高　　B. 降低　　C. 没有影响　　D. 以上都不对

二、多选题

1. 四新技术包括（　　）。

A. 新技术　　B. 新工艺　　C. 新材料　　D. 新设备

E. 新能源

2. 施工方案制定的原则（　　）。

A. 从实际出发　　B. 施工期限满足规定要求

C. 确保“质量第一，安全生产”　　D. 施工费用最低

E. 施工时间最短

3. 选择施工方法的依据主要（　　）。

A. 工程特点　　B. 工期要求

C. 施工组织条件　　D. 标书、合同书的要求

E. 公司要求

4. 技术组织措施是施工企业为完成施工任务，保证工程工期，提高工程质量，满足安全需求，降低工程成本，在（　　）上所采取的措施。

A. 安全　　B. 技术　　C. 组织　　D. 经济

E. 设计

5. 以下属于单位工程施工平面图设计的主要依据的是（　　）。

A. 自然条件调查资料　　B. 技术经济条件调查资料

C. 施工图纸及有关资料　　D. 工人的来源

E. 场地情况

6. 施工总平面布置遵循（　　）

A. 合理　　B. 安全　　C. 经济　　D. 可行

E. 可靠

三、简答题

1. 施工组织设计的主要内容有哪些？

2. 什么是施工部署？

3. 施工方案内容主要包括哪几个方面？

4. 施工组织设计主要包括哪些指标？

5. 工程概况应包括哪些？

6. 施工进度计划编制的常用方法有哪两种形式？

7. 资源配置计划应包括哪些？

8. 施工准备应包括哪些？

9. 管理组织机构包括哪些？

教学单元 7 项目安全生产与绿色施工管理

教学目标

知识目标：了解绿色施工、环境管理的基本概念及内容，理解安全生产管理的基本概念、安全生产管理理念、安全生产管理体系，掌握地下工程安全生产管理措施。

能力目标：具备地下工程地铁车站施工现场安全管理、隧道施工现场安全管理、盾构施工现场安全管理的能力，具备编制安全生产责任制度的能力。

素质目标：牢固树立以人为本、生命至上的理念，理解绿色施工对我国可持续发展战略的重要意义，形成使命感和责任意识。

思政映射点：可持续发展理念；以人为本，绿色施工

实现方式：安全体验；小组讨论

参考案例：安全事故案例

思维导图

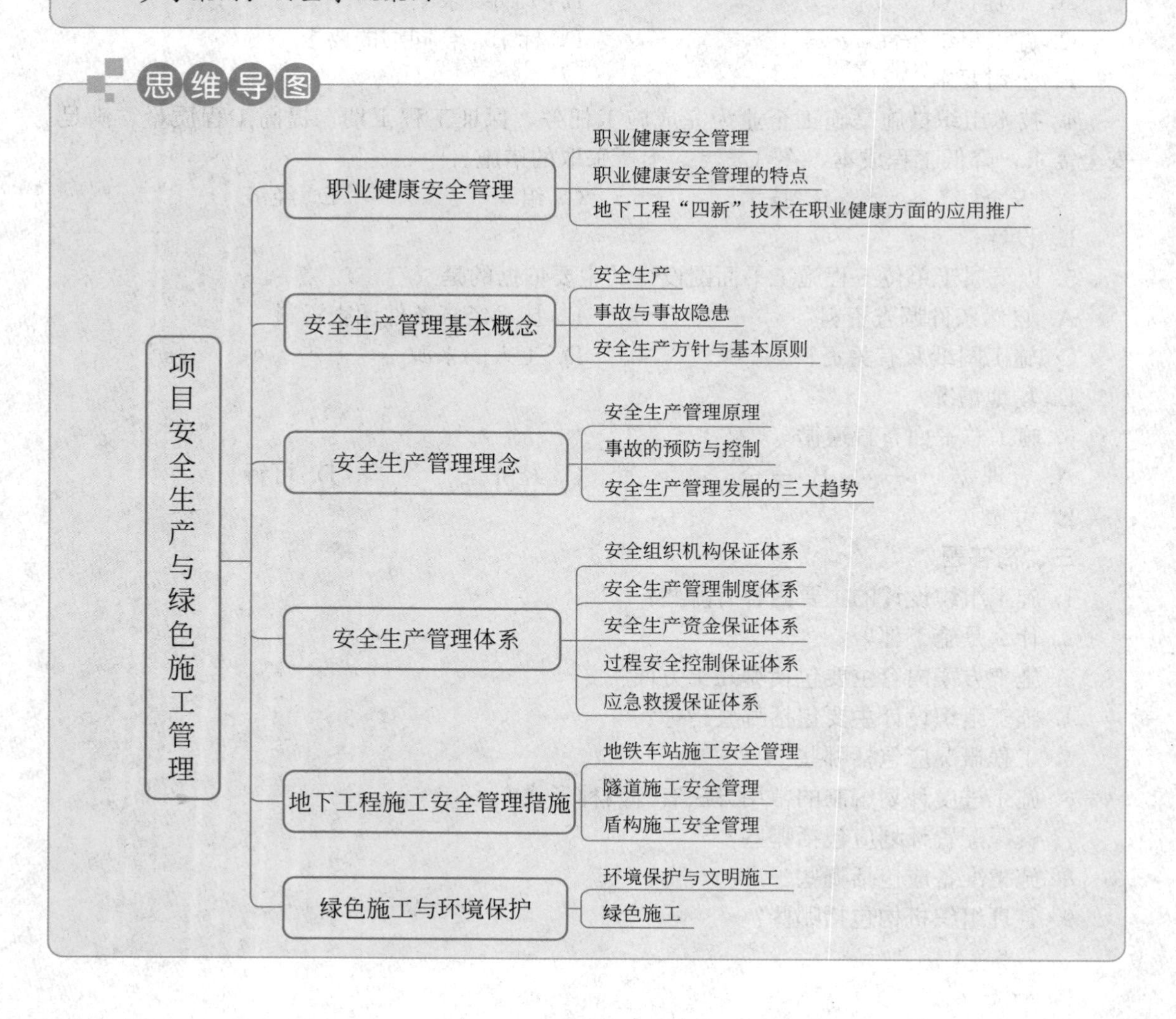

近年来，随着基础设施的大力建设，交通建设步伐越来越快，隧道及地下工程作为铁路、公路、地铁工程的主要组成部分，建设数量也越来越多。而这些地下工程施工复杂、不可预见风险因素多和社会影响大，具有高危险性特点，地下工程的施工职业健康及安全管理已引起全社会高度重视。为了减少事故的发生，地下工程施工职业健康及安全管理、环境保护、绿色施工技术及施工管理就显得尤为重要。

7.1　职业健康安全管理

地下工程施工企业建立并实施职业健康安全与环境管理体系，是地下工程项目管理的一项主要内容，是强化企业管理的需求，也是体现企业现代化的重要标志，随着“一带一路”倡议及经济全球化的推进，企业实施并凭借国际通行的职业健康安全和环境管理体系的认证标准，可以向社会展示企业良好的形象，进而开拓国际市场，这是走向国际市场的通行证，将为企业增强市场竞争能力，提高企业经济效益和社会效益。

7.1.1　职业健康安全管理

1. 职业健康安全管理的概念

（1）职业健康安全与劳动保护。职业健康安全（OSH）是国际上通用的词语，通常是指影响工作场所内的员工或其他工作人员（包括临时工和承包方员工）访问者和其他人员健康安全的条件和因素。

（2）职业健康安全管理。根据《职业健康安全管理体系 要求及使用指南》GB/T 45001—2020，职业健康安全管理是组织管理体系的一部分，其管理的主体是组织，管理的对象是一个组织的活动、产品或服务中能与职业健康安全发生相互作用的不健康、不安全条件和因素及能与环境发生相互作用的要素。

2. 职业健康安全管理的目的

地下工程项目职业健康安全管理的目的是防止和减少生产安全事故、保护产品生产者的健康与安全、保障人民群众的生命和财产免受损失。控制影响工作场所内员工、临时工作人员、合同方人员、访问者和其他有关部门人员健康和安全的条件和因素，考虑和避免因管理不当对员工健康和安全造成的危害，是职业健康安全管理的有效手段和措施。

3. 职业健康安全管理的任务

职业健康安全管理的任务是为达到地下工程职业健康安全管理的目的而进行的组织、计划、控制、领导和协调的活动，包括制订、实施、实现、评审和保持职业健康安全所需的组织结构、计划活动、职责、惯例、程序、过程和资源。

7.1.2 职业健康安全管理的特点

依据地下工程产品的特性，地下工程职业健康安全管理具有以下特点：

1. 地下工程施工场地的固定性和生产的流动性及受外部环境影响因素多，决定了职业健康安全管理的复杂性。

2. 地下工程施工的单一性决定了职业健康安全管理的可控性和重要性。

3. 地下工程施工的连续性和分工性决定了职业健康安全管理的协调性。

4. 地下工程施工的阶段性决定了职业健康安全管理的持续性。

5. 地下工程施工的时代性、社会性与多样性决定了职业健康安全管理的经济性。

7.1.3 地下工程的“四新”技术在职业健康方面的应用推广

在逐步完善以法律法规、标准规范为保障依据，政府监督、舆论宣传为促进手段的外部保障环境，建立健全项目职业健康管理体系为内部保障环境的同时，减少职业性有害因素的最根本、最有效的措施是消除和减少发生源，坚决淘汰职业危害严重、危及劳动者生命健康的落后技术，推行新技术、新材料、新工艺、新设备（“四新”），向规模化、集约化、自动化方向发展。

视频微课

29.“四新”技术的应用

1. 作业环境的监控分析全自动化

随着隧道及地下工程规模的扩大、技术的进步，现有监测技术和手段不能适应发展和变化。因此，利用无人机、巡检机器人、传感器等先进设备对施工现场有害气体、噪声、温度、空气干湿度、粉尘等各种因素进行数据采集；实现采集、分析“全自动化”，及时得出不同规模、不同结构形态、不同施工技术、不同施工时段、不同施工区段情况下的有害因素分布规律及预控措施。

2. 推广使用液压凿岩设备

液压凿岩设备包括重型液压凿岩机和支腿式液压凿岩机组两种。实践证明，在使用液压凿岩技术的情况下，工作面噪声相对较低，可减少到90dB以下，大大减少了现场作业人员的疲劳强度；油污少，粉尘基本消除，可见度大大提高，利于保护工作环境，改善了人机环境。

3. 推广使用隧道水压爆破技术

该项技术在中铁建筑总公司系统内有多年的实践，经实测，使用该技术可使粉尘体积分数由原来的67％（炮眼中上部注水炮泥回填堵塞与常规爆破相比）下降到42.5％。

4. 强制推行湿喷混凝土技术

近10年来，湿喷技术的发展日趋完善，已成为世界各国喷射技术的发展主流，与传统的干喷相比，湿喷的明显优势是生产率高、粉尘浓度小。

5. 研究、推广集尘技术

（1）通风集尘一体化技术

只用通风管通风法来稀释不能彻底解决粉尘问题，可采用在粉尘未扩散前，把污染空气直接导入集尘机中加以清除。即形成通风集尘一体化的系统技术。

(2) 静电吸尘技术

在隧道中集尘可采用多种方法，如洒水、喷雾等，但最有效、最成熟的方法是采用静电吸尘技术。静电吸尘技术目前已广泛应用于火力发电、冶金、水泥等行业部门的烟气除尘和物料回收中，在隧道中使用的静电吸尘机一般采用双区方式，即尘粒荷电和尘粒从气流中分离的过程在两个不同的区域进行。

6. 推广“工厂化”施工模式

将隧道所需要的材料在洞外先加工成成品、半成品，然后运进隧道安装，这样可以直接减少洞内现场粉尘、噪声、废水、废气等污染状况，减少一线作业人员数量，降低劳动强度，改善劳动条件，从而提高劳动者的职业健康水平。

把隧道作为一个工厂，在有限的空间内，科学有序地将掌子面开挖、初衬支护、出碴运输、仰拱施工、二次衬砌施工、通风除尘、防水排水、供电供风等作业工序有机组合，环环相扣，形成工厂化流水作业，提高施工效率。

7.2 安全生产管理基本概念

7.2.1 安全生产

1. 安全

视频微课

30. 安全生产基本概念

从广义上来讲，安全的含义非常广泛，有政治安全、经济安全、文化安全、网络安全、环境安全、军事安全等。可以说，凡是人类活动所及的领域，都会存在安全问题。这里所讲的安全，是一种狭义上的安全，主要是指生产安全，它是指生产系统中的人员、财产、设备设施免遭不可承受的损伤。

2. 安全生产

按照现代系统安全工程的观点，安全生产，是指社会生产活动中，通过人、机、物、环境的和谐运作，使生产过程中潜在的各种事故风险和伤害因素始终处于有效控制状态，切实保障劳动者的生命安全和身体健康。

3. 安全生产管理

安全生产管理是针对人们在生产过程中的安全问题，进行有关决策、计划、组织和控制等活动，实现生产过程中人与机器设备、物料、环境的和谐，达到安全生产的目标。

安全生产管理的目标是减少和控制危害，减少和控制事故，尽量避免生产过程中由于事故所造成的人身伤害、财产损失、环境污染以及其他损失。

安全生产管理的基本对象是企业的员工，涉及企业中的所有人员、设备设施、物料、环境、财务、信息等方面。

安全生产管理的内容涉及安全生产管理机构和管理人员、安全生产责任制、安全管理规章制度、安全生产策划、安全生产培训教育、安全生产档案等。

7.2.2 事故与事故隐患

1. 事故

《现代汉语词典》对“事故”的解释是，意外损失或灾祸（多指在生产、工作上发生的）。

31. 安全生产事故分类

《职业事故和职业病记录与通报实用规程》中，将“职业事故”定义为由工作引起或者在工作过程中发生的事件，并导致致命或非致命的职业伤害。

我国事故的分类方法较多：《企业职工伤亡事故分类》GB 6441—1986 中，综合考虑起因物、引起事故的诱导性原因、致害物、伤害方式等，将企业工伤事故分为 20 类，分别为：物体打击、车辆伤害、机械伤害、起重伤害、触电、淹溺、灼烫、火灾、高处坠落、坍塌、冒顶片帮、透水、放炮、瓦斯爆炸、火药爆炸、锅炉爆炸、容器爆炸、其他爆炸、中毒和窒息及其他伤害等。

《生产安全事故报告和调查处理条例》（国务院令第 493 号）中，将“生产安全事故”定义为生产经营活动中发生的造成人身伤亡或直接经济损失的事件。按照生产安全事故造成的人员伤亡或者直接经济损失，将事故分为四个等级。

（1）特别重大事故，是指造成 30 人以上死亡，或者 100 人以上重伤（包括急性工业中毒，下同），或者 1 亿元以上直接经济损失的事故。

（2）重大事故，是指造成 10 人以上 30 人以下死亡，或者 50 人以上 100 人以下重伤，或者 5000 万元以上 1 亿元以下直接经济损失的事故。

（3）较大事故，是指造成 3 人以上 10 人以下死亡，或者 10 人以上 50 人以下重伤，或者 1000 万元以上 5000 万元以下直接经济损失的事故。

（4）一般事故，是指造成 3 人以下死亡，或者 10 人以下重伤，或者 1000 万元以下直接经济损失的事故。

依照造成事故的责任不同，事故可分为责任事故和非责任事故两大类。责任事故，是指由于工作人员的违章或渎职行为而造成的事故。非责任事故，是指遭遇不可抗拒的自然因素或目前科学无法预测的原因造成的事故。

按事故造成的后果不同，事故可分为伤亡事故和非伤亡事故。伤亡事故，是指造成人身伤害的事故。非伤亡事故，是指只造成生产中断、设备损坏或财产损失的事故。

2. 事故隐患

《安全生产事故隐患排查治理暂行规定》（国家安全生产监督管理总局令第 16 号）中，将“安全生产事故隐患”定义为生产经营单位违反安全生产法律、法规、规章、标准、规程和安全生产管理制度的规定，或者因其他因素在生产经营活动中存在可能导致事故发生的物的危险状态、人的不安全行为和管理上的缺陷。其划分见表 7-1。

不同等级隐患内容　　表 7-1

隐患等级	隐患内容
一般事故隐患	危害和整改难度较小,发现后能够立即整改消除的隐患
重大事故隐患	危害和整改难度较大,需要全部或者局部停产、停业,并经过一定时间整改治理方能消除的隐患,或者因外部因素影响致使生产经营单位自身难以消除的隐患

7.2.3 安全生产方针与基本原则

1. 安全生产方针

根据《中华人民共和国安全生产法》(以下简称《安全生产法》),安全生产工作应当以人为本,坚持安全发展,坚持“安全第一、预防为主、综合治理”的方针,强化和落实生产经营单位的主体责任,建立生产经营单位负责、职工参与、政府监管、行业自律和社会监督的机制。

2. 安全生产基本原则

安全生产管理过程中,从参与生产管理的人的因素、生产管理阶段的不同、生产环节的不同、人与周围环境的关系等方面总结了一些原则,作为对确保生产活动安全可控的保障。

(1)“管生产必须管安全”原则

要求企业的主要负责人在抓经营管理的同时必须抓安全生产,把安全生产渗透到生产管理的各个环节,消除事故隐患,改善劳动条件,切实做到安全生产。

(2)“安全一票否决权”原则

安全工作是衡量企业经营管理工作好坏的一项基本内容。“安全一票否决权”原则要求在对企业各项指标考核、评选先进时,必须要首先考虑安全指标的完成情况,安全生产指标具有一票否决的作用。

(3)“三同时”原则

生产性基本建设项目中的劳动安全卫生设施必须符合国家规定的标准,必须与主体工程同时设计、同时施工、同时投入生产和使用,保障劳动者在生产过程中的安全与健康。

(4)“四不伤害”原则

四不伤害包括不伤害自己、不伤害他人、不被他人伤害、保护他人不受伤害。

(5)“四不放过”原则

生产安全事故的调查处理必须坚持“事故原因没有查清不放过、事故责任者没有严肃处理不放过、广大群众没有受到教育不放过、防范措施没有落实不放过”的“四不放过”原则。

7.3 安全生产管理理念

7.3.1 安全生产管理原理

安全生产管理原理是从生产管理的共性出发，对生产管理中安全工作的实质内容进行科学分析、综合、抽象与概括所得出的安全生产管理规律。

1. 系统原理

系统原理是现代管理学的一个最基本原理，是指人们在从事管理工作时，运用系统论的观点、理论和方法来认识和处理管理中出现的问题。安全生产管理系统是生产管理的一个子系统，它包括各级安全管理人员、安全防护设备与设施、安全管理规章制度、安全生产操作规范和规程以及安全生产管理信息等。

2. 人本原理

在管理中必须把人的因素放在首位，体现“以人为本”的指导思想，这就是人本原理。以人为本有两层含义：一是一切管理活动都是以人为本展开的，人既是管理的主体又是管理的客体，每个人都处在一定的管理层面上，离开人就无所谓管理；二是管理活动中，作为管理对象的要素和管理系统各环节，都需要人掌管、运作、推动和实施。

3. 预防原理

安全生产管理工作应该做到预防为主，通过有效的管理和技术手段，减少和防止人的不安全行为和物的不安全状态，从而使事故发生的概率降到最低，这就是预防原理。在可能发生人身伤害、设备或设施损坏以及环境破坏的场合，事先采取措施，防止事故发生。

4. 强制原理

采取强制管理的手段控制人的意愿和行为，使个人的活动、行为等受到安全生产管理要求的约束，从而实现有效的安全生产管理，这就是强制原理。所谓强制就是绝对服从，不必征得被管理者同意便可采取控制行动。

7.3.2 事故的预防与控制

安全管理的作用，就是通过采取技术和管理手段使事故不发生或事故发生后不造成严重后果或使后果尽可能减小。对于事故的预防与控制，应从安全技术（Engineering）、安全教育（Education）、安全管理（Enforcement）、“危险性较大”工程管理四个方面入手，采取相应措施、对策。安全技术对策着重解决物的不安全状态的问题；安全教育对策和安全管理对策则主要着眼于人的不安全行为问题；安全教育对策主要是使相关人员知道存在的危险源、事故发生的可能性及严重程度以及对于可能的危险应该怎么做。安全管理措施则是从制度及规章上规范管理者及作业者的行为，体现安全管理的强制性。《危险性较大的分部分项工程安全管理规定》则是通过制度进一步规范和加强事故的预防与控制。

1. 安全技术对策

安全技术对策主要是运用工程技术手段消除物的不安全因素，来实现生产工艺和机械设备等生产条件的本质安全。按照导致事故的原因把安全技术对策分为防止事故发生的安全技术和减少事故损失的安全技术等，常用来防止事故发生的安全技术有消除系统中的危险源、限制能量或危险物质、隔离等。

按事故预防对策等级顺序的要求，技术对策在设计时应遵循以下具体原则：

(1) 消除：通过合理的设计和科学的管理，尽可能从根本上消除危险、危害因素，如采用无害工艺技术、生产中以无害物质代替危害物质、实现自动化作业、遥控技术等。

(2) 预防：当消除危险、危害因素有困难时，可采取预防性技术措施，预防危险、危害发生，如使用安全阀、安全屏护、漏电保护装置、安全电压、熔断器、防爆膜、事故排风装置等。

(3) 减弱：在无法消除危险、危害因素和难以预防的情况下，可采取减少危险、危害的措施。如局部通风排毒装置、生产中以低毒性物质代替高毒性物质、降温措施、避雷装置、消除静电装置、减振装置、消声装置等。

(4) 隔离：在无法消除、预防、减弱危险、危害的情况下，应将人员与危险、危害因素隔开，以及将不能共存的物质分开，如遥控作业、安全罩、防护屏、隔离操作室，安全距离、事故发生时的自救装置（如防毒服、各类防护面具）等。

(5) 连锁：当操作者失误或设备运行一旦达到危险状态时，应通过连锁装置终止危险、危害发生。

(6) 警告：在易发生故障和危险性较大的地方，配置醒目的安全色、安全标志，必要时设置声、光或声光组合报警装置。

2. 安全教育对策

安全教育可概括为3个方面，即安全思想教育、安全知识教育和安全技能教育。

安全思想教育包括安全意识教育、安全生产方针政策教育和法纪教育。安全意识是人们在长期生产、生活等各项活动中逐渐形成的。安全生产方针政策教育，是指对企业的各级领导和广大职工进行党和国家有关安全生产的方针、政策的宣传教育，法纪教育的内容包括安全法规、安全规章制度、劳动纪律等。安全生产法律，法规是方针、政策的具体化和法律化。

安全知识教育包括安全管理知识和安全技术知识。安全管理知识包括对安全管理组织结构、管理体制、基本安全管理方法及安全心理学、安全人机工程学、系统安全工程等方面的知识。安全技术知识包括一般生产技术知识、一般安全技术知识和专业安全技术知识教育。

安全技能教育主要是安全技能培训，包括正常作业的安全技能培训、异常情况的处理技能培训。

3. 安全管理对策

管理就是创造一种环境和条件，使置身于其中的人们能进行协调的工作，从而完成预定的使命和目标。安全管理是通过制定和监督实施有关安全法令、规程、规范、标准和规章制度等，规范人们在生产活动中的行为准则，使劳动保护工作有法可依、有章可循，用法治手段保护职工在劳动中的安全和健康。安全管理对策是用各项规章制度、奖惩条例约束人的行为，达到控制人的不安全行为，减少事故的目的。

安全管理的手段主要包括下面几种：

（1）法治手段，即监察制度、许可制、审核制等。

（2）行政手段，即规章制度、操作程序、责任制、检查制度、总监督制度、审核制度、安全奖罚等。

（3）科学手段，即推行风险辨识、安全评价、风险预警、管理体系、目标管理、无隐患管理、危险预知、事故判定、应急预案等。

（4）文化手段，即进行安全培训、安全宣传、警示活动、安全生产月、安全竞赛、安全文艺等。

（5）经济手段，即安全抵押、风险金、伤亡赔偿、工伤保险、事故罚款等。

4. 危险性较大工程专项施工方案管理对策

视频微课

32.“危大”工程的管理

根据《建设工程安全生产管理条例》《危险性较大的分部分项工程安全管理规定》（建办质〔2018〕31号），以及住建部2021年12月发布《危险性较大的分部分项工程专项施工方案编制指南》（建质办〔2021〕48号）的规定，地下工程施工应在做好现场调查的前提下，对工程项目危险较大的分部分项工程编制专项施工方案，并附具安全验算结果；对于超过一定规模的危险性较大的分部分项工程，还需组织专家对专项施工方案进行论证、审查，论证审查通过后方可实施。

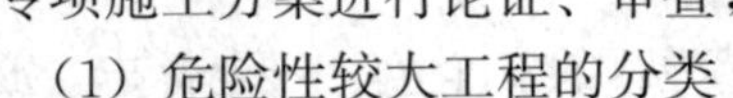

（1）危险性较大工程的分类

危险性较大的分部分项工程，是指地下工程在施工过程中存在的、可能导致作业人员群死群伤或造成重大不良社会影响的分部分项工程，按照建办质〔2018〕31号文中附件一、附件二内容进行分类。

政策文件

33. 建办质〔2018〕31号

（2）专项施工方案的主要内容

按照现行建办质〔2018〕31号文的规定，危险性较大的分部分项工程专项施工方案其主要内容包括：

1）工程概况：工程基本情况、施工平面布置、施工要求和技术保证条件。

2）编制依据：相关法律、法规、规范性文件、标准、规范及图纸（标图集）、施工组织设计等。

政策文件

34. 建办质〔2021〕48号

3）施工计划：包括施工进度计划、材料与设备计划。

4）施工工艺技术：技术参数、工艺流程、施工方法、检查验收等。

5）施工安全保证措施、施工组织保障、技术措施、应急预案、监测监控等。

6）施工管理及作业人员配备和分工：施工管理人员、专职安全生产管理人员、特种作业人员、其他作业人员等。

7）验收要求：验收标准、验收程序、验收内容、验收人员等。

8）应急处置措施。

9）计算书及相关施工图纸。

（3）专项施工方案的审批

专项施工方案一经施工单位技术、安全、质量等部门的专业技术人员审核，合格后由施工单位技术负责人签字。分包单位制定的专项施工方案应由总承包单位技术负责人审核签字。

不需专家论证的专项施工方案，经施工单位审核合格后报监理单位，由项目总监理工程师审核签字后即可实施。

超过一定规模的危险性较大的分部分项工程专项施工方案，应由施工单位组织召开专家论证会。专项施工方案经论证后，专家组应提交论证报告，对论证的内容提出明确意见，并在论证报告上签字。该报告作为专项施工方案修改完善的指导意见。施工单位应根据论证报告修改完善专项施工方案，并经施工单位技术负责人、项目总监理工程师、建设单位技术负责人签字后，方可组织实施。

专项施工方案经论证后不通过或需做重大修改的，施工单位应按照论证报告修改，并重新组织专进行论证。

7.3.3　安全生产管理发展的三大趋势

随着现代科学技术的发展，安全生产管理呈现出信息化管理、风险化管理、标准化管理三大趋势。

1. 信息化管理

信息化是安全生产管理关键环节。大部分工业化国家在20世纪90年代初就已建立了较为完善的政府安全生产行政执法信息系统，为本国安全生产监管工作提供了完善的服务。加强安全生产信息化建设，对于改进和创新我国安全生产工作方式和手段、提高安全生产工作效率、有效预防事故发生、大幅度减少人员伤亡具有十分重要的意义。

安全生产信息化管理，就是利用计算机快速准确的计算性能和优秀的数据管理能力，对工程项目安全生产进行科学的管理和有效的投资控制，提高工作效率，为安全生产管理工作逐步走向科学化、规范化、标准化、自动化和智能化提供有效的工具，实现工程项目安全生产建设管理的各项业务处理信息化、网络化。

安全生产信息化管理系统包括企业基本数据管理、机构人员与职责、特种作业人员管理、安全教育和培训、职业安全健康管理、文件管理、安全检查、特种设备管理、风险管理、危险源管理、消防管理、易燃易爆物品和危险化学物品管理、专项安全生产技术方案、环境控制、安全生产费用管理、安全法律法规及标准查询、安全生产数据报送、信息发布和系统维护等内容。系统开发时可以根据企业要求和项目管理特点选择适当的相关功能。

2. 风险化管理

对于地下工程项目管理而言，风险是指可能出现的影响项目目标实现的不确定因素。风险量指的是不确定的损失程度和损失发生的概率。若某个可能发生的事件其可能的损失程度和发生的概率都很大，则其风险量就很大。风险管理是为了达到一个组织的既定目标，而对组织所承担的各种风险进行管理的系统过程，其采取的方法应符合公众利益、人身安全、环境保护以及有关法规的要求，风险管理包括策划、组织、领导、协调和控制等方面的工作。

3. 标准化管理

安全生产标准化管理，是指通过建立安全生产责任制，制定安全管理制度和操作规程，排查治理隐患和监控重大危险源，建立预防机制，规范生产行为，使各生产环节符合有关安全生产法律法规和标准规范的要求，使人（人员）、机（机械）、料（材料）、法（工法）、环（环境）处于良好的生产状态，并持续改进，不断加强企业安全生产规范化建设。

安全生产标准化包括五个方面：安全管理标准化、安全技术标准化、安全装备标准化、现场环境安全标准化、岗位作业标准化，重点是管理、现场、岗位标准化。标准化考评指标体系的考评内容、考评项目、考评要点都是围绕管理、技术、装备、现场、作业这五个方面展开的。通过安全生产标准化建设与考评，力求提升企业安全生产水平、降低各类事故、推进企业全面达标。

7.4 安全生产管理体系

地下工程施工现场工作面小，作业班组多，大型机械设备多，不可预测的危险因素就随之增多，这也极大地增加了安全管理工作的难度，所以要建立一个安全生产管理体系，进行系统化管理，确保现场施工安全。安全生产管理体系的主要内容包括安全组织机构保证体系、安全生产管理制度体系、安全生产资金保证体系、过程安全控制保证体系和应急救援保证体系等。

7.4.1 安全组织机构保证体系

《安全生产法》第二十一条和《建设工程安全生产管理条例》第二十三条规定，施工单位应设立安全生产管理机构，配备专职安全生产管理人员。企业应根据《安全生产法》及相关法律法规建立企业安全组织保证体系，体系分为企业、项目及班组三个层级的保障体系，三个层级的保障体系互相联系、互相影响，并由此构成企业统一的安全保障体系。

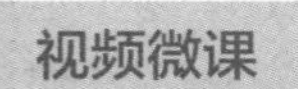

35. 安全组织机构保证体系

1. 企业级安全组织保证体系

企业级安全组织保证体系主要表现为安全生产委员会或安全生产领导小组。即企业安全生产最高权力机构。大型集团公司往往在集团公司层面设立安全生产委员会，在分（子）公司设立安全生产领导小组。

2. 项目级安全组织保证体系

项目级安全组织保证体系受公司安全保障组织的领导，同时在项目层面建立完善的安全组织保证体系，其中项目经理是本项目安全生产第一责任者，负责整个项目的安全生产工作；总工程师对项目安全生产工作负技术管理责任；安全副总经理对项目安全生产监督管理工作负直接领导责任；专职安全员负责现场日常安全检查；施工员确保各项技术工作的安全可靠性；施工各班组长做好班组安全生产管理；施工作业人员遵守安全技术规程和操作规程，做好自我防护。某地铁施工项目安全管理组织机构如图 7-1 所示。

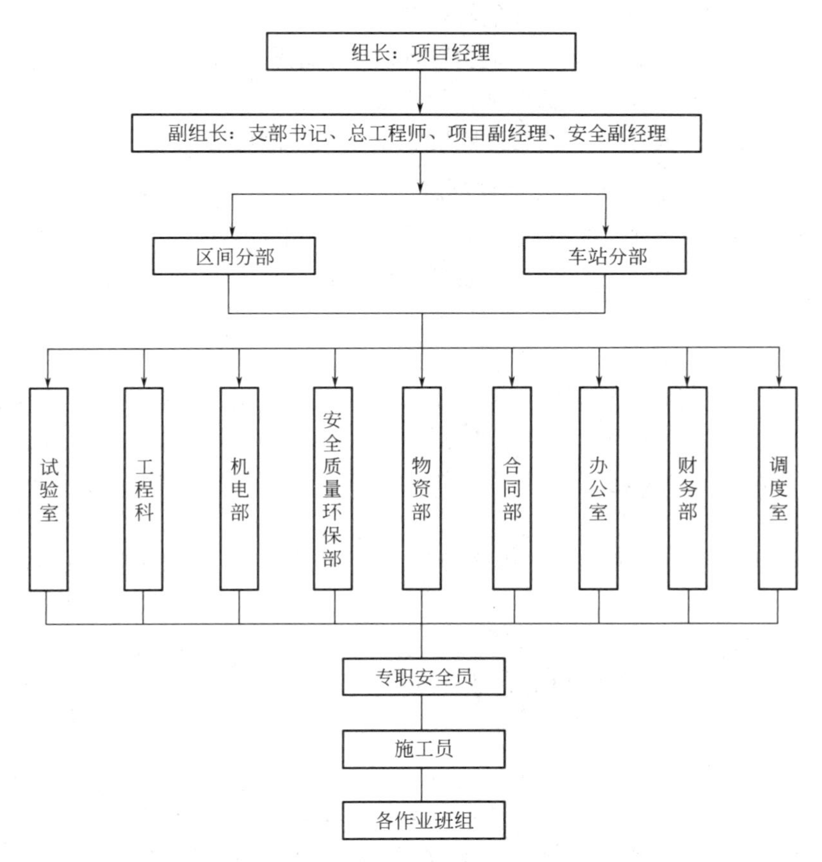

图 7-1 某地铁施工项目安全管理组织机构

3. 班组级安全组织保证体系

班组长作为班组安全工作的第一责任人，在对本班组的生产工作负责的同时，还应对本班组的安全工作负全面责任。班组设一名兼职或专职安全员，主要是协助班组长全面开展班组的安全管理工作。班组长不在时，安全员有权安排班组成员解决与安全工作有关的事宜。班组应设一名兼职的群众安全监督员，其业务受分管安全管理人员领导，主要职责是监督班组长和班组安全员是否按上级要求认真开展班组的安全管理工作，是否遵章守纪，是否按“五同时”的要求开展安全生产。群众安全监督员发现班组的安全管理工作存在问题时，通过有效途径及时向上级反馈。

7.4.2 安全生产管理制度体系

安全生产规章制度体系分四类，分别是综合安全管理制度、人员安全管理制度、设备设施安全管理制度和环境安全管理制度。

1. 综合安全管理制度

综合安全管理制度主要包括安全生产管理目标、指标和总体原则、安全生产责任制度、安全管理定期例行工作制度、承包与发包工程安全管理制度、安全措施和费用管理制度、重大危险源管理制度、危险物品使用管理制度、消防安全管理制度、临时用电安全管理制度、脚手架安全管理制度、隐患排查和治理制度、交通安全管理制度、防灾减灾管理制度、事故调查报告处理制度应急管理制度、安全奖惩制度等。

2. 人员（“三类人员”）安全管理制度

人员安全管理制度主要包括安全教育培训制度、劳动防护用品发放使用和管理制度、安全工器具的使用管理制度、特种作业及特殊作业管理制度、岗位安全规范、职业健康检查制度、现场作业安全管理制度等。

（1）“三类人员”

“三类人员”，是指施工企业的主要负责人、项目负责人、专职安全生产管理人员。

1）施工企业的主要负责人，是指对本企业日常生产经营活动和安全生产工作全面负责、有生产经营决策权的人员，包括企业法定代表人、经理、企业分管安全生产工作的副经理等。

2）施工企业项目负责人，是指由企业法定代表人授权，负责建设工程项目管理的负责人等。

3）施工企业专职安全生产管理人员，是指在企业专职从事安全生产管理工作的人员，包括企业安全生产管理机构的负责人及其工作人员和施工现场专职安全生产管理人员。

（2）任职要求

施工企业“三类人员”必须持证上岗，具体要求：企业的主要负责人（董事长、总经理、总工程师、分管安全副总经理等）持A类证；项目部所有项目经理、项目总工持B类证；项目部安全生产部负责人及专职安全管理人员持C类证；

以上人员必须经过上级行政主管部门培训考核合格，具有地下工程安全生产知识水平和管理能力，方可担任相应职务。

3. 设备设施安全管理制度

设备设施安全管理制度主要包括定期维护检修制度、定期巡视检查制度、定期检测检验制度、安全操作规程等。

4. 环境安全管理制度

环境安全管理制度主要包括安全标志管理制度、作业环境管理制度、工业卫生管理制度等。

7.4.3　安全生产资金保证体系

企业及项目部必须制定安全生产资金保证体系，制定安全生产费用制度，编制安全生产资金投入计划，必须提前落实安全投入资金情况，专款专用，严禁私自挪用。企业及项目每月必须填写本月安全费用投入统计台账并附有各种单据。安全费用投入主要包括以下几个方面：

（1）安全防护用品、用具：安全帽、安全带、安全网、防护面罩、工作服、反光背心等。

（2）现场安全防护设施：临边、洞口安全防护设施，临时用电安全防护，脚手架安全防护，机械设备安全防护设施，消防器材设施等。

（3）现场安全文明施工设施、措施：现场围挡、场地硬化、现场洒水降尘措施、垃圾清运等。

（4）安全培训、宣传、应急用品：安全教育培训设备设施、各种安全活动宣传、订阅安全杂志。制作安全展板、配备急救器材及药品等。

（5）人工费：现场安全防护的搭拆维护、安全文明人工清理维护、现场安全隐患整改等有关的支出等。

（6）季节性安全生产费用：夏季防暑降温、冬期施工、雨期施工等安全费用。

（7）其他费用：超过一定规模危险性较大的分部分项工程专家论证费用、安全新科技应用费用及安全评优费用等其他安全费用。

7.4.4　过程安全控制保证体系

通过全员安全教育培训，提高全员安全意识，普及全员安全知识，同时结合安全检查验收及危险源控制，形成有效的过程安全控制保证体系。

1. 安全教育及学习培训

《安全生产法》第二十五条规定，生产经营单位应对从业人员进行安全生产教育和培训，保证从业人员具备必要的安全生产知识，熟悉有关的安全生产规章制度和安全操作规程，掌握本岗位的安全操作技能，了解事故应急处理措施，知悉自身在安全生产方面的权利和义务。未经安全生产教育和培训合格的从业人员，不得上岗作业。

安全生产教育与培训的主要内容应包括安全思想教育、安全知识教育和安全技能教育等。

除以上三个方面的教育外，还要充分利用已发生或未遂安全事故典型案例，对职工进行不定期的安全教育，分析事故原因，探讨预防对策；还可利用本单位职工在施工中出现的违章作业或施工生产中的不良行为，及时对职工进行教育，使职工头脑中经常绷紧安全生产这根弦，在施工生产中时时刻刻注意安全生产，预防事故的发生。

2. 安全检查验收及危险源控制

安全检查是对施工项目贯彻安全生产法律法规的情况、安全生产状况、劳动条件、事故隐患等所进行的检查，其主要内容包括查思想、查制度、查机械设备、查安全卫生设施、查安全教育及培训、查生产人员行为、查防护用品使用、查伤亡事故处理等。

控制危险源主要通过工程技术手段来实现。危险源控制技术包括防止事故发生的安全技术和减少或避免事故损失的安全技术。

7.4.5 应急救援保证体系

企业整体及具体项目部必须根据各自实际情况建立应急救援保证体系，编制应急救援预案，成立应急救援小组。应急预案必须明确应急救援小组人员职责分工、应急物资的准备及各类事故的原因和可能造成的后果、相关基本救治方法、事故的报告处理程序、事故的调查处理等。项目部根据现场实际，定期组织应急救援演练，并将演练记录存档保存。现场一旦发生事故、必须立即启动应急救援预案，组织救援、保护现场、及时报告事故和配合事故的调查处理。

7.5 地下工程施工安全管理措施

隧道及地下工程不仅具备隐蔽性、复杂性和不可预见性，同时还具有建设工期紧、工程量大、参建单位多、技术要求高等特点；这些特点决定了其存在巨大的风险，安全管理的过程复杂、管理难度大；一旦发生工程事故，易造成重大的人员伤亡和财产损失，给社会造成不良的影响。因此在隧道及地下工程施工过程中加强施工安全管理措施的控制就显得非常重要。

7.5.1 地铁车站施工安全管理

地铁工程施工过程中会遇到众多的地下管线，包括水、电、气、热、通信等多类管线的干线与支线，这些管线是一定区域内单位和居民生产、生活的重要保障。当地铁车站深基坑施工和隧道下穿地下管线时，会造成土层扰动而影响管线安全，当地层位移过大时，可能会造成管线损坏，进而引发电力中断、煤气泄漏等事故，威胁人民生命及财产安全。

视频微课

36. 地铁车站施工安全管理

1. 地铁施工邻近管线安全保护

(1) 管线安全保护方法

地铁施工过程中，为提高邻近管线的安全性，应采取合理的管线安全保护措施，主要包括管线改迁、管线悬吊、管线加固、卸载保护和排水管导流等方法。

1) 管线改迁

管线保护最直接的方法就是改迁，即将管线迁出地铁车站或隧道范围外，减少或消除地铁施工对管线的影响。一般对通信、小径给排管道、少量电缆等便于割接的管线用改迁保护。另外，对于跨基坑保护风险较大或其他保护方法无效的管线，亦可采用改迁保护，如燃气、箱涵、与地铁结构冲突的管线等。

2）管线悬吊

管线悬吊指的是利用柔性悬索或者刚性梁，对横跨基坑的管线进行悬吊的一种保护措施。有时，为了减小悬吊跨度、增加安全性，会在悬吊设施中部增设临时立柱或者斜拉锚索。管线悬吊在地铁施工（主要是车站、附属基坑）中应用相当广泛，适用于无法改迁或者改迁代价过高的各类管线。

3）管线加固

许多管线虽然与地铁车站或隧道结构不冲突，但是易受沉降或交通疏解影响发生损坏，这种情况下就必须对管线进行加固保护。管线加固保护主要有：注浆加固、包封加固、换管加固、内衬管加固、支撑加固等方法。

4）卸载保护

施工期间，场地内会大量堆放钢筋、支撑梁、水泥等材料。为了避免大幅增加下方管线的竖向载荷，应控制管线上方材料的堆放，这种减少载荷保护管线的方法即为卸载保护法。

5）排水管导流

排水管主要指污水管和雨水管，由于其特殊性，在条件允许的情况下，可以对其进行临时导流，以减少管线保护工作量。导流主要有以下几种方式：截流、合流和临时抽排。

（2）管线调查与保护安全技术措施

1）收集地下管线资料

向管线勘察单位、管线产权单位的相关人员仔细咨询，了解施工区域内的地下管线的种类，用途、数量、走向、埋置深度等。收集相关的图纸资料，以此作为制定地下管线防护措施的依据。

2）实地勘测

根据已取得的管线资料，在施工影响范围内进行实地勘察，通过调查、测量、探沟、观测阀门井等形式，发现未知管线，摸清既有管线的走向、位置、埋深等基本参数以及对现场施工的影响，为管线迁改的合理性、管线保护方案的制定提供原始的数据。

3）管线现场标识

对原状管线，用三角旗或管线标识牌子进行标识，防止管线破坏，且便于后续寻找。

4）管线调查报告

施工单位要根据既有管线的分布情况，汇总形成管线调查报告，并将各种地下管线叠加绘制成综合管线图，形成管线原状分布图；并注明每种管线的名称、材质、管径、走向、埋设方式、深度以及施工现场周边相关管线控制阀的位置。

（3）管线迁改施工安全措施

1）管线迁改施工前，需对管线的迁改位置进行放样确认，保证迁改位置的准确，避免因位置偏差发生意外，也便于绘制管线竣工图。

2）相关作业前，对全体作业人员进行安全技术交底，明确相关管线保护的具体要求；重点管线必须编制专项施工方案。

3）管线迁改主要由专业的施工队伍进行施工，并安排人员对现场进行监督，保证施工的安全进行。

4）迁改管线需要进行割接的，在进行管道割接前，必须对管理人员和作业层工人进行教育培训，同时将制度和规定在现场落地。

5）对于施工影响范围的管线，在施工过程中在管线上布设直接观测点，便于后期对管线进行保护监测。

6）管线迁改后，需按照要求对裸土进行覆盖，及时恢复施工路面（或绿化）。有通行要求的位置，采用钢板先行铺设，再及时浇筑混凝土，铺设沥青路面。

2. 地铁车站围护结构施工安全

地铁车站的围护结构，常采用地下连续墙、钻孔灌注桩、土钉墙等形式，其安全管理的重点各不相同。

（1）地下连续墙施工安全

地下连续墙施工安全管理的重点在于导墙施工时，防止附近大型机械发生导墙变形坍塌风险，泥浆面不稳定和地下水位有变化时防止槽壁发生坍塌风险，成槽过程中发生机械伤人风险，钢筋笼的焊接、吊装、接长过程中防触电、防火灾、防人员坠入槽孔以及起重吊装事故，混凝土灌注过程中防止人员摔倒、坠入槽孔等。在作业过程中的安全措施如下：

1）地下连续墙施工与相邻建（构）筑物的水平安全距离不宜小于1.5m。

2）地下连续墙施工应设置施工道路，成槽机、履带式起重机应在平坦坚实的路面上作业、行走和停放。导墙养护期间，重型机械设备不宜在导墙附近作业或停留。

3）位于暗浜区、扰动土区、浅部砂性土中的槽段或邻近建筑物保护要求较高时，宜先采用三轴水泥土搅拌桩对槽壁土体进行加固。

4）地下连续墙施工，应考虑地下水位变化对槽壁稳定的影响。

5）水下混凝土应采用导管法连续浇筑。

6）应经常检查各种卷扬机、成槽机、起重机钢丝绳的磨损程度，并按规定及时更新。

（2）钻孔灌注桩施工安全

钻孔灌注桩施工安全管理的重点在于钢筋笼的焊接、吊装、接长过程中防触电、防火灾、防人员坠入桩孔风险，钻机拼装、钻进过程中和钻孔完成后防倾覆、防塌孔、防物体打击、防人员坠入桩孔风险，混凝土灌注过程中防人员摔倒、防坠入桩孔风险。在作业过程中的安全措施如下：

1）围护结构的灌注桩施工，当采用泥浆护壁的冲、钻、挖孔方法工艺时，应按有关规范要求控制桩底沉渣厚度与泥皮厚度。

2）钢筋保护层厚度应满足设计要求，并应不小于30mm。

3）灌注桩施工时应保证钻孔内泥浆液面高出地下水位以上1m，受水位涨落影响时，应高出最高水位1.5m。

4）对非均匀配筋的钢筋笼吊放安装时，应保证钢筋笼的安放方向与设计方向一致。

5）混凝土浇筑完毕后，应及时在桩孔位置回填土方或加盖盖板。

6）遇有湿陷性土层，地下水位较低，既有建造物距离基坑较近时，应避免采用泥浆护壁的工艺进行灌注桩施工。

（3）土钉墙围护结构施工安全

土钉墙围护结构安全管理的重点在于土方开挖时防止支护未紧跟而造成边坡坍塌，喷射混凝土时防止作业人员不佩戴必要防护用具而造成人身伤害，支护时防止边坡上有危石滚落造成物体打击，土钉作业时防止触摸钻杆而造成人身伤害等。

1）喷射混凝土和注浆作业人员应按规定佩戴防护用品。

2）土钉墙支护，应先喷射混凝土面层后施工土钉。

3）进入沟槽和支护前，应认真检查和处理作业区的危石、不稳定土层，确认沟槽土壁稳定。

4）喷射管路安装应正确，连接处应紧固密封。管路通过道路时，应设置在地槽内并加盖保护。

5）土钉必须和面层有效连接，应设置承压板或加强钢筋等构造措施，承压板、加强筋应分别与土钉螺栓、钢筋焊接连接。

6）喷射支护施工应紧跟土方开挖面。每开挖一层土方后，应及时清理开挖面，安设骨架、挂网、喷射混凝土。

7）土钉墙支护应分段分片依次进行，同一分段内喷射应自下而上分层进行，随开挖随支护。

8）施工中应随时观测土体状况。发现墙体裂缝、有坍塌征兆时，必须立即将施工人员撤出基坑、沟槽的危险区，并及时处理，确保安全。

9）土钉宜在喷射混凝土终凝3h后进行施工，钻孔应连续完成，作业时严禁人员触摸钻杆，搬运、安装土钉时，不得碰撞人和设备。

3. 地铁车站深基坑施工安全

（1）深基坑土石方开挖安全

根据支护形式分别采用无围护结构的放坡开挖、有围护结构无内支撑的基坑开挖以及有围护结构有内支撑的基坑开挖等开挖方式。深基坑土石方开挖前，施工单位应确定深基坑土石方开挖安全施工方案。

1）一般安全规定

① 基坑开挖必须遵循先设计后施工的原则，应按照分层、分段、分块、对称、均衡、限时的方法，确定开挖顺序。土石方开挖应防止碰撞支护结构。基坑开挖前，支护结构、基坑土体加固、降水等应达到设计和施工要求。

② 挖土机械、运输车辆等直接进入基坑进行施工作业时，应采取保证坡道稳定的措施，坡道坡度不宜大于1∶8，坡道的宽度，应满足车辆行驶的安全要求。

③ 基坑开挖应符合下列安全要求：

基坑周边、放坡平台的施工载荷应按照设计要求进行控制。基坑开挖的土方不应在邻近建造及基坑周边影响范围内堆放，并应及时外运。若需要临时堆放的，必须在边坡2m处堆放，堆土高度不得超过15m。

基坑开挖深度范围内有地下水时，应采取有效的降水与排水措施，确保地下水在每层土方开挖面以下50cm，严禁带水挖土作业。

④ 基坑周边必须安装防护栏杆，防护栏杆高度不应低于1.2m。防护栏杆应安装牢固，材料应有足够的强度。

⑤ 施工作业人员上下基坑不能使用任何机械作为乘坐工具，禁止在坡壁开挖楼梯，

必须在基坑底部搭建供施工人员上下的专用梯道，爬梯的材质、功能性、数量必须满足现场要求，牢固稳定，同时作为基坑发生异常情况时的应急逃生通道。

2）放坡开挖安全要点

① 放坡开挖坡度应根据土层性质、开挖深度确定，各级边坡坡度不宜大于 1∶1.5，淤泥质上层中不宜大于 1∶2.0；多级放坡开挖的基坑，坡间放坡平台宽度不宜小于 3.0m，且不应小于 1.5m。

② 放坡开挖的基坑应采用降水等固结边坡土体的措施。单级放坡基坑的降水井宜设置在坡顶，多级放坡基坑的降水井宜设置在坡顶、放坡平台，降水对周边环境有影响时，应设置隔水帷幕。基坑边坡位于淤泥、暗浜、暗塘等较软弱的土层时，应进行土体加固。

③ 放坡开挖的基坑，边坡表面应按下列要求采取护坡措施：

护坡宜采用现浇钢筋混凝土面层，也可采用钢丝网水泥砂浆或钢丝网喷射混凝土等方式。

护坡面层宜扩展至坡顶和坡脚一定的距离，坡顶可与施工道路相连，坡脚可与垫层相连。现浇钢筋混凝土和钢丝网水泥砂浆或钢丝网喷射混凝土护坡面层的厚度、强度等级及配筋情况根据设计确定。

放坡开挖的基坑，坡顶应设置截水明沟，明沟可采用铁栅盖板或水泥预制盖板。

3）有内支撑的深基坑开挖安全要点

① 有内支撑的基坑开挖施工应根据工程地质与水文地质条件、环境保护要求、场地条件、基坑平面尺寸、开挖深度，选择以下几种支撑形式。

灌注桩排桩围护墙采用钢筋混凝土支撑

型钢水泥土搅拌桩墙，宜采用钢筋混凝土支撑，狭长形的基坑采用型钢支撑。板桩围护墙的结构形式，宜采用型钢支撑。地下连续墙，宜采用钢筋混凝土支撑。

除上述支撑形式外，也有采用型钢支撑与钢筋混凝土支撑的组合形式。

② 对于基坑开挖深度超过 6m 或土质情况较差的基坑可以采用多道内支撑形式。多道内支撑基坑开挖遵循“分层支撑、分层开挖、限时支撑、先撑后挖”的原则，且分层厚度须满足设计工况要求。支撑与挖土相配合，严禁超挖，在软土层及变形要求较为严格时，应采用“分层、分区、分块、分段、抽条开挖，留土护壁，快挖快撑，先形成中间支撑，限时对称平衡形成端头支撑，减少无支撑暴露时间”等方式开挖。

③ 分层支撑和开挖的基坑上部可采用大型施工机械开挖，下部宜采用小型施工机械和人工挖土，在内支撑以下挖土时，每层开挖深度不得大于 2m，施工机械不得损坏和挤压工程桩及降水井。

④ 立柱桩及钢格构柱周边 300mm 土层须采用人工挖除，格构柱内土方由人工清除。

（2）深基坑工程施工应急处理

1）基坑内边坡失稳的应急处理

① 在失稳边坡外侧卸载或在内侧回填，以利于稳定边坡。

② 在坡脚设置排水明沟和集水坑，设置大功率水泵抽水。对相邻开挖的土层的坡面上采用钢丝网水泥砂浆抹面的方法进行护坡。

③ 在失稳的深坑周围打设井点进行降水。

④ 在深坑周围和坑内进行注浆加固。

⑤ 加设支撑。

2）基坑开挖引起坑底隆起失稳的应急处理

基底隆起失稳主要是基坑内支护体系未进稳水层，同时由于坑内外水头高差引起坑底土体的隆起。坑底隆起失稳应采用处理措施：

① 立即停止基坑内降水，监测单位增加监测频率。

② 立即停止土方开挖，将人员撤退至安全位置。

③ 必要时可进行基坑堆料反压。

④ 对基底实施注浆加固。

3）围护体系渗水、漏水的应急处理

① 如渗水量极小，为轻微湿迹或缓慢滴水，而监测结果也未反映周边环境有险况，则只在坑底设排水沟，暂不做进一步修补。

② 对渗水量很大，但没有泥砂带出，造成施工困难，而对周围环境影响不大的情况，采用“引流-修补”方法，采用快干水泥进行堵漏。

③ 对渗漏水量很大的情况，应查明原因，采取相应的措施：

如漏水位置离地面不深处，可在支护体背面开挖至漏水位置下 500～1000mm，对支护体后用密实混凝土进行封堵。

如漏水位置埋深比较大，则可采用压密注浆方法，浆液中掺入水玻璃，也可采用高压喷射注浆方法。

4）基坑水平变形过大的应急处理

① 基坑水平变形速率较大的应急处理。

变形速率达到报警值时，应立即停止挖土，加强监测，分析原因并采取相应措施。

如无渗漏，则应对基坑加强监测，如有渗漏，则应立即采取措施堵漏。

立即在基坑内侧堆填砂石施加载荷，控制围护桩体变形。

检查支撑轴力、土压力、围护结构内力，分析原因并采取相应措施。

增设坑内降水设备，降低地下水。

报警处围护桩周边地面堆载物应立即全部搬除。在问题得到妥善处理前，禁止该侧施工车辆通过，减少施工动载荷。

② 基坑累计水平变形值较大的应急处理。

累计变形值达到报警值时，应立即停止挖土，加强监测。

检查支撑轴力、土压力、围护支撑结构内力，分析原因并采取相应措施。

如支撑轴力较大，应增加临时支撑，控制变形发展。

对被动土区进行坑底加固，采用注浆、高压旋喷桩等，提高被动土区抗力。

如果已挖至坑底，可加快垫层施工。为增强垫层的支撑作用，可加厚垫层，比如由原来的 200mm 厚加至 300mm 厚。垫层配筋，提高垫层混凝土强度等级。还可以在垫层中加槽钢或 H 型钢形成暗支撑。也可增设坑底支撑。

7.5.2 隧道施工安全管理

隧道施工是高风险的行业，隧道施工中可能发生物体打击、高处坠落、机械伤害、车辆尘毒危害、火品爆炸、触电等事故，还存在塌方、涌泥涌水、瓦斯（不明气体）爆炸等多种风险造成的人员伤亡和财产损失较严重的特征。

1. 隧道施工安全基本规定

（1）隧道施工一般安全规定

1）建设各方应结合工程实际和项目特点，落实施工安全责任和施工安全措施，做好安全管理和安全技术工作，规范现场作业，预防事故发生。

2）施工单位施工前应对设计文件中涉及施工安全的内容进行核对，并将结果及存在的问题报送建设、设计、监理等相关单位，建设单位应督促设计单位对存在的问题提出完善措施。重点核对下列内容：

① 穿越江、河、湖、海等水体，不良地质、浅埋段和特殊岩土地段的设计方案。

② 施工对环境可能造成影响的预防措施。

③ 隧道、辅助坑道的洞口位置及边坡的稳定程度。

④ 弃渣场位置、安全防护措施和环境保护要求。

3）隧道工程应按照设计和相关规范要求施工，不得擅自改变工法和工序。

4）现场条件与设计不符时，应暂停施工并向建设、设计、监理等相关单位报告，明确处置措施。

5）弃渣场不应设置在堵塞河流污染环境毁坏农田的地段，严禁将弃渣场设在对周围环境造成影响的地方。

6）隧道施工应按规定建立通信联络系统，长、特长及高风险隧道施工还应建立可视监控系统，并能定期维护，保证洞内外信息及时传达。

7）隧道施工应规划人员安全通道并保持畅通，用警示牌、安全标志等标识其位置，并设置应急照明。

8）隧道内施工应制定防火责任制，并配备消防器材。

9）隧道施工应推广机械化施工，提高工效，保障施工安全。

10）隧道施工应推广应用安全信息技术，利用信息化手段提升隧道施工安全管控水平。

（2）隧道施工人员安全要求

1）建设各方应根据隧道施工特点，按规定对参建人员进行有针对性的培训和考核。

2）作业班组负责人应进行班前安全讲话，结合当班作业特点，向作业人员提示作业安全风险，强调安全注意事项。

3）进入施工现场的所有人员，必须按规定佩戴相应的劳动防护用品。

4）隧道洞口应设专人值班，对隧道进出人员进行动态管理；瓦斯隧道、高风险长大隧道应设置有人值守的门禁系统。

5）进出隧道人员应走人行道，不得与车辆抢道，严禁扒车、追车或强行搭车。

6）隧道施工人员运输应制定安全保证措施，明确责任人员进行管理；驾驶人员、信号工等应经过专业的培训和考核，并持证上岗，严禁无证驾驶。

（3）隧道施工机械安全要求

1）施工单位应根据隧道长度、断面大小、地质条件、施工方法、重要的工期等因素合理配置隧道施工机械，并做到安全可靠、节能环保。

2）隧道施工机械设备安全装置应齐全有效，并经检查验收合格后投入使用。

3）机械设备在特殊作业场所或寒冷、高温、高原等特殊地区或时段使用时，应制订专项安全措施或方案。

4）每班作业前，操作人员应检查机械设备并进行试运转，确认安全后，方可投入生产使用。

5）隧道施工和备用的机械设备应定期检查、保养。在检修、保养或清洗等非施工过程中，要切断电源并锁上开关，安排专人进行监护，并悬挂“检修中，禁止合闸”等警示标志。

7.5.3 盾构施工安全管理

作为地下工程施工方法的一种，盾构法隧道施工，掘进速度快、质量优、对周围环境影响小，在盾壳和管片的保护下进行作业，施工安全性相对较高。但盾构法施工专业性强，盾构机构造复杂，在复杂多变的环境下作业，若操作不当，易导致坍塌、透水等事故发生。另外，盾构法隧道施工过程复杂，龙门式起重机（龙门吊）、电瓶车等各种配套设备高频率运转，人机交错的特征十分明显，起重伤害、机械伤害、高处坠落等多种事故发生的可能，始终贯穿着施工的全过程。作为施工作业人员，只有提高安全意识，严格执行盾构施工相关的安全操作要点，才能保证施工安全、顺利地进行。

1. 盾构施工一般安全规定

（1）盾构施工作业应考虑下列主要危险源、危害因素。

① 始发或接收工作井端头地层未加固或加固失效、加固验证后处置不当，钢套筒失稳或密封失效。

② 地层冻结失效或建（构）筑物加固失效。

③ 掘进参数选择不当，开挖面失稳、地表下沉。

④ 盾构机刀具刀盘主轴承、密封等失效。

⑤ 通过浅覆土地层不良地质小净距、小半径曲线、大坡度、下穿地表水系，下穿（邻近）既有建（构）筑物、地下管线、障碍物等特殊地段。

⑥ 盾构常压检换刀、带压检换刀或仓内动火作业。

⑦ 泥水盾构渣土分离。

⑧ 盾尾未设置防冲撞装置。

（2）盾构组装、拆卸始发到达穿越重要建（构）筑物、穿越特殊地层、穿越江河湖海、盾构换刀，联络通道开挖、调头、过站等应编制专项施工方案，经审批后实施。

（3）施工单位应建立健全安全生产保障体系和规章制度，对施工人员进行安全教育和培训。盾构作业人员必须经过专业培训考核合格并取得相应操作证后持证上岗。

（4）盾构施工各工序作业前，应编制安全作业规程和作业指导书，关键工序还应编制专项安全技术措施，经监理单位审批后实施。施工前，应对作业人员进行安全技术交底。

（5）盾构施工中应建立健全机械设备管理制度，定期对设备进行安全检查、维护。

（6）盾构施工中应结合工程施工环境、地质和水文条件编制完善的施工监控量测方案。当出现变形异常情况必须加强监测频率。建设单位应选择具有专业资质的第三方进行量测复核工作。

2. 盾构组装、施工准备安全要点

（1）盾构始发前，应对工作井端头土体进行加固，并检测加固体的强度、抗渗性能等，合格后方可始发掘进。

（2）工作井应设置高度不低于历史最高洪水位 50cm 的挡水墙，井下和洞内应设置抽排水设备设施。

（3）盾构及后配套设备吊装除应符合起重吊装作业基本规程外，还应对工作井结构、吊装场地空洞探测、地基承载力等进行校核验算，对吊耳进行探伤检测。

（4）盾构组装完成后，应分别对各系统进行空载调试，再进行整机空载调试，经动态验收合格后方可正式交付使用。

（5）隧道内各个配套系统应布置合理，运输系统、人行系统、配套管线等布置应保持安全间距，避免交叉干扰。

（6）运输机车车辆距离人行通道栏杆、隧道壁及隧道内其他设施不得小于 20cm，人行走道宽度不得小于 70cm

（7）盾构泥水处理系统，应符合下列规定：

① 盾构泥水处理系统应编制专项方案，方案应包括安全保障措施。

② 系统安装涉及的分离设备、压滤设备等大件吊装应符合相应的吊装规定。

③ 在各单机设备调试完毕后，应进行系统的联合调试，验收合格后方可投入使用。

④ 泥水处理系统的主要设备应进行隔离，同时应设置监控系统。

3. 盾构始发作业安全要点

（1）盾构始发前应进行施工条件验收，验收内容包括人员资质、机械设备、物资材料、专项施工方案、土体加固及洞门密封等准备情况，

（2）采用钢套筒始发时，应按照设计对钢套筒进行安装验收并测试密封性能。钢套筒内进行洞门围护结构凿除时，钢套筒应设置可靠的通风及逃生装置。

（3）采用冻结法加固时，应保证冻结设备运转正常，冻土交圈厚度及温度不应小于设计值。

（4）盾构始发前应验算后支撑体系的强度、刚度和稳定性，其安装精度、加固质量等应满足始发要求。

（5）盾构始发前应对刀盘不能直接破除的洞门围护结构进行拆除。拆除前应先检查确认洞门土体加固与止水效果良好，方可从上往下分层分块拆除。

（6）洞门围护结构拆除后，盾构刀盘应及时靠紧开挖面。

（7）盾构始发前应安装洞门止水装置，并确保密封止水效果。盾尾通过后，应立即进行二次补充注浆等尽早封堵稳定洞口。

（8）盾构始发时，应采取防止盾体扭转和始发基座位移变形的措施。

（9）盾构始发时，推进千斤顶分区推力应分布合理且不超过后支撑体系承载力。

（10）负环管片脱出盾尾后，应立即对管片进行有效加固和限位、防止管片变形和位移。

（11）盾构始发段应增加监测布点和频次，及时掌握地表环境沉降变形等情况。

（12）拆除负环管片时，应对洞口段 10～15 环管片设置纵向拉紧装置。

4. 盾构接收作业安全要点

（1）盾构接收前应进行施工条件验收、验收内容包括人员资质、机械设备、物资材料、专项施工方案、土体加固及洞门密封等准备情况。

（2）采用钢套筒接收时，应对钢套筒进行安装验收并测试密封性能。钢套筒内进行洞门围护结构凿除时，钢套筒应设置可靠的通风及逃生装置。

（3）采用冻结法加固接收时，应保证冻结设备运转正常，冻土交圈厚度及温度不应小于设计值。

（4）盾构到达前，应对刀盘不能直接破除的洞门围护结构进行拆除，拆除前应先检查确认洞门土体加固与止水效果已达到设计要求，方可从上往下分层分块拆除。

（5）盾构到达前应安装洞门止水装置，并确保密封止水效果。

（6）盾构距离接收井 50～80m 时，应调整盾构机姿态，确保安全顺利接收；盾构到达接收井 15m 左右时，应调整掘进参数确保洞门和接收安全。

（7）盾构接收时应保证足够的推力压紧管片，并应对最后 10～15 环管片设置纵向拉紧装置，保证管片间止水效果。

（8）隧道贯通后应及时按要求封堵洞门，确保密封止水效果，并及时对最后 8～15 环管片进行二次注浆加固封堵。

（9）盾构接收段应增加监测布点和频次，及时掌握地表环境沉降变形情况。

（10）盾构到达接收井期间应保持接收井和隧道内通信畅通。

7.6 绿色施工与环境保护

7.6.1 环境保护与文明施工

1. 环境保护

工程建设过程中的污染主要包括对施工场界内的污染和对周围环境的污染。对施工场界内的污染防治属于职业健康问题，对周围环境的污染防治属于环境保护问题。

施工现场环境保护是按照法律、法规、各级主管部门和企业的要求，保护和改善作业现场的环境，控制现场的各种粉尘、废水、废气、固体废弃物、噪声、振动等对环境的污染和危害。

工程环境保护措施主要包括大气污染的防治、水污染的防治、噪声污染的防治、固体废弃物的处理以及文明施工措施。

（1）大气污染的防治

1）大气污染物的分类

大气污染物的种类有数千种，已发现有危害作用的有 100 多种，其中大部分是有机物。大气污染物通常以气体状态和粒子状态存在于空气中。

① 气体状态污染物。包括二氧化硫、氮氧化物、一氧化碳、碳氢化合物等。

② 粒子态污染物。包括降尘和飘尘。降尘是分散在大气中的微小液滴和固体颗粒其粒径在 0.01～100μm，是一种复杂的非均匀体；飘尘是可长期飘浮于大气中的固化颗粒，其粒径小于 10μm。

施工现场主要的大气污染物有锅炉、熔化炉、厨房烧煤产生的烟尘，建材破碎、筛分、碾磨、加料、装卸运输过程产生的粉尘。

2）施工现场空气污染的防治措施

① 施工现场垃圾渣土要及时清理出现场。

② 清理施工垃圾时，要使用封闭式的容器或者采取其他措施处理高空废弃物，严禁凌空随意抛撒。

③ 施工现场道路应指定专人定期洒水清扫，形成制度，防止道路扬尘。

④ 对于细颗粒散体材料（如水泥、粉煤灰、白灰等）的运输、储存要注意遮盖、密封，防止颗粒飞扬。

⑤ 车辆开出工地要做到不带泥沙，基本做到不撒土、不扬尘，以减少对周围环境的污染。

⑥ 除设有符合规定的装置外，禁止在施工现场焚烧油毡、橡胶、塑料、皮革、树叶、枯草、各种包装物等废弃物品以及其他会产生有毒、有害烟尘和恶臭气体的物资。

⑦ 机动车都要安装减少尾气排放的装置，确保符合国家标准。

（2）水污染的防治

1）水污染物的主要来源

① 工业污染源：指各种工业废水向自然水体的排放。

② 生活污染源：主要指食物废渣、食油、粪便、合成洗涤剂、杀虫剂、病原微生物等。施工现场废水和固体废物随水流流入水体部分，包括泥浆、水泥、油漆、各种油类、混凝土外加剂、重金属、酸碱盐等。

2）废水处理技术

废水处理的目的是把废水中所含的有害物质清理分离出来。废水处理可分为物理法、化学法、物理化学方法和生物法。

① 物理法：是指利用筛滤、沉淀、气浮等处理废水的方法。

② 化学法：指利用化学反应来分离、分解污染物，或使其转化为无害物质的处理方法。

③ 物理化学方法：包括吸附法、反渗透法、电渗析法等。

④ 生物法：是指利用微生物新陈代谢功能，将废水中的有机污染降解，并转化为无害物质，使水得到净化的处理方法。

3）施工过程水污染的防治措施

① 禁止将有毒有害废弃物作土方回填。

② 拌站水、水磨石的污水、电石（碳化钙）的污水必须经沉淀池沉淀合格后再排放，最好将沉淀水用于工地洒水降尘或采取措施回收利用。

③ 现场存油料，必须对库房地面进行防渗处理。如采用防渗混凝土地面、铺油毡等措施。使用时，要采取防止油料跑、冒、滴、漏的措施，以免污染水体。

④ 施工现场100人以上的临时食堂，污水排放时可设置简易有效的隔油池，定期清理，防止污染。

⑤ 工地临时厕所，化粪池应采取防渗漏措施。中心城市施工现场的临时厕所可采用水冲式厕所，并采取防蝇、灭蛆措施，防止污染水体和环境。

⑥ 化学用品、外加剂等要妥善保管，在库内存放，防止污染环境。

(3) 噪声污染防治

1) 噪声的分类和危害

① 噪声按照振动性质可分为气体动力噪声、机械噪声、电磁性噪声。

② 按噪声来源可分为交通噪声（如汽车、火车、飞机等）、工业噪声（如鼓风机、汽轮机、冲压设备等）、施工的噪声（如打桩机、推土机、混凝土搅拌机等发出的声音）、社会生活噪声（如高音喇叭、收音机等）。

③ 噪声的危害：噪声是一类影响与危害非常广泛的环境污染问题。噪声环境可以干扰人的睡眠与工作、影响人的心理状态与情绪，造成人的听力损失，甚至引起许多疾病。此外噪声对人们的对话干扰也是相当大的。

2) 施工现场噪声的控制措施

① 声源控制。噪声控制技术可从声源、传播途径、接收者防护等方面考虑。从声源上降低噪声是防止噪声污染的最根本的措施。

尽量采用低噪声设备和工艺代替高噪声设备与加工工艺，如低噪声振动器、风机电动空压机、电锯等。

在声源处安装消声器消声，即在通风机、鼓风机、压缩机、燃气机、内燃机及各类排气放空装置进出风管的适当位置设置消声器。

② 传播途径控制：

吸声：利用吸声材料（大多由多孔材料制成）或由吸声结构形成的共振结构（金属或木质薄板钻孔制成的空腔体）吸收声能，降低噪声。

隔声：应用隔声结构，阻碍噪声向空间传播，将接收者与噪声声源分隔。隔声结构包括隔声室、隔声罩、隔声屏障、隔声墙等。

消声：利用消声器阻止传播。允许气流通过的消声降噪是防止空气动力性噪声的主要装置。如对空气压缩机、内燃机使用消声器等。

减振降噪：对自动引起的噪声，通过降低机械振动减少噪声，如将阻尼材料涂在振动源上，或改变振动源与其他刚性结构的连接方式等。

③ 接收者的防护。让处于噪声环境下的人员使用耳塞、耳罩等防护用品，减少相关人员在噪声环境中的暴露时间，以减少噪声对人体的危害。

④ 严格控制人为噪声。在人口稠密区进行强噪声作业时，必须严格控制作业时间，一般晚10点到次日早6点之间应停止强噪声作业。若特殊情况必须昼夜施工时，应尽量采取降低噪声的措施，并会同建设单位与当地居委会、村委会协调，贴出安民告示，求得群众谅解。

3) 施工现场噪声的限制

在工程施工中，要特别注意不得超过国家标准的限值，尤其是夜间禁止打桩作业，见表7-2。

建设施工场界噪声限值表　　表 7-2

施工阶段	主要噪声声源	噪声限值[dB(A)]	
		昼间	夜间
土石方	推土机、挖掘机、装载机等	75	55
打桩	各种打桩机械等	85	禁止施工
结构	混凝土搅拌机、振捣棒、电锯等	70	55
装修	起重机、升降机等	65	55

(4) 固体废弃物的处理

1) 固体废弃物的概念

固体废弃物是生产、建设、日常生活和其他活动中产生的固态、半固态废弃物质。固体废物是一个极其复杂的废物体系。固体废弃物按照其化学组成可分为有机废弃物和无机废弃物；按照对其环境和人类健康的危害程度可以分为一般废弃物和危险废弃物。

2) 地下工程施工工地上常见的固体废物

① 渣土：包括砖瓦、碎石、渣土、混凝土碎块、废钢铁、碎玻璃、废屑、废弃装饰材料等。

② 废弃的散装大宗材料：包括水泥、石灰等。

③ 生活垃圾：包括炊厨废物、丢弃食品、废纸、生活用品、玻璃、陶瓷碎片、废电池、废塑料制品、煤灰渣等。

④ 设备、材料等的包装材料。

⑤ 粪便。

2. 文明施工

文明施工，是指保持施工现场的整洁、卫生，施工组织科学、施工程序合理的一种施工方法。建筑地下工程施工现场是企业对外的“窗口”，文明施工可以适应现代化施工的客观要求，有利于员工的身心健康，有利于培养和提高施工队伍的整体素质，促进企业综合管理水平的提高，提高企业的知名度和市场竞争力。

(1) 施工现场文明施工管理的内容

1) 规范施工现场的场容，保持作业环境的整洁卫生。

2) 科学组织施工，使生产有序进行。

3) 减少施工对周围居民和环境的影响。

4) 遵守施工现场文明施工的规定，保证职工的人身安全和身体健康。

(2) 施工现场文明施工的控制要点

1) 施工现场主要出入口应设置大门，大门应牢固美观，两侧应设置门垛并与围挡连接的大门上方应标有企业名称或企业标识，次出入口也应设专人负责。主要出入口明显处应设置“六牌板二图”，内容包括工程概况牌、入场须知牌、管理人员名单和监督电话牌、消防保卫牌、安全生产牌、文明施工牌以及施工现场总平面布置图和工程立面图。

2) 施工现场必须实行封闭管理。沿工地四周连续设置围挡，市区主要路段和其他涉及市容景观路段的工地设置围挡的高度不低于 2.5m，其他工地的围挡高度不低于 1.8m。

3) 新建工程使用密目式安全立网封闭，既保护作业人员的安全，又能减少扬尘外泄。

小区内多个工程之间可以用软质材料围挡，但在集中小区最外围，应当设置硬质围挡。严禁将围挡做挡土墙或在其一侧堆放杂物使用。

4）施工现场进出口必须设门卫，并实行外来人员登记和门卫交接班记录制度，治安保卫责任要分解到个人，项目部管理人员都是治安保卫员，并应制定治安防范的措施，严禁偷盗事件发生。

5）进入施工现场的所有人员都正确佩戴安全帽，门卫处应设置备用安全帽存放处，至少备足十个以上的合格安全帽，施工现场所有工作人员必须佩戴工作卡。

6）施工现场应进行施工道路统一规划，要平整、坚实，并进行混凝土硬化，达到黄土不露天。施工现场在基坑开挖前，必须设置便于车辆出入的冲洗泵和地漏箅子。设备放置点、料场，办公室与宿舍门前必须硬化。地下工程四周尽可能设置循环干道，以满足运输和消防的要求。道路应做成凸形，硬化宽度宜为5m，载重汽车转弯半径不宜小于15m，坡度为5%。

7）工程开工前，施工现场应进行施工给水排水统一规划，确定整体流水坡向，所有道路两侧、临时设施周围、塔式起重机基础、搅拌机沉淀池、外脚手架周围、总配电箱和分配电箱周围、钢筋作业区设备及其他设备周围都应设置具有明显排水坡度的有排水沟或沉淀池，宽度宜为30cm，深为10cm，所有排水设施要自成系统，保持畅通，流入城市污干道前应经过沉淀。施工现场临时给水管线应埋入地下，无滴漏和长流水现象。施工现场必须有防止泥浆、污水外流或防止堵塞下水道和排水河道的措施，并要符合施工现场排水总平面图的布置。

8）施工现场要按照总平面布置图进行合理规划，必须有明显的办公区域、生活区域、施工作业区域的划分，各区域应相互隔开。

9）施工现场的材料、构配件、料具必须按总平面指示位置堆放和设置。材料堆放应整齐、美观有序，要悬挂或固定50cm×45cm的硬质物料标识牌，并注明材料的名称、品种、规格、数量、产地、检验状态等。

10）施工现场的施工垃圾应按品种、名称等标牌指示的位置集中分类堆放，集中清运。易燃易爆物品要分类存放，并有注明品种、规格、性质的标识牌。各种材料、垃圾、物品堆放要整齐、清洁、有序，标牌栏内要注明责任人姓名，做到工完料净场地清，保持场容场貌整洁并建立日清扫制度，责任到人。

11）施工现场的机械设备（混凝土地泵、搅拌机、轮子锯、卷扬机、切断机、弯曲机、箍筋机、无齿锯等）必须采用定型化、工具化，放置于易于装拆方便的防尘防护棚。

12）施工现场应设置办公室、会议室、资料室、门卫值班室等办公设施；宿舍、食堂、厕所、淋浴间、开水房、阅览室、文体活动室、卫生保健室等生活设施；仓库、防护棚、加工棚、操作棚等生产设施，道路、现场排水设施；围墙、大门、供水处、吸烟处、密闭式垃圾站（或容器）及漱洗设施等辅助设施。所有临时设施使用的施工材料应符合环保、消防的要求。

13）施工现场搭建的办公设施和临时设施必须采用定型化、工具化，应优选隔热环保彩钢板制作。

14）工程开工时，必须有绿化规划。

15）施工现场要建立宣传教育制度，根据工程状况和施工阶段有针对性地设置、悬挂、张贴人性化的安全标语、横幅和禁止、警告、指令、提示安全标志，各种安全标志必须符合国标，做到齐全、整洁、醒目，悬挂位置得当。并按照施工现场总平面图布置，悬挂高度宜在2.0～3.5m。

7.6.2 绿色施工

在地下工程施工、使用过程中，一方面消耗大量的能源，产生大量的粉尘和有害气体，污染大气和环境，另一方面使用中会挥发出有害气体，会对使用者的健康产生影响。节能、环境保护与安全生产是密不可分的，住建部于2007年9月10日发布了《绿色施工导则》（建质〔2007〕223号）（以下简称《导则》），其主要目的是用于指导地下工程的绿色施工，使地下工程施工的整个过程始终贯彻绿色施工的新理念。《导则》的出台，填补了地下工程施工环节推进绿色施工的空白，是推进绿色施工的关键性举措，也是深入贯彻安全生产的必然要求。

绿色施工是指工程建设中，在保证质量、安全等基本要求的前提下，通过科学管理和技术进步，最大限度地节约资源与减少对环境负面影响的施工活动，实现“四节一环保”（节能、节地、节水、节材和环境保护）。

1. 绿色施工原则

绿色施工是建设工程全寿命周期中的一个重要阶段，实施绿色施工，应进行总体方案优化。在规划、设计阶段，应充分考虑绿色施工的总体要求，为绿色施工提供基础条件。

实施绿色施工，应对施工策划、材料采购、现场施工、工程验收等各阶段进行控制，加强对整个施工过程的管理和监督。

绿色施工总体框架由施工管理、环境保护、节材与材料资源利用、节水与水资源利用、节能与能源利用、节地与施工用地保护六个方面组成（图7-2）。这六个方面涵盖了绿色施工的基本指标，同时包含了施工策划、材料采购、现场施工、工程验收等各阶段的指标的子集。

2. 绿色施工要点

绿色施工管理主要包括组织管理、规划管理、实施管理、评价管理和人员安全与健康管理五个方面。

（1）组织管理

1）建立绿色施工管理体系，并制定相应的管理制度与目标。

2）项目经理为绿色施工第一责任人，负责绿色施工的组织实施及目标实现，并指定绿色施工管理人员和监督人员。

（2）规划管理

1）编制施工方案。该方案在施工组织设计中独立成章，并按规定进行审批。

2）绿色施工方案应包括以下内容：

① 环境保护措施，制订环境管理计划及应急救援预案，采取有效措施，降低环境负荷，保护地下设施和文物等资源。

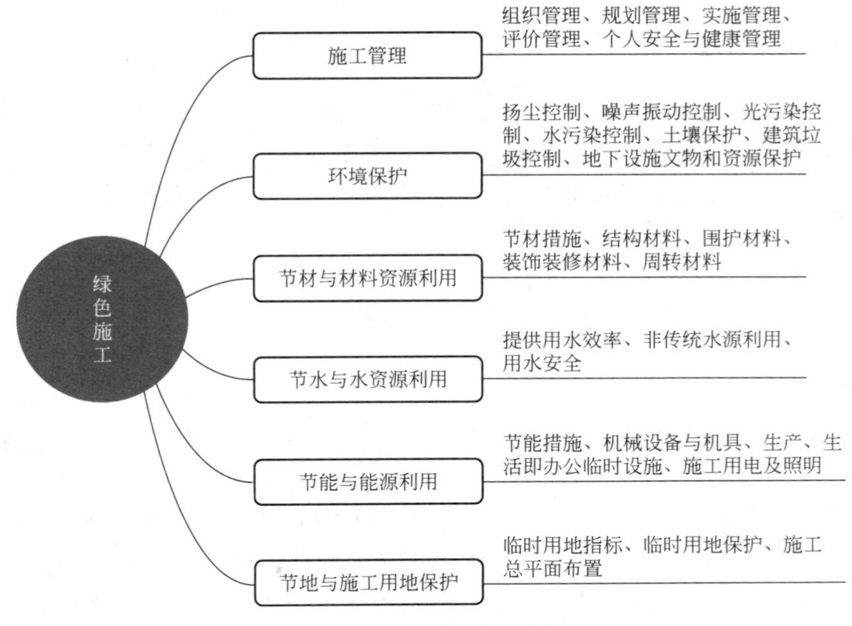

图 7-2 绿色施工总体框架

② 节材措施，在保证工程安全与质量的前提下，制定节材措施。如进行施工方案的节材优化，施工垃圾减量化，尽量利用可循环材料等。

③ 节水措施，根据工程所在地的水资源状况，制定节水措施。

④ 节能措施，进行施工节能策划，确定目标，制定节能措施。

⑤ 节地与施工用地保护措施，制定临时用地指标、施工总平面布置规划及临时用地节地措施等。

（3）实施管理

1）绿色施工应对整个施工过程实施动态管理，加强对施工策划、施工准备、材料采购、现场施工、工程验收等各阶段的管理和监督。

2）应结合工程项目的特点，有针对性地对绿色施工作相应的宣传，通过宣传营造绿色施工的氛围。

3）定期对职工进行绿色施工知识培训，增强职工绿色施工意识。

（4）评价管理

1）对照《导则》的指标体系，结合工程特点，对绿色施工的效果及采用的新技术、新设备、新材料与新工艺，进行自评估。

2）成立专家评估小组，对绿色施工方案、实施过程至项目竣工，进行综合评估。

（5）人员安全与健康管理

1）制订施工防尘、防毒、防辐射等职业危害的措施，保障施工人员的长期职业健康。

2）合理布置施工场地，保护生活及办公区不受施工活动的有害影响。施工现场建立卫生急救、保健防疫制度，在安全事故和疾病疫情出现时提供及时救助。

3）提供卫生、健康的工作与生活环境，加强对施工人员的住宿、膳食、饮用水等生活与环境卫生等管理，明显改善施工人员的生活条件。

单元总结

该单元详细阐述职业健康、安全生产管理的基本知识，地下工程安全管理措施、文明施工与绿色施工等方面内容，通过本单元的学习，可以让学生熟悉安全管理的相关知识，并运用安全知识预防和解决地下工程施工中的安全相关问题。

思考及练习

一、单选题

1. 某事故造成 12 人死亡，120 人以上重伤，8000 万元直接经济损失的事故，则该事故应判定为（　　）

A. 特别重大事故　B. 重大事故　C. 较大事故　D. 一般事故

2. 事故现场有关人员应当立即向本单位负责人报告；单位负责人接到报告后，应当于（　　）h 内向事故发生地县级以上人民政府安全生产监督管理部门和负有安全生产监督管理职责的有关部门报告。

A. 0.5　B. 1　C. 2　D. 3

3. 生产安全事故的处理程序中①事故调查②事故报告③事故处理④事故结案，正确的顺序是（　　）

A. ①②③④　B. ①②④③　C. ②①④③　D. ③①②④

4. 某隧道工程项目造价 1.5 亿元，应至少配备安全员数量为（　　）人。

A. 1　B. 2　C. 3　D. 4

5. 特别重大事故，负责事故调查的人民政府应当自收到事故调查报告之日起（　　）日内做出批复。

A. 15　B. 20　C. 30　D. 60

6. 以下爆破工艺流程顺序中①钻孔②孔口堵塞③装药④联线⑤起爆⑥警戒⑦解除警戒，正确的是：（　　）

A. ①②③④⑤⑥⑦　B. ①③②④⑥⑤⑦

C. ①②④③⑤⑥⑦　D. ③①②④⑥⑤⑦

7. 项目环境管理控制指标中，夜间噪声限值是（　　）dB。

A. 30　B. 45　C. 50　D. 55

8.（　　）是抓好安全生产工作的关键。

A. 落实安全生产责任制　B. 安全教育制度

C. 安全检查制度　D. 安全措施计划制度

9. 新员工上岗前的三级安全教育通常是指（　　）。

A. 进厂、进企业、进班组

B. 进钢筋班组、进混凝土班组、进木工班组

C. 进厂、进企业、进项目部

D. 进厂、进车间、进班组

10. 新建、改建、扩建工程项目的安全设施，必须与主体工程（　　）。

A. 同时规划、同时批准、同时立项　　B. 同时参与、同时标识、同时发包

C. 同时设计、同时施工、同时使用　　D. 同时发布、同时销售、同时上市

二、多选题

1. 安全生产基本原则有（　　）。

A. “管生产必须管安全”原则　　B. “四不伤害”原则

C. “以人为本”原则　　D. “安全具有否决权”原则

E. “四不放过”原则

2. 对所列工程中涉及（　　）的专项施工方案，超过一定规模的应当组织专家进行论证、审查。

A. 桩基工程　　B. 深基坑　　C. 道路工程　　D. 地下暗挖工程

E. 高大模板工程

3. 企业安全教育一般包括对（　　）的安全教育。

A. 施工工人　　B. 食堂人员　　C. 管理人员　　D. 特种作业人员

E. 企业员工

4. 管线加固保护主要有（　　）方法。

A. 注浆加固　　B. 包封加固　　C. 支管加固　　D. 内衬管加固

E. 支撑加固

5. 下列作业属于特种作业的有（　　）。

A. 电工作业　　B. 起重机械操作　　C. 钢筋调直作业　　D. 金属焊接作业

E. 登高架设脚手架

6. 编制安全措施计划的依据有：（　　）。

A. 国家发布的有关职业健康安全政策、法规和标准

B. 在安全检查中发现的尚未解决的问题

C. 造成伤亡事故和职业病的主要原因和所采取的措施

D. 国内外关于保健问题研究的最新成果

E. 安全技术革新项目和员工提出的合理化建议

7. 安全事故处理的“四不放过”原则包括（　　）。

A. 事故原因未查清不放过　　B. 事故单位未处理不放过

C. 责任人员未处理不放过　　D. 整改措施未落实不放过

E. 有关人员未受到教育不放过

8. 安全事故调查组的职责包括（　　）。

A. 查明事故造成的经济损失　　B. 确定事故责任者

C. 对事故责任者进行处罚　　D. 提出事故防范措施建议

E. 向安全生产行政主管部门报送安全事故统计报表

三、简答题

1. 简述职业健康安全管理的目的及任务是什么？

2. 危险性较大的分部分项工程安全专项施工方案包括哪些主要内容？

3. 施工企业三类人员是哪三类？他们分别须持有哪些安全岗位证？
4. 地下管线安全保护方法有哪些？
5. 地下连续墙在施工作业过程中采取哪些安全措施？
6. 隧道施工人员安全要求有哪些？
7. 盾构接收作业安全要点有哪些？
8. 什么是绿色施工？绿色施工原则是什么？

教学单元8　地下工程项目合同管理

教学目标

1. 知识目标

了解《中华人民共和国民法典》及相关法律法规的基本理论以及工程其他相关合同类型。理解工程合同的特点及分类，工程合同争议的解决。掌握工程项目合同的签订、实施、变更、终止管理，索赔的概念、分类、成立的条件以及索赔程序。

2. 能力目标

具备地下工程合同签订、管理、变更和索赔的相关知识和能力。

3. 素质目标

继承发扬中华民族重信守诺的传统美德，传承创新时代契约精神，弘扬诚实守信社会主义核心价值观。

思政映射点：契约精神；诚实守信

实现方式：课堂讲解；小组讨论

参考案例：建设工程合同纠纷案例分析

思维导图

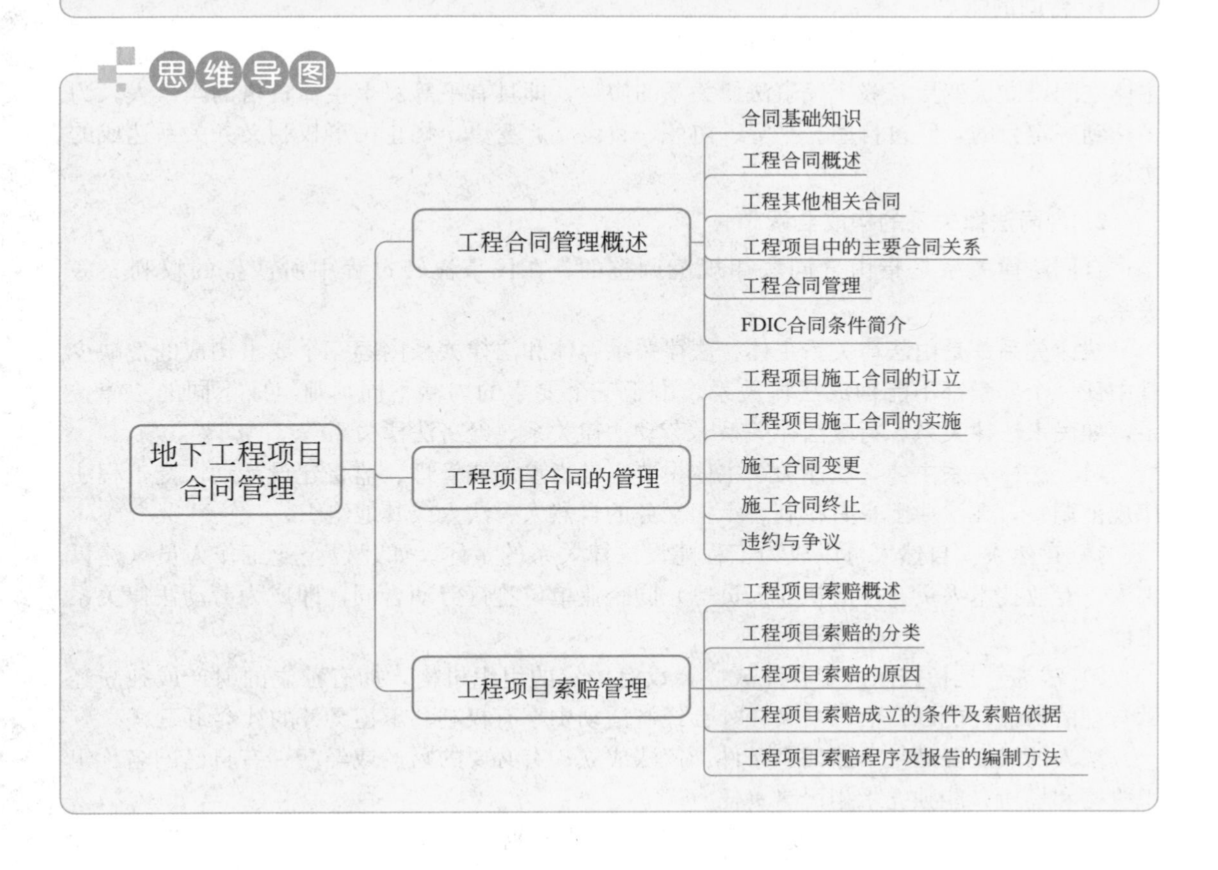

引文

某建设单位通过招标选择了甲施工单位承担某地铁车站工程的施工，并按照《工程施工合同（示范文本）》GF—2017—0201与甲施工单位签订了施工承包合同。建设单位与甲施工单位在合同中约定，该地铁车站工程所需的部分设备由建设单位负责采购。甲施工单位按照正常的程序将安装工程分包给乙施工单位。在施工过程中，监理工程师对进场的配电设备进行检验时，发现由建设单位采购的某设备质量不合格，建设单位对该设备进行了更换，从而导致乙施工单位停工。因此，乙施工单位致函监理单位，要求补偿其被迫停工所遭受的损失并延长工期。

问题：对乙施工单位的索赔要求应如何处理？

8.1 工程合同管理概述

8.1.1 合同基础知识

1. 合同的概念

《中华人民共和国民法典》(以下简称《民法典》) 第四百六十四条规定，合同是民事主体之间设立、变更、终止民事法律关系的协议，即具有平等民事主体资格的当事人，为了达到一定目的，经过自愿、平等、协商一致设立、变更、终止民事权利义务关系达成的协议。

2. 合同法律关系的构成要素

合同法律关系是指由合同法律规范调整的、在民事流转过程中所产生的权利义务关系。

法律关系都是由法律关系主体、法律关系客体和法律关系内容三个要素构成的，缺少其中任一个要素都不能构成法律关系。由于三个要素的内涵不同，则组成不同的法律关系，如民事法律关系、行政法律关系、劳动法律关系、经济法律关系等。

(1) 法律关系主体，法律关系主体主要，是指参加或管理、监督建设活动，受工程法律规范调整，在法律上享有权利、承担义务的自然人、法人或其他组织。

1) 自然人。自然人可以成为工程建设法律关系的主体。如建设企业工作人员（建设工人、专业技术人员、注册执业人员等）同企业单位签订劳动合同，即成为劳动法律关系主体。

2) 法人。是指按照法定程序成立，设有一定的组织机构，拥有独立的财产或独立经营管理的财产，能以自己的名义在社会经济活动中享有权利和承担义务的社会组织。

法人的成立要满足下述四个条件：依法成立；有必要的财产或经费；有自己的名称组织机构和场所；能独立承担民事责任。

3) 其他组织。是指依法成立，但不具备法人资格，而能以自己的名义参与民事活动的经营实体或者法人的分支机构等社会组织。如法人的分支机构、不具备法人资格的联营体、合伙企业、个人独资企业等。

(2) 法律关系客体

法律关系客体，是指参加法律关系的主体享有的权利和承担的义务所共同指向的对象。在通常情况下，主体都是为了某一客体，彼此才设立一定的权利、义务，从而产生法律关系，这里的权利、义务所指向的事物，即法律关系的客体。

法学理论上，一般客体分为财、物、行为和非物质财富。法律关系客体也不外乎此四类。

1) 表现为财的客体。财一般指资金及各种有价证券。在法律关系中表现为财的客体主要是建设资金，如基本建设贷款合同的标的，即一定数量的货币。

2) 表现为物的客体。法律意义上的物，是指可为人们控制的并具有经济价值的生产资料和消费资料。

3) 表现为行为的客体。法律意义上的行为，是指人的有意识的活动。

4) 表现为非物质财富的客体。法律意义上的非物质财富，是指人们脑力劳动的成果或智力方面的创作，也称智力成果。

(3) 合同法律关系的内容

合同法律关系的内容即权利和义务。

1) 权利。是指法律关系主体在法定范围内有权进行各种活动。权利主体可要求其他主体做出一定的行为或抑制一定的行为，以实现自己的权利，因其他主体的行为而使权利不能实现时有权要求国家机关加以保护并予以制裁。

2) 义务。是指法律关系主体必须按法律规定或约定承担应负的责任。义务和权利是相互对应的，相应主体应自觉履行建设义务，义务主体如果不履行或不适当履行，就要承担相应的法律责任。

3. 合同法律关系的产生、变更与终止

合同法律关系的产生，是指法律关系的主体之间形成了一定的权利和义务关系。

(1) 合同法律关系的产生

单位与其他单位签订了合同，主体双方就产生了相应的权利和义务。此时，受法律规范调整的法律关系即告产生。

(2) 合同法律关系的变更

合同法律关系的变更，是指法律关系的三个要素发生变化。

1) 主体变更，是指法律关系主体数目增多或减少，也可以是主体改变。在合同中，客体不变，相应权利义务也不变，此时主体改变也称为合同转让。

2) 客体变更，是指法律关系中权利义务所指向的事物发生变化。客体变更可以是其范围变更、也可以是其性质变更。

法律关系主体与客体的变更，必然导致相应的权利和义务，即内容的变更。

3) 合同法律关系的终止

合同法律关系的终止，是指法律关系主体之间的权利义务不复存在，彼此丧失了约束力。

① 自然终止，是指某类法律关系所规范的权利义务顺利得到履行，取得了各自的利益，从而使该法律关系达到完结。

② 协议终止，是指法律关系主体之间协商解除某类工程建设法律关系规范的权利义务，致使该法律关系归于终止。

③ 违约终止，是指法律关系主体一方违约，或发生不可抗力，致使某类法律关系规范的权利不能实现。

8.1.2 工程合同概述

1. 工程合同的概念

工程合同，是指由承包方进行工程建设，业主支付价款的合同。我国建设领域习惯上把工程合同的当事人双方称为发包方和承包方，这与我国《民法典》将他们称为发包方和承包方是没有区别的。双方当事人在合同中明确各自的权利和义务，但主要是承包方进行工程建设，发包方支付工程款。

按照《民法典》的规定，工程合同包括三种：工程勘察合同、工程设计合同、工程施工合同。工程实行监理的，业主也应当与监理方采取书面形式订立委托监理合同。

工程合同是一种诺成合同，合同订立生效后双方应当严格履行。

工程合同也是一种双务、有偿合同，当事人双方都应当在合同中有各自的权利和义务，在享有权利的同时也必须履行义务。

2. 工程合同的特点

工程合同除了具有合同的一般性特点之外，还具有不同于其他合同的独有特征：

（1）合同主体的严格性

工程合同主体一般只能是法人。发包方一般只能是经过批准进行工程项目建设的法人，必须有国家批准的地下工程建设项目，落实投资计划，并且具备相应的协调能力；承包方必须具备法人资格，而且应当具备相应的勘察、设计、施工等资质。无营业执照或无承包资质的单位不能作为工程合同的主体，资质等级低的单位不能越级承包工程。

（2）合同标的的特殊性

工程合同的标的是各类建设商品，建设商品是不动产，其基础部分与大地相连，不能移动。这就决定了每个工程合同标的都是特殊的，相互间具有不可代替性。这还决定了承包方工作的流动性。建设物所在地就是勘察、设计、施工生产地，施工队伍、施工机械必须围绕建设产品不断移动。另外建设产品都需要单独建设和施工，即建设产品是单体性生产，这也决定了工程合同标的的特殊性。

（3）合同履行期限的长期性

由于工程结构复杂、体积大、建设材料类型多、工作量大，其合同履行期限都较长。而且，工程合同的订立和履行都需要较长的准备期；在合同履行的过程中，可能因为不可抗力、工程变更、材料供应不及时等原因而导致合同期顺延。所有这些情况决定了工程合同的履行期限具有长期性。

（4）计划和程序的严格性

由于工程建设对国家的经济发展、公民的工作生活都具有重大的影响，因此，国家对工程的计划和程序都有严格的管理制度。订立工程合同必须以国家批准的投资计划为前提，即使国家投资以外的、以其他方式筹集的投资也要受到当年的贷款规模和批准限额的限制，纳入当年的投资规模的平衡，并经过严格的审批程序。工程合同的订立和履行还必须符合国家关于基本建设程序的规定。

3. 工程合同的类型

工程合同按照分类方式的不同可以分为不同的类型。

（1）按照工程建设阶段所完成的承包内容分类：工程的建设过程大体上经过勘察、设计、施工三个阶段，围绕不同阶段订立相应的合同。按照所处的阶段所完成的承包内容进行划分，工程合同可分为：工程勘察合同、工程设计合同和工程施工合同。

1）工程勘察合同。工程勘察合同即承包方进行工程勘察，业主支付价款的合同。工程勘察单位称为承包方，建设单位或者有关单位称为发包方（也称为委托方）。

工程勘察合同的标的是为工程需要而进行的勘察的成果。

工程勘察是工程建设的第一个环节，也是保证工程质量的基础环节。为了确保工程勘察的质量，勘察合同的承包方必须是经国家或省级主管机关批准，持有“勘察许可证”，具有法人资格的勘察单位。

工程勘察合同必须符合国家规定的基本建设程序，勘察合同由建设单位或有关单位提出委托，经与勘察部门协商，双方取得一致意见，即可签订，任何违反国家规定的建设程序的勘察合同均是无效的。

2）工程设计合同。工程设计合同是承包方进行工程设计，委托方支付价款的合同。建设单位或有关单位为委托方，工程设计单位为承包方。

工程设计合同为工程需要的设计成果。工程设计是工程建设的第二个环节，是保证工程质量的重要环节。工程设计合同的承包方必须是经国家或省级主要机关批准，持有“设计许可证”，具有法人资格的设计单位。只有具备了上级批准的设计任务书，工程设计合同才能订立；小型单项工程必须具有上级机关批准的文件方能订立设计合同。如果单独委托施工图设计任务，应当同时具有经有关部门批准的初步设计文件方能订立设计合同。

3）工程施工合同。工程施工合同是建设单位与施工单位，也就是发包方与承包方以完成商定的工程为目的，明确双方相互权利、义务的协议。

施工总承包合同的发包方是工程的建设单位或取得地下工程建设项目总承包资格的项目总承包单位，在合同中一般称为业主或发包方。施工总承包合同的承包方是承包单位，在合同中一般称为承包方。

施工分包合同分专业工程分包合同和劳务作业分包合同。分包合同的发包方一般是施工总承包单位，分包合同的承包方一般是专业化的专业工程施工单位或劳务作业单位，在分包合同中一般称为分包人或劳务分包人。

（2）按照承、发包方式（范围）分类

1）勘察、设计或施工总承包合同。勘察、设计或施工总承包，是指业主将全部勘察、设计或施工的任务分别发包给一个勘察、设计单位或一个施工单位作为总承包方，经业主同意，总承包方可以将勘察、设计或施工任务的一部分分包给其他符合资质的分包人。据此明确各方权利义务的协议即为勘察、设计或施工总承包合同。在这种模式中，业主与总承包方订立总承包合同，总承包方与分包人订立分包合同，总承包方与分包人就工作成果对发包方承担连带责任。

2）单位工程施工承包合同。单位工程施工承包，是指在一些大型、复杂的工程中，发包方可以将专业性很强的单位工程发包给不同的承包方，与承包方分别签订土木工程施工合同、电气与机械工程承包合同，这些承包方之间为平行关系。单位工程施工承包合同常见于大型工业建设安装工程，大型、复杂的工程。据此明确各方权利义务的协议即为单位工程施工承包合同。

3）工程项目总承包合同。工程项目总承包，是指建设单位将包括工程设计、施工、材料和设备采购等一系列工作全部发包给一家承包单位，由其进行实质性设计、施工和采购工作，最后向建设单位交付具有使用功能的工程项目。工程项目总承包在实施过程中可依法将部分工程分包。

4）BOT 合同（又称特许权协议书）。BOT 承包模式实质上是基础设施投资、建设和经营的一种方式，以政府和私人机构之间达成协议为前提，由政府向私人机构颁布特许，允许其在一定时期内筹集资金建设某一基础设施并管理和经营该设施及其相应的产品与服务的工程承包模式。

（3）按照承包工程计价方式（或付款方式）分类按计价方式不同，工程合同可以划分为总价合同、单价合同和成本加酬金合同三大类。工程勘察、设计合同一般为总价合同；工程施工合同则根据招标准备情况和工程项目的特点不同，可选用其中的任何一种。

1）总价合同。总价合同又分为固定总价合同和可调总价合同。

① 固定总价合同。承包方按投标时业主接受的合同价格一笔包死。在合同履行过程中，如果业主没有要求变更原定的承包内容，承包方在完成承包任务后，不论其实际成本如何，均应按合同价获得工程款的支付。

采用固定总价合同时，承包方要考虑承担合同履行过程中的主要风险，因此，投标报价较高。固定总价合同的适用条件一般为：

工程招标时的设计深度已达到施工图设计的深度，合同履行过程中不会出现较大的设计变更，以及承包方依据的报价工程量与实际完成的工程量不会有较大差异。

工程规模较小、技术不太复杂的中小型工程或承包工作内容较为简单的工程部位。这样，可以使承包方在报价时能够合理地预见实施过程中可能遇到的各种风险。

工程合同期较短（一般为一年之内），双方可以不必考虑市场价格浮动可能对承包价格的影响。

② 可调总价合同。这类合同与固定总价合同基本相同，但合同期较长（一年以上），只是在固定总价合同的基础上，增加合同履行过程中因市场价格浮动对承包价格调整的条款。

由于合同周期较长，承包方不可能在投标报价时合理地预见一年后市场价格的浮动影响，因此，应在合同内明确约定合同价款的调整原则、方法和依据。常用的调价方法有：文件证明法、票据价格调整法和公式调价法。

2）单价合同。单价合同是指承包方按工程量报价单内分项工作内容填报单价，以实际完成工程量乘以所报单价确定结算价款的合同。承包方所填报的单价应为包括各种摊销费用后的综合单价，而非直接费单价。

单价合同大多用于工期长、技术复杂、实施过程中发生各种不可预见因素较多的大型土建工程以及业主为了缩短工程建设周期，初步设计完成后就进行施工招标的工程。单价合同的工程量清单内所列的工程量为估计工程量，而非准确工程量。

单价合同较为合理地分担了合同履行过程中的风险。因为承包方据以报价的清单工程量为初步设计估算的工程量，如果实际完成工程量与估计工程量有较大差异，采用单价合同可以避免业主过大的额外支出或承包方的亏损。此外，承包方在投标阶段不可能合理准确预见的风险可不必计入合同价内，有利于业主取得较为合理的报价。单价合同按照合同工期的长短，也可以分为固定单价合同和可调价单价合同两类，调价方法与总价合同的调价方法相同。

3）成本加酬金合同。成本加酬金合同是将工程项目的实际造价划分为直接成本费和承包方完成工作后应得酬金两部分。工程实施过程中发生的直接成本费由业主实报实销，另按合同约定的方式付给承包方相应报酬。

成本加酬金合同大多适用于边设计、边施工的紧急工程或灾后修复工程。由于在签订合同时，业主还不可能为承包方提供用于准确报价的详细资料，因此，在合同中只能商定酬金的计算方法。在成本加酬金合同中，业主需承担工程项目实际发生的一切费用，因而也就承担了工程项目的全部风险。而承包方由于无风险，其报酬往往也较低。

按照酬金的计算方式不同，成本加酬金合同的形式有：成本加固定酬金合同、成本加固定百分比酬金合同、成本加浮动酬金合同、目标成本加奖罚合同等。

在传统承包模式下，不同计价方式合同类型比较见表8-1。

不同计价方式合同类型比较　　表8-1

合同类型	总价合同	单价合同	成本加酬金合同			
			固定百分比酬金	固定酬金	浮动酬金	目标成本加奖罚
应用范围	广泛	广泛	有局限性			酌情
业主方造价控制	易	较易	最难	难	不易	有可能
承包方风险	风险大	风险小	基本无风险		风险不大	有风险

【例8-1】 某城投公司投资建造一座城市地下广场，钢筋混凝土结构，设计项目已确定，功能布局及工程范围都已确定，业主为减少建设周期，尽快获得社会效益，施工图设计未完成时就进行了招标，确定了某工程公司为总承包单位。

业主与承包方签订施工合同时，由于设计未完成，工程性质已明确但工程量还难以确定，双方通过多次协商，拟采用总价合同形式签订施工合同，以减少双方的风险。

合同条款中有下列规定：

① 工程合同额为18000万元，总工期为15个月。

② 本工程采用固定总价合同，乙方在报价时已考虑了工程施工需要的各种措施费用与各种材料涨价等因素。

③ 甲方向乙方提供现场的工程地质与地下主要管网资料，供乙方参考使用。

问题：

（1）工程施工合同按承包工程计价方式不同分哪几类？

（2）在总承包合同中，业主与施工单位选择总价合同是否妥当？为什么？

（3）你认为可以选择何种计价形式的合同？为什么？

（4）合同条款中有哪些不妥之处？应如何修改？

【解】：（1）工程施工合同按计价方式不同分为总价合同、单价合同和成本加酬金合同三种形式。

（2）选用固定总价合同形式不妥当。因为施工图设计未完成，虽然工程性质已明确，但工程量还难以确定，工程价格随工程量的变化而变化，合同总价无法确定，双方风险都比较大。

（3）可以采用单价合同。因为施工图未完成，不能准确计算工程量，而工程范围与工作内容已明确，可列出全部工程的各分项工程内容和工作项目一览表，暂不定工作量，双方按全部所列项目协商确定单价，按实际完成工程量进行结算。

（4）第③条中供“乙方参考使用”提法不当，应改为“保证资料（数据）真实、准确，作为乙方现场施工的依据。”

8.1.3 工程其他相关合同

建设施工企业在项目的进行过程中，必然会涉及多种合同关系，如建设物资的采购涉及买卖合同及运输合同、工程投保涉及保险合同，有时还会涉及租赁合同、承揽合同等。

建设施工企业的项目经理不但要做好对施工合同的管理，也要做好对工程涉及的其他合同的管理，这是项目施工能够顺利进行的基础和前提。

1. 买卖合同

买卖合同是经济活动中最常见的一种合同，也是工程中需要经常订立的一种合同。在工程中，建设材料和设备的采购是买卖合同，施工过程中的一些工具、生活用品的采购也是买卖合同。在工程合同的履行过程中，承包方和发包方都需要经常订立买卖合同。当然，工程合同当事人在买卖合同中总是处于买受人的位置。

买卖合同是出卖人转移标的物的所有权于买受人，买受人支付价款的合同。它以转移财产所有权为目的，合同履行后，标的物的所有权转移归买受人。买卖合同的出卖人除了应当向买受人交付标的物并转移标的物的所有权外，还应对标的物的瑕疵承担担保义务，即出卖人应保证他所交付的标的物不存在可能使其价值或使用价值降低的缺陷或其他不符合合同约定的品质问题，也应保证他所出卖的标的物不侵犯任何第三方的合法权益。买受人除了应按合同约定支付价款外，还应承担按约定接受标的物的义务。

2. 保险合同

保险合同是指投保人与保险人约定保险权利义务关系的协议。投保人，是指与保险人订立保险合同，并按照保险合同负有支付保险费义务的人。

保险人，指与投保人订立保险合同，并承担赔偿或者给付保险金责任的保险公司。

保险公司在履行中还会涉及被保险人和受益人的概念。被保险人，是指其财产或者人身受保险合同保障，享有保险金请求权的人，投保人可以是被保险人。受益人，是指人身保险合同中由被保险人或者投保人指定的享有保险金请求权的人，投保人、被保险人可以是受益人。

3. 租赁合同

租赁合同是出租人将租赁物交付承租人使用、收益，承租人支付租金的合同。是转让财产使用权的合同，合同的履行不会导致财产所有权的转移，在合同有效期满后，承租人应当将租赁物交还出租人。

租赁合同的形式没有限制，但租赁期限在6个月以上的，应当采用书面形式。随着市场经济的发展，在工程建设过程中出现了越来越多的租赁合同。特别是建设施工企业的施工工具、设备，如果自备过多，则购买费用、保管费用都很高，所以大多依靠设备租赁来满足施工高峰期的使用需要。

4. 承揽合同

承揽合同有如下主要内容：承揽的标的、数量、质量、报酬、承揽方式、材料的提供、履行期限、验收标准和方法等条款。

承揽合同是承揽人按照定作人的要求完成工作，交付工作成果，定作人给付报酬的合同。承揽包括加工、定作、修理、复制、测试、检验等工作。

承揽合同的标的即当事人权利义务指向的对象，是工作成果，而不是工作过程和劳务、智力的支出过程。承揽合同的标的一般是有形的，或至少要以有形的载体表现，不是单纯的智力技能。

8.1.4 工程项目中的主要合同关系

工程建设是一个极为复杂的社会生产过程，由于现代社会化大生产和专业化分工，许多单位会参与到工程建设之中，而各类合同则是维系这些参与单位之间关系的纽带。在工程项目合同体系中，业主和承包方是两个最主要的节点。

1. 业主的主要合同关系

业主为了实现工程项目总目标，可以通过签订合同将工程项目寿命期内有关活动委托给相应的专业承包单位或专业机构，如工程勘察、工程设计、工程施工、设备和材料供应、工程咨询（可行性研究、技术咨询）与项目管理服务等，从而涉及众多合同关系，包括施工承包合同、勘察设计合同、材料采购合同、工程咨询合同、项目管理合同、贷款合同、工程保险合同等。

2. 承包方的主要合同关系

承包方作为工程承包合同的履行者，也可以通过签订合同将工程承包合同中所确定的工程设计、施工、设备材料采购等部分任务委托给其他相关单位来完成，承包方的主要合同关系包括施工分包合同、材料采购合同、运输合同、加工合同、租赁合同、劳务分包合同、保险合同等。

8.1.5 工程合同管理

工程合同管理，是指施工单位依据法律、法规和规章制度，对其所参与的工程合同的谈判、签订和履行、变更进行的全过程的组织、指导、协调和监督。其中最主要的是对与业主签订的施工承包合同的管理。后文将主要对施工合同的签订、履行、变更以及索赔等进行讨论，在此不赘述。

工程合同管理的目的如下：

1. 发展和完善建设市场

建立社会主义市场经济，就是要建立、完善社会主义法制。作为国民经济支柱产业之一的建筑业，要想繁荣和发达，就必须加强建设市场的法治建设，健全建设市场的法规体系。

2. 规范建设市场主体、市场价格和市场交易

建立完善的建设市场体系，是一项经济法治工程，它要求对建设市场主体、市场价格和市场交易等方面加以法律调整。

建设市场主体进入市场交易，其目的就是开展和实现工程项目承、发包活动。因此，有关主体必须具备合法的主体资格，才具有订立工程合同的权利能力和行为能力。

建设产品价格是建设市场中交换商品的价格。建设市场主体必须依据有关规定，运用合同形式，调整彼此之间的建设产品合同价格关系。

建设市场交易，是指对建设产品通过工程项目招标投标的市场竞争活动进行的交易，最后采用订立工程合同的法定形式加以确定。在此过程中，建设市场主体依据有关招标投标及《民法典》行事，方能形成有效的工程合同关系。

3. 加强管理，提高工程合同履约率

牢固树立合同的法治观念，加强工程项目的合同管理，合同双方当事人必须从自身做起，坚决执行《民法典》和合同示范文本制度，严格按照法定程序签订工程项目合同，认真履行合同文本的各项条款。

综上，对工程合同进行管理，有利于建立社会主义法治经济，有利于提高我国的建设水平和投资效益，有利于开发国际建设市场，有利于完善项目法人责任制、招标投标制、工程监理制和合同管理制。

8.1.6 FIDIC 合同条件简介

FIDIC 是国际咨询工程师联合会（Federation Internationale Des Ingenieurs Conseils）法文名称的缩写。FIDIC 于 1913 年由欧洲五国独立的咨询工程师协会在比利时根特成立，现总部设在瑞士日内瓦，它是国际上最具有权威性的咨询工程师组织。

FIDIC 专业委员会编制了许多规范性的文件，这些文件不仅被 FIDIC 成员国采用，而且世界银行、亚洲开发银行的招标文件也常常采用。FIDIC 出版的标准化合同格式有《土木工程施工合同条件》（国际上通称 FIDIC“红皮书”）；《电气和机械工程合同条件》（黄皮书）；《业主/咨询工程师标准服务协议书》（白皮书）及《设计/建造/交钥匙工程合同条件》（橘皮书）等。1999 年，FIDIC 组织重新对以上合同进行了修订，出版了新的《施工合同条件》（新红皮书）、《生产设备和设计—建造合同条件》《EPC/交钥匙项目合同条件》以及《简明合同格式》。在这四类合同条件中，《施工合同条件》的使用最为广泛。

对工程的类别而言，FIDIC合同条件适用于一般的土木工程，包括市政道路工程、工业与民用工程及土壤改善工程。

FIDIC土木工程施工合同条件由《通用条件》和《专用条件》两大部分组成，构成合同的组成文件包括：

1. 合同协议书；
2. 中标通知书；
3. 投标书；
4. 通用条件；
5. 专用条件；
6. 构成合同一部分的任何其他文件，

《通用条件》按照条款的内容，大致可分为权益性条款、管理性条款、经济性条款、技术性条款和法规性条款等方面。条款的内容涉及工程项目施工阶段业主和承包方各方的权利和义务；工程师的权力和责任：各种可能预见的事件发生后的责任界限。合同正常履行过程中各方遵循的工作程序，因意外事件而使合同被迫解除时，各方应遵循的工作原则。

《专用条件》是相对于《通用条件》而言的，《通用条件》的条款编写是根据不同地区、不同行业的土建类工程施工的共性条件而编写的，但有些条款还必须考虑工程的具体特点和所在地区情况予以必要的变动。针对《通用条件》中条款的规定加以具体化，进行相应的补充完善、修订，或取代其中的某些内容，增补《通用条件》中没有规定的条款，FIDIC编制了标准的投标书及其附件格式。投标书的格式文件只有一页内容，投标人只需在投标书中空格内填写投标报价并签字，即可与其他材料一起构成有法律效力的投标文件。投标书附件是针对《通用条件》和《专用条件》内涉及工期和费用的内容作出明确的条件和具体的数值，与《专用条件》中的条款序号和具体要求相一致，以使承包方在投标时予以考虑，并在合同履行过程中作为双方遵照执行的依据。

FIDIC认为，随着项目的不断复杂化和项目融资渠道的多元化，为了在预定的时间和要求的预算内圆满完成项目，技术方面和管理方面的标准化是必不可少的。使用内容详尽的标准合同条件，可以平衡分配合同各方之间的风险和责任，降低投标者的投标风险和难度并可能导致比较低的标价。另外，标准合同条件的广泛使用使合同管理人员的培训和经验积累有了更好的条件。FIDIC合同条件是在长期的国际工程实践中形成并逐渐发展和成熟起来的国际工程惯例，它是国际工程中通用的、规范化的、典型的合同条件。

8.2 工程项目合同的管理

8.2.1 工程项目施工合同的订立

1. 施工合同订立的原则

施工合同的订立应该遵循合同订立的一般原则，订立施工合同的原则如下：

(1) 遵守国家法律、法规和国家计划原则订立施工合同

必须遵守国家法律、法规，也应遵守国家的固定资产投资计划和其他计划（如贷款计划等）。具体合同订立时，不论是合同的内容、程序还是形式都不得违法。

除了须遵守国家法律、法规外，考虑到工程施工对经济发展、社会生活有多方面的影响，国家还对工程施工制定了许多强制性的管理规定，施工合同当事人订立合同时也都必须遵守。

(2) 平等、自愿、公平原则

签订施工合同的双方当事人，具有平等的法律地位，任何一方都不得强迫对方接受不平等的合同条件，合同内容应当是双方当事人的真实意思表示。合同的内容应当是公平的，不能单纯损害一方的利益。对于显失公平的合同，当事人一方有权申请人民法院或者仲裁机构予以变更或者撤销。

(3) 诚实信用原则

诚实信用原则要求合同的双方当事人订立施工合同时诚实，不得有欺诈行为。合同当事人应当如实将自身和工程的情况介绍给对方。在履行合同时，合同当事人要守信用，严格履行合同。

(4) 等价有偿原则

等价有偿原则要求合同双方当事人在订立和履行合同时，应该遵循社会主义市场经济的基本规律，等价有偿地进行交易。

(5) 不损害社会公众利益和扰乱社会经济秩序原则利益

合同双方当事人在订立、履行合同时，不能扰乱社会经济秩序，不能损害社会公众利益。

2.《工程施工合同（示范文本）》(GF—2017—0201)

根据有关工程建设的法律、法规，结合我国工程建设施工的实际情况，并借鉴了国际上广泛使用的FIDIC土木工程施工合同条件，建设部、国家工商行政管理局发布了《工程施工合同（示范文本）》（GF—2017—0201）。该文本是各类公用建设、民用建设、地下工程、交通设施及线路管道的施工和设备安装的合同样本。

(1)《工程施工合同（示范文本）》（GF—2017—0201）的组成

《工程施工合同（示范文本）》（GF—2017—0201）由《合同协议书》《通用合同条款》和《专用合同条款》三部分组成，并附有十一个附件。

1)《合同协议书》共计13条，主要包括：工程概况、合同工期、质量标准、签约合同价和合同价格形式、项目经理、合同文件构成、承诺以及合同生效条件等重要内容，集中约定了合同当事人基本的合同权利义务。

2)《通用合同条款》是合同当事人根据《建筑法》《民法典》等法律法规的规定，就工程建设的实施及相关事项，对合同当事人的权利义务作出的原则性约定。

《通用合同条款》共计20条，具体条款分别为：一般约定、发包人、承包人、监理人、工程质量、安全文明施工与环境保护、工期和进度、材料与设备、试验与检验、变更、价格调整、合同价格、计量与支付、验收和工程试车、竣工结算、缺陷责任与保修、违约、不可抗力、保险、索赔和争议解决。前述条款安排既考虑了现行法律法规对工程建

设的有关要求，也考虑了建设工程施工管理的特殊需要。

3)《专用合同条款》是对通用合同条款原则性约定的细化、完善、补充、修改或另行约定的条款。合同当事人可以根据不同建设工程的特点及具体情况，通过双方的谈判、协商对相应的专用合同条款进行修改补充。

4）附件。《工程施工合同（示范文本）》（GF—2017—0201）的附件则是对施工合同当事人的权利、义务的进一步明确，并且使施工合同当事人的有关工作一目了然，便于执行和管理。

（2）施工合同文件的组成及解释顺序

《工程施工合同（示范文本）》（GF—2017—0201）规定了施工合同文件的组成及解释顺序。组成工程施工合同的文本包括：

1）施工合同协议书。

2）中标通知书。

3）投标书及其附件。

4）施工合同专用条款。

5）施工合同通用条款。

6）标准、规范及有关技术文件。

7）图纸。

8）工程量清单。

9）工程报价单或预算书、双方有关工程的洽商、变更等书面协议或文件均视为施工合同的组成部分。上述合同文件应能够互相解释、互相说明。当合同文件中出现不一致时，上面的顺序就是合同的最优解释顺序。当合同文件出现含混不清或者当事人有不同理解时，按照合同争议的解决方式处理。

3. 施工合同订立的程序

我国《民法典》规定，合同的订立必须经过要约和承诺两个阶段，施工合同的订立也应经过要约和承诺两个阶段。其订立方式有两种，包括直接发包和招标发包。如果没有特殊情况，工程的施工都应通过招标投标确定施工企业。这两种方式实际上都包含要约和承诺的过程。工程招标投标过程中，投标人根据业主提供的招标文件在约定的报送期内发出的投标文件即为要约；招标人通过评标，向投标人发出中标通知书即为承诺。

（1）要约

1）要约及其有效的条件。要约是希望和他人订立合同的意思表示。要约应当符合如下规定：

① 内容具体确定。

② 表明经受要约人承诺，要约人即受该意思表示约束。也就是说，要约必须是特定人的意思表示，必须是以缔结合同为目的，必须具备合同的主要条款。

有些合同在要约之前还会有要约邀请。所谓要约邀请，是希望他人向自己发出要约的意思表示。要约邀请并不是合同成立过程中的必经过程，它是当事人订立合同的预备行为，这种意思表示的内容往往不确定，不含有合同得以成立的主要内容和相对人同意后受其约束的表示，在法律上无须承担责任。寄送的价目表、拍卖公告、招标公告、招股说明书、商业广告等为要约邀请。商业广告的内容符合要约规定的，视为要约。

2）要约的生效。要约到达受要约人时生效。如采用数据电文形式订立合同，收件人指定特定系统接收数据电文的，该数据电文进入该特定系统的时间，视为到达时间；未指定特定系统的，该数据电文进入收件人的任何系统的首次时间，视为到达时间。

3）要约的撤回和撤销。要约可以撤回，撤回要约的通知应当在要约到达受要约人之前或者与要约同时到达受要约人。要约可以撤销，撤销要约的通知应当在受要约人发出承诺通知之前到达受要约人。但有下列情形之一的，要约不得撤销：

① 要约人确定了承诺期限或者以其他形式明示要约不可撤销。

② 受要约人有理由认为要约是不可撤销的，并已经为履行合同做了准备工作。

4）要约的失效。有下列情形之一的，要约失效：

① 拒绝要约的通知到达要约人。

② 要约人依法撤销要约。

③ 承诺期限届满，受要约人未作出承诺。

④ 受要约人对要约的内容作出实质性变更。

（2）承诺

承诺是受要约人同意要约的意思表示。除根据交易习惯或者要约表明可以通过行为作出承诺的之外，承诺应当以通知的方式作出。

1）承诺的期限。承诺应当在要约确定的期限内到达要约人。要约没有确定承诺期限的，承诺应当依照下列规定到达：

① 除非当事人另有约定，以对话方式作出的要约应当及时作出承诺。

② 以非对话方式作出的要约，承诺应当在合理期限内到达。以信件或者电报作出的要约，承诺期限自信件载明的日期或者电报交发之日开始计算。信件未载明日期的，自投寄该信件的邮戳日期开始计算。以电话、传真等快速通信方式作出的要约，承诺期限自要约到达受要约人时开始计算。

2）承诺的生效。承诺通知到达要约人时生效。承诺不需要通知的，根据交易习惯或者要约的要求作出承诺的行为时生效。采用数据电文形式订立合同的，承诺到达的时间适用于要约到达受要约人时间的规定。受要约人在承诺期限内发出承诺，按照通常情形能够及时到达要约人，但因其他原因承诺到达要约人时超过承诺期限的，除要约人及时通知受要约人因承诺超过期限不接受该承诺的以外，该承诺有效。

3）承诺的撤回。承诺可以撤回，撤回承诺的通知应当在承诺通知到达要约人之前或者与承诺通知同时到达要约人。

4）逾期承诺。受要约人超过承诺期限发出承诺的，除要约人及时通知受要约人该承诺有效的以外，为新要约。

5）要约内容的变更。承诺的内容应当与要约的内容一致。有关合同标的、数量、质量、价款或者报酬、履行期限、履行地点和方式、违约责任和解决争议方法等的变更是对要约内容的实质性变更。受要约人对要约的内容作出实质性变更的，为新要约。承诺对要约的内容作出非实质性变更的，除要约人及时表示反对或者要约表明承诺不得对要约的内容作出任何变更的以外，该承诺有效，合同的内容以承诺的内容为准。

（3）合同的成立

承诺生效时合同成立，即中标通知书发出后，承包方和发包方就完成了合同缔结过程，中标的施工企业应当与建设单位及时签订合同。依据《招标投标法》和《工程建设施工招标投标管理办法》的规定，中标通知书发出30天内，中标单位应与建设单位依据招标文件、投标书等签订工程承发包合同。投标书中已确定的合同条款在签订时不得更改，合同价应与中标价相一致。如果中标的施工企业拒绝与建设单位签订合同，则投标保函出具者应当承担相应的保证责任，建设行政主管部门或其授权机构还可以给予一定的行政处罚。

1）合同成立的时间。当事人采用合同书形式订立合同的，自双方当事人签字或者盖章时合同成立。当事人采用信件、数据电文等形式订立合同的，可以在合同成立之前要求签订确认书。签订确认书时合同成立。

2）合同成立的地点。承诺生效的地点为合同成立的地点。采用数据电文形式订立合同的，收件人的主营业地为合同成立的地点；没有主营业地的，其经管居住地为合同成立的当事人另有约定的，按照其约定。当事人采用合同书形式订立合同的，双方当事人盖章的地点为合同成立的地点。

3）合同成立的其他情形。合同成立的情形还包括：

① 法律、行政法规规定或者当事人约定采用书面形式订立合同，当事人未采用书面形式但一方已经履行主要义务，对方接受的。

② 采用合同书形式订立合同，在签字或者盖章之前，当事人一方已经履行主要义务，对方接受的。

4. 工程项目投标管理

施工合同绝大多数都采取招标投标的方式订立，投标是承包方获取合同的重要途径。

工程投标，是指投标人在同意招标人拟订好的招标文件的前提下，对招标项目提出自己的报价和相应条件，通过竞争以求获得招标项目的行为。投标通常按照下面的程序进行：

（1）资格预审

资格预审是招标人对于投标人或者潜在投标人进行的第一步审查，不能通过资格预审将失去投标机会，业主的资格预审主要审查投标人或者潜在投标人是否符合下列条件：

① 具有独立订立合同的权力。

② 具有圆满履行合同的能力，包括专业、技术资格和能力，资金、设备和其他物质设施状况，管理能力，经验、信誉和相应的工作人员。

③ 以往承担类似项目的业绩情况。

④ 没有处于被责令停业，财产被接管、冻结，破产状态。

⑤ 在最近几年内（如最近三年内）没有与骗取合同有关的犯罪或严重违法行为。

资格预审时，招标人不得以不合理的条件限制、排斥投标人或者潜在投标人，不得对投标人或者潜在投标人实行歧视待遇。任何单位和个人不得以行政手段或者其他不合理方式限制投标人的数量。

（2）投标前准备工作

在正式投标前，投标人通常要进行大量的准备工作，充分的准备工作常常能大大提高中标机会，投标人一般应进行以下几个方面的准备工作：

1）开展调查工作。这项工作主要包括对市场宏观政治经济环境调查、对工程所在地区的环境和工程现场考察、对工程业主的调查和对竞争对手公司的调查。

① 市场宏观政治经济环境调查：具体包括关于政治形势、政府经济状况、当地的法律和法规、所在国金融环境、所在国的基础设施状况以及建设行业的情况。

② 工程所在地区的环境和工程现场考察：具体包括对一般自然条件的调查和对施工条件的调查。

一般自然条件：包括工程场地的地理位置，地形、地貌、植被；当地气象件的调查；水文资料；工程地质情况（特别要注意了解异常的基础地质情况）。

施工条件：包括结合工程施工组织设计要求，考察施工场地有无布置施工临时设施和生活营地的位置；进场道路、供电、供排水、通信设施情况；当地材料的质量、储量和适用性等；现场附近可以提供的熟练工人、非熟练工人和普通机械操作手的素质和数量、工资水平。

③ 对工程业主的调查：具体包括项目所在国政府投资项目的情况、私营企业的工程项目以及合营公司招标的项目。

④ 对竞争对手公司的调查：具体包括该公司的能力和过去几年内工程承包实绩，包括已完工和正在实施的项目的情况；该公司的主要特点及其优势和劣势。

2）深入研究招标文件。投标人要认真深入研究招标文件，特别注意以下几个方面的内容：

① 关于合同条件方面：包括明确投标截止日期和工期；关于保函和保险的要求；付款条件和物价调整条款；关于违约罚金的规定条款；关于争议、仲裁和法律诉讼程序的规定。

② 关于承包责任范围和报价要求方面：包括明确总合同或合同的每一部分的类型；认真落实需要报价的详细范围；认真研究招标文件中的核心文件之一的“工程量表”；承包方可能获得补偿的权利。

3）参加标前会议和踏勘现场。

① 对工程内容范围不清的问题，应当提请说明。

② 对招标文件中图纸与技术说明互相矛盾之处，可请求说明应以何者为准。

③ 对含混不清的重要合同条件，可以请求澄清、解释。

④ 要求业主或咨询公司对所有问题所作的答复发出书面文件，并宣布这些补充发给的文件是招标文件不可分割的部分，或与招标文件具有同等效力。

（3）投标文件编制和投送

结合现场踏勘和投标预备会的结果，进一步分析招标文件；校核招标文件中的工程量清单；根据工程类型编制施工规划或施工组织设计，根据工程价格构成进行工程估价，确定利润方针，计算和确定报价；形成投标文件；进行投标担保。

投标文件一般包括投标函、投标报价、施工组织设计、商务和技术偏差表。

投标人应当在招标文件要求提交投标文件的截止时间前，将投标文件密封送达投标地点。投标人在招标文件要求提交投标文件的截止时间前，可以补充、修改或者撤回已提交的投标文件，并书面通知招标人。补充、修改的内容为投标文件的组成部分。在提交投标文件截止时间后到招标文件规定的投标有效期终止之前，投标人不得补充、修改、替代或者撤回其投标文件。投标人补充、修改、替代投标文件的，招标人不予接受；投标人撤回投标文件的，其投标保证金将被没收。

（4）中标及合同签订

评标委员会提出书面评标报告后，招标人一般应当在15d内确定中标人，但最迟应当在投标有效期结束日前30个工作日内确定。

招标人和中标人应当自中标通知书发出之日起30d内，按照招标文件和中标人的投标文件订立书面合同。

中标人应按照招标人要求提供履约保证金或其他形式履约担保，招标人也应当同时向中标人提供工程款支付担保。

招标人与中标人签订合同后5个工作日内，应当向中标人和未中标的投标人退还投标保证金，依法必须进行施工招标的项目，招标人应当自发出中标通知书之日起15d内，向有关行政监督部门提交招标投标情况的书面报告。

（5）施工合同谈判

合同谈判是为实现某项交易并使之达成契约的谈判。采用招标投标方式订立合同的，合同谈判主要将双方已达成的协议具体化或对某些非实质性的内容进行增补与删改。在合同谈判中，应解决的主要问题包括以下几个方面：

1）工程内容和范围的确认

对于在谈判讨论中经双方确认的内容及范围方面的修改或调整，应和其他所有在谈判中双方达成一致的内容一样，以文字方式确定下来，并以“合同补遗”或“会议纪要”的方式作为合同附件并说明它构成合同的一部分。

对于一般的单价合同，如业主在原招标文件中未明确工程量变更部分的限度，则谈判时应要求与业主共同确定一个“增减量幅度”，当超过该幅度时，承包方有权要求对工程单价进行调整。

2）合同价格条款

合同依据计价方式的不同主要有总价合同、单价合同和成本加酬金合同，在谈判中根据工程项目的特点加以确定所采取的合同计价方式。

价格调整和合同单价及合同总价共同确定了工程承包合同的实际价格，直接影响着承包方的经济利益。在工程实践中，承包方在合同谈判阶段务必对合同的价格调整条款予以充分的重视。

3）合同款支付方式的条款

工程合同的付款分四个阶段进行，即预付款、工程进度款、最终付款和退还保证金，谈判时应明确合同款的支付方式。

4）关于工期和维修期

承包方首先应根据投标文件中自己填报的工期及考虑工程量的变动而产生的影响，与业主最后确定工期。

合同文本中应当对保修工程的范围和保修责任及保修期的开始和结束时间有明确的说

明，承包方应该只承担由于材料和施工方法及操作工艺等不符合合同规定而产生的缺陷。承包方认为业主提供的投标文件中对它们说明得不清楚时，应该与业主谈判落实清楚，补充在“合同补遗”上。

（6）分包合同订立

我国《建筑法》第二十九条规定，工程总承包单位可以将承包工程中的部分工程发包给具有相应资质条件的分包单位。专业工程分包，是指施工总承包企业将其所承包工程中的专业工程发包给具有相应资质的其他建设企业完成的活动。工程分包合同，是指承包方为将工程承包合同中某些专业工程施工交由另一承包方（分包方）完成而与其签订的合同。

工程总承包单位可以将承包工程中的部分工程发包给具有相应资质条件的分包单位；但是，除总承包合同中约定的分包外，必须经建设单位认可。

1）分包目的

分包在工程中较频繁出现，总承包方进行工程分包的目的主要有以下几种：

① 技术上的需要。总承包方不可能、也不必具备总承包合同工程范围内的所有专业工程的施工能力，通过分包的形式可以弥补总承包方技术、人力、设备、资金等方面的不足，同时总承包方又可通过这种形式扩大经营范围，承接自己不能独立承担的工程。

② 经济上的目的。对有些分项工程，如果总承包方自己承担会亏本，而将它分包出去，让报价低同时又有能力的分包方承担，总承包方不仅可以避免损失，而且可以取得一定的经济效益。

③ 转嫁或减少风险。通过分包，可以将总包合同的风险部分地转嫁给分包方。这样，大家共同承担总承包合同风险，提高工程经济效益。

④ 业主的要求。业主指令总承包方将一些分项工程分包出去，在国际工程中，一些国家规定，外国总承包方承接工程后必须将一定量的工程分包给本国承包方，或工程只能由本国承包方承接，外国承包方只能分包。这是对本国企业的一种保护措施。

业主对分包方有较高的要求，也要对分包方进行资格审查。没有工程师（业主代表）的同意，承包方不得分包工程。由于承包方向业主承担全部工程责任，分包方出现任何问题都由总包负责，所以对于分包方的选择要十分慎重。一般在总承包合同报价前就要确定分包方的报价，商谈分包合同的主要条件，甚至签订分包意向书。

2）关于分包的法律禁止性规定

法律禁止的违法分包行为如下：

① 总承包单位将工程分包给不具备资质条件或超越自身资质条件的单位。

② 总承包合同未约定，又未经建设单位认可，承包单位将承包的部分工程分包。

③ 施工总承包单位将工程的主体结构分包给其他单位。

④ 转包、挂靠。

⑤ 转让、出借资质证书或者以其他方式允许他人以本企业名义承揽工程。

⑥ 项目管理机构的人员不是本单位成员，与本单位无人事或劳务合同、工资福利以及劳动保险关系的。

⑦ 建设单位的工程款直接进入项目管理机构财务的。

8.2.2 工程项目施工合同的实施

施工合同各项内容的实施主要体现在双方各自权利的实现及对各自义务的完全履行。

1. 施工合同内容的实施

（1）合同双方主要工作

1）业主的主要工作。根据“专用合同条款”约定的内容和时间，业主应分阶段或一次完成以下工作：

① 办理土地征用、拆迁补偿、平整施工场地等工作，使施工场地具备施工条件，并在开工后继续解决以上事项的遗留问题。

② 将施工所需水、电、通信线路从施工场地外部接至“专用合同条款”约定地点，并保证施工期间需要。

③ 开通施工场地与城乡公共道路的通道，以及“专用合同条款”约定的施工场地内的主要交通便道，满足施工运输的需要，保证施工期间的畅通。

④ 向承包方提供场地的工程地质和地下管线资料，保证数据真实，位置准确。

⑤ 办理施工许可证和临时用地、停水、停电、中断道路交通、爆破作业以及可能损坏道路、管线、电力、通信等公共设施法律、法规规定的申请批准手续及其他施工所需的证件（证明承包方自身资质的证件除外）。

⑥ 确定水准点与坐标控制点，以书面形式交给承包方，并进行现场交验。

⑦ 组织承包方和设计单位进行图纸会审和设计交底。

⑧ 协调处理施工现场周围地下管线和邻近建设物、构筑物（包括文物保护建设）、古树名木的保护工作，并承担有关费用。

⑨ 业主应做的其他工作，双方在“专用合同条款”内约定。

业主可以将上述部分工作委托承包方办理，具体内容由双方在“专用合同条款”内约定，其费用由业主承担。

2）承包方主要工作。承包方按“专用合同条款”约定的内容和时间完成以下工作：

① 根据业主的委托，在其设计资质允许的范围内，完成施工图设计或与工程配套的设计，经工程师确认后使用，发生的费用由业主承担。

② 向工程师提供年、季、月工程进度计划及相应进度统计报表。

③ 按工程需要提供和维修非夜间施工使用的照明、围栏设施，并负责安全保卫。

④ 按“专用合同条款”约定的数量和要求，向业主提供在施工现场办公和生活设施，发生费用由业主承担。

⑤ 遵守有关部门对施工场地交通、施工噪声以及环境保护和安全生产等的管理规定，按管理规定办理有关手续，并以书面形式通知业主。业主承担由此发生的费用，因承包方责任造成的罚款除外。

⑥ 已竣工工程未交付业主之前，承包方按“专用合同条款”约定负责已完工程的成品保护工作，保护期间发生损坏，承包方自费予以修复。要求承包方采取特殊措施保护的单位工程的部位和相应追加合同价款，在“专用合同条款”内约定。

⑦ 按“专用合同条款”的约定做好施工现场地下管线和邻近建（构）筑物（包括文物保护建设）、古树名木的保护工作。

⑧ 保证施工场地清洁符合环境卫生管理的有关规定。交工前清理现场达到“专用合同条款”约定的要求，承担因自身原因违反有关规定造成的损失和罚款。

⑨ 承包方应做的其他工作，双方在“专用合同条款”内约定。

承包方不履行上述各项义务，造成业主损失的，应对业主的损失给予赔偿。

（2）施工合同履行的主要规则

根据我国《民法典》的规定，履行施工合同应遵循以下共性规则：

1）履行施工合同应遵循的原则。

① 全面履行原则。当事人应当按照合同约定全面履行自己的义务，即当事人应当严格按照合同约定的标准、数量、质量，由合同约定的履行义务的主体在合同约定的履行期限、履行地点，按照合同约定的价款或者报酬、履行方式，全面地完成合同所约定的属于自己的义务。

② 诚实信用原则。当事人应当遵循诚实信用原则，根据合同的性质、目的和交易习惯履行通知、协助、保密等义务。

诚实信用原则要求合同当事人在履行合同过程中维持合同双方的合同利益平衡，以诚实、真诚、善意的态度行使合同权利、履行合同义务，不对另一方当事人进行欺诈，不滥用权力。

2）合同有关内容没有约定或者约定不明确问题的处理。合同生效后，当事人就质量、价款或者报酬、履行地点等内容没有约定或者约定不明确的，可以协议补充；不能达成补充协议的，按照合同有关条款或者交易习惯确定。

依照上述基本原则和方法仍不能确定合同有关内容的，应当按照以下方法处理：

① 质量要求不明确问题的处理方法。质量要求不明确的，按照国家标准、行业标准履行；没有国家标准、行业标准的，按照通常标准或者符合合同目的的特定标准履行。

② 价款或者报酬不明确问题的处理方法。价款或者报酬不明确的，按照订立合同时履行地的市场价格履行；依法应当执行政府定价或者政府指导价的，在合同约定的交付期限内政府价格调整时，按照交付时的价格计价。逾期交付标的物的，遇价格上涨时，按照原价格执行；价格下降时，按照新价格执行。逾期提取标的物或者逾期付款的，遇价格上涨时，按照新价格执行；价格下降时，按照原价格执行。

③ 履行地点不明确问题的处理方法。履行地点不明确，给付货币的，在接受货币一方所在地履行；交付不动产的，在不动产所在地履行；其他标的，在履行义务一方所在地履行。

④ 履行期限不明确问题的处理方法。履行期限不明确的，债务人可以随时履行，债权人也可以随时请求履行，但应当给对方必要的准备时间。

⑤ 履行方式不明确问题的处理方法。履行方式不明确的，按照有利于实现合同目的的方式履行。

⑥ 履行费用的负担不明确问题的处理方法。履行费用的负担不明确的，由履行义务一方负担。

2. 施工合同实施控制

合同实施控制的主要内容即收集合同实施的实际信息，将合同的实施情况与合同实施计划进行对比分析，找出其中的偏差并进行分析，主要包括进度控制、质量控制、成本控制、安全控制、风险控制等。在合同执行后必须进行合同后评价，将合同实施过程中的经验总结出来，为以后的合同管理提供借鉴。合同实施后评价的内容主要包括合同签订情况评价、合同执行情况评价、合同管理工作状况评价和合同条款分析。

在合同实施控制中要充分运用合同所赋予的权利和可能性。利用合同控制手段对各方面进行严格管理，最大限度地利用合同赋予的权力，如指令权、审批权、检查权等来控制工期、成本和质量。在对工程实施进行跟踪诊断时，要利用合同分析原因，处理好工程实施中的差异问题，并落实责任。在对工程实施进行调整时，要充分利用合同将对方的要求（如赔偿要求）降到最低。所以在技术、经济、组织、管理等措施中，首先要考虑到用合同措施来解决问题。合同结束前，应验证合同的全部条件和要求都得到满足，验证有关承包工作的反馈情况。

3. 分包合同实施

（1）分包方义务

分包合同订立时，总分包双方就各自的责任义务作出具体、明确的规定。分包方的义务主要有：

1）保证分包工程质量。

2）确保分包工程按合同规定的工期完成，并及时通知总包方对工程进行竣工验收。

3）依合同规定编制分包工程的预算、施工方案、施工进度计划，参加总包方的综合平衡。

4）在保修期内，对由于施工不当造成的所有质量问题，负有无偿及时修复的义务。

分包方违反上述规定或分包合同的义务，应承担相应的法律责任，包括民事责任和行政责任，具体如下：

1）分包方将承包的工程转包的，或者违反规定进行再次分包的，责令改正，没收违法所得，并处罚款，可以责令停业整顿，降低资质等级；情节严重的，吊销资质证书。

2）分包方因施工原因致使工程质量不符合约定的，应当在合理期限内无偿修理或者返工、改建。经过修理或者返工、改建后，造成逾期交付的。分包方应当承担违约责任。违约责任可以是约定的逾期违约金，也可以是约定的赔偿金。

3）因分包人的原因致使工程在合理使用期限内造成人身和财产损害的，分包人应当承担损害赔偿责任。

4）分包方就自己完成的工作成果与承包方（总承包方或者勘察、设计，施工承包方）向业主承担连带责任。

（2）分包合同有关各方关系处理

根据我国《建筑法》的有关规定，建设单位对地下工程建设项目公开招标的前提下，可以将允许分包的工程中的部分在总承包合同中约定分包给具有相应资质条件的分包单位；分包合同依法成立后，总承包单位按照承包合同的约定对建设单位负责：分包单位按照分包合同约定对总承包单位负责。总承包单位和分包单位就分包工程对建设单位承担连带责任。

总承包单位对工程的工程质量、工程进度、安全生产、工程竣工验收、工程资料备案、工程综合验收资料要全面负责。总承包单位对发包方事先在总承包工程合同中约定的分包单位、自己分包的工程均要承担工程质量、安全生产等责任。

视频微课

37. 施工合同变更

8.2.3 施工合同变更

合同的变更有广义和狭义之分。广义的合同变更，是指合同法律关系的主体和合同内容的变更。狭义的合同变更，仅指合同内容的变更，不包括合同主体的变更。

合同主体的变更，是指合同当事人的变动，即原来的合同当事人退出合同关系而由合同以外的第三人替代，第三人称为合同的新当事人。合同主体的变更实质上就是合同的转让。

合同内容的变更，是指在合同成立以后、履行之前或者在合同履行开始之后尚未履行完毕之前，合同当事人对合同内容的修改或者补充。这里所指的合同变更，是指合同内容的变更。

1. 变更的原因

施工合同范本中将工程变更分为工程设计变更和其他变更两类。

工程师在合同履行管理中应严格控制变更，施工中承包方未得到工程师的同意也不允许对工程设计随意变更。

工程变更一般主要有以下几个方面的原因：

（1）业主新的变更指令，对建设的新要求，如业主有新的意图，业主修改项目计划、削减项目预算等。

（2）由于设计人员、监理方人员、承包方事先没有很好地理解业主的意图，或设计的错误，导致图纸修改。

（3）工程环境的变化，预定的工程条件不准确，要求实施方案或实施计划变更。

（4）由于产生新技术和知识，有必要改变原设计、原实施方案或实施计划，或由于业主指令及业主责任的原因造成承包方施工方案的改变。

（5）政府部门对工程新的要求，如国家计划变化、环境保护要求、城市规划变动等。

（6）由于合同实施出现问题，必须调整合同目标或修改合同条款。

2. 变更的程序

（1）工程变更的提出

根据工程实施的实际情况，承包方、业主方都可以根据需要提出工程变更。

1）业主方提出变更

① 施工中业主需对原工程设计进行变更，应提前 14d 以书面形式向承包方发出变更通知。

② 变更超过原设计标准或批准的建设规模时，业主应报规划管理部门和其他有关部门重新审查批准，并由原设计单位提供变更的相应图纸和说明。

③ 工程师向承包方发出设计变更通知后，承包方按照工程师发出的变更通知及有关要求，进行所需的变更。

④ 因设计变更导致合同价款的增减及造成的承包方损失由业主承担，延误的工期相应顺延。

2）承包方提出变更

① 施工中承包方不得因施工方便而要求对原工程设计进行变更。

② 承包方在施工中提出的合理化建议被业主采纳，若建议涉及对设计图纸或施工组织设计的变更及对材料、设备的换用，则须经工程师审查并批准。

③ 未经工程师同意承包方擅自更改或换用材料、设备，承包方应承担由此发生的费用，并赔偿业主的有关损失，延误的工期不予顺延。

④ 工程师同意采用承包方的合理化建议，所发生费用和获得收益的分担或分享，由业主和承包方另行约定。

（2）工程变更指令的发出和执行

为了避免耽误工程工期，工程师和承包方就变更价格和工期补偿达成一致意见前有必要先行发布变更指示，先执行工程变更工作，然后再就变更价格和工期补偿进行协商和确定。

工程变更指示的发出有两种形式：书面形式和口头形式。一般情况下，要求用书面形式发布变更指示。如果由于情况紧急而来不及发出书面指示，承包方应根据合同规定要求工程师书面认可。

3. 工程变更的责任分析与补偿要求

根据工程变更的具体情况可以分析确定工程变更的责任和费用补偿。

由于业主要求、政府部门要求、环境变化、不可抗力、原设计错误等导致的设计修改，应该由业主承担责任，由此所造成的施工方案的变更以及工期的延长和费用的增加，应向业主索赔。

由于承包方的施工过程、施工方案出现错误、疏忽而导致设计的修改，应由承包方承担责任。

施工方案变更要经过工程师的批准。不论这种变更是否会给业主带来好处（如工期缩短、节约费用）。承包方的施工过程、施工方案本身的缺陷而导致了施工方案的变更，由此所引起的费用增加和工期延长应该由承包方承担责任。

4. 合同价款的变更

合同变更后，当事人应当按照变更后的合同履行。因合同的变更使当事人一方受到经济损失的，受损失的一方可向另一方当事人要求损失赔偿。在施工合同的变更中，主要表现为合同价款的调整。

（1）确定变更合同价款的程序

1）承包方在工程变更确定后14d内，可提出变更涉及的追加合同价款要求的报告。经工程师确认后相应调整合同价款。如果承包方在双方确定变更后的14d内，未向工程师提出变更工程价款的报告，视为该项变更不涉及合同价款的调整。

2）工程师应在收到承包方的变更合同价款报告后14d内，对承包方的要求予以确认或作出其他答复。工程师无正当理由不确认或答复时，自承包方的报告送达之日起14d后，视为变更价款报告已被确认。

3）工程师确认增加的工程变更价款作为追加合同价款，与工程进度款同期支付。工程师不同意承包方提出的变更价款，按合同约定的争议条款处理。

因承包方自身原因导致的工程变更，承包方无权要求追加合同价款。

（2）确定变更合同价款的原则

确定变更合同价款时，应维持承包方投标报价单内的竞争性水平。

1）合同中已有适用于变更工程的价格，按合同已有的价格变更合同价款。

2）合同中只有类似于变更工程的价格，可以参照类似价格变更合同价款。

3）合同中没有适用或类似于变更工程的价格，由承包方提出适当的变更价格，经工程师确认后执行。

8.2.4 施工合同终止

合同的权利义务终止又称为合同的终止或者合同的消灭，是指因某种原因而引起的合同权利义务关系在客观上不复存在。

1. 合同终止原因

导致合同终止的原因有很多。合同双方已经按照约定履行完合同，合同自然终止。另外，发生法律规定或者当事人约定的情况，或经当事人协商一致，而使合同关系终止的，称为合同解除。

在施工合同的履行过程中，可以解除合同的情形如下：

（1）合同的协商解除

施工合同当事人协商一致，可以解除。这是在合同成立以后、履行完毕以前，双方当事人通过协商而同意终止合同关系的解除。当事人的这项权利是合同中意思自治的具体体现。

（2）发生不可抗力时合同的解除

因为不可抗力或者非合同当事人的原因，造成工程停建或缓建，致使合同无法履行，合同双方可以解除合同。例如，合同签订后发生了战争、自然灾害等。

（3）当事人违约时合同的解除

1）业主不按合同约定支付工程款（进度款），双方又未达成延期付款协议，导致施工无法进行，承包方停止施工超过56d，业主仍不支付工程款（进度款），承包方有权解除合同。

2）承包方将其承包的全部工程转包给他人或者肢解后以分包的名义分别转包他人，业主有权解除合同。

3）合同当事人一方的其他违约致使合同无法履行，合同双方可以解除合同。

一方主张解除合同的，应向对方发出解除合同的书面通知，并在发出通知前7d告知对方。通知到达对方时合同解除。对解除合同有异议的，按照解决合同争议程序处理。

合同解除后，尚未履行的，终止履行；已经履行的，根据履行情况和合同性质，当事人可要求恢复原状、采取其他补救措施，并有权要求赔偿损失。

2. 合同终止后义务

合同终止后，当事人双方约定的结算和清理条款仍然有效。承包方应当按照业主要求妥善做好已完工程和已购材料、设备的保护和移交工作，按业主要求，将自有机械设备和人员撤出施工场地。业主应为承包方撤出提供必要条件，支付以上所发生的费用，并按合同约定支付已完工程款。已订货的材料、设备由订货方负责退货或解除订货合同，不能退还的货款和退货、解除订货合同发生的费用，由业主承担。

另外，合同终止后，当事人双方都应当遵循诚实信用原则，履行通知、协助、保密等合同义务。

8.2.5　违约与争议

1. 违约责任

（1）违约责任的概念

违约责任，是指合同当事人不履行或者不适当履行合同义务所应承担的民事责任。当事人一方不履行合同义务或者履行合同义务不符合约定的，应当承担继续履行、采取补救措施或者赔偿损失等违约责任。

（2）承担违约责任的方式

1）继续履行。继续履行，是指在合同当事人一方不履行合同义务或者履行合同义务不符合合同约定时，合同当事人另一方有权要求其在合同期限届满后继续按照原合同约定的主要条件履行合同义务的行为，例如业主方无正当理由不支付工程竣工结算价款，承包方可以请求法院强制业主方继续履行付款义务。

2）采取补救措施。采取补救措施，是指当事人一方履行合同义务不符合规定的，对方可以请求法院强制其在继续履行合同的同时采取补救措施。例如在合同履行过程中，如果承包方的部分工程施工质量不符合合同约定的质量标准，则工程师可以要求承包方对该部分工程进行返工或者返修。

3）赔偿损失。当事人一方不履行合同义务或者履行合同义务不符合约定的，在履行义务或者采取补救措施后，对方还有其他损失的，应当赔偿损失。损失赔偿额应当相当于因违约所造成的损失，包括合同履行后可以获得的利益，但不得超过违反合同一方订立合同时预见到或者应当预见到的因违反合同可能造成的损失。例如由于业主违约造成工期拖延的，业主应给予承包方工期上的赔偿即顺延工期。

当事人一方违约后，对方应当采取适当措施防止损失的扩大；没有采取适当措施致使损失扩大的，不得就扩大的损失要求赔偿。当事人因防止损失扩大而支出的合理费用，由违约方承担。

4）违约金。当事人可以约定一方违约时，应当根据违约情况向对方支付一定数额的违约金，也可以约定因违约产生的损失赔偿额的计算方法。约定的违约金低于造成损失的，当事人可以请求人民法院或者仲裁机构予以增加；约定的违约金过分高于造成损失的，当事人可以请求人民法院或者仲裁机构予以适当减少。

当事人就迟延履行约定违约金的，违约方支付违约金后，还应当履行债务。

5）定金。当事人可以依照《中华人民共和国担保法》约定一方向对方给付定金作为债权的担保。债务人履行债务后，定金应当抵作价款或者收回。给付定金的一方不履行约定的债务的，无权要求返还定金；收受定金的一方不履行约定的债务的，应当双倍返还定金。

当事人既约定违约金又约定定金的，一方违约时，对方可以选择适用违约金或者定金条款。

6）免责事由。当事人一方因不可抗力不能履行合同的，应就不可抗力影响的全部或部分免除责任，但法律另有规定的除外。当事人延迟履行合同后发生不可抗力的，不能免除责任。

2. 争议解决

合同争议，是指合同当事人之间对合同履行状况和合同违约责任承担等问题所产生的意见分歧。工程合同（特别是工程施工合同）在履行过程中争议的解决是一个十分复杂的问题，可能的主要原因有两个：一是工程合同是一类内容、关系特别复杂的合同类型；二是工程合同复杂的技术背景。而工程合同关系的稳定和有效维系对于合同的当事人双方而言十分重要。

《民法典》《中华人民共和国仲裁法》规定了和解、调解、仲裁、诉讼四种纠纷解决方式。另外，在国际工程建设领域，最近几十年，还出现了许多种新的争议解决方案。

业主、承包方在履行合同时发生争议，可以和解或者要求有关主管部门调解。当事人不愿和解、调解或者和解、调解不成的，双方可以在“专用合同条款”内约定以下一种方式解决争议：

第一种解决方式：双方达成仲裁协议，向约定的仲裁委员会申请仲裁。

第二种解决方式：向有管辖权的人民法院起诉。

发生争议后，在一般情况下双方都应继续履行合同，保持施工连续，保护好已完工程。当出现下列情况时，可停止履行合同：

1）单方违约导致合同确已无法履行，双方协议停止施工。

2）调解要求停止施工，且为双方所接受。

3）仲裁机构要求停止施工。

4）法院要求停止施工。

8.3 工程项目索赔管理

8.3.1 工程项目索赔概述

1. 索赔的概念

索赔，是指在合同的实施过程中，合同一方因对方不履行或未能正确履行合同所规定的义务或未能保证承诺的合同条件实现而遭受损失后，向对方提出的补偿要求。施工索赔的含义是广义的，是法律和合同赋予当事人的正当权利。索赔是相互的、双向的，承包方可以向业主索赔，业主也可以向承包方索赔，通常我们所说的索赔一般指承包方向发包方提出的索赔。

索赔的含义一般包括以下几个方面：

（1）一方违约使另一方蒙受损失，受损方向另一方提出赔偿损失的要求。

（2）发生了应由发包方承担责任的特殊风险事件或遇到了不利的自然条件等情况，使承包方蒙受了较大损失而向发包方提出补偿损失的要求。

（3）承包方本应当获得正当利益，但由于没有及时得到监理工程师的确认和发包方应给予的支持，而以正式函件的方式向发包方索要。

2. 索赔的性质

索赔的性质属于经济补偿行为，而不是惩罚。索赔方所受到的损害，与被索赔方的行为并不一定存在法律上的因果关系。导致索赔事件的发生，可能是一方行为造成的，也可能是任何第三方行为所导致的。索赔工作是承、发包双方之间经常发生的管理业务，是双方合作的方式，一般情况下索赔都可以通过协商方式解决。只有发生争议，才会导致提出仲裁或诉讼，即使这样，索赔也被看成是遵法守约的正当行为。

3. 反索赔的概念

反索赔相对索赔而言，是对提出索赔的一方的反驳（回应、索赔），即指合同当事人一方向对方提出索赔要求时，被索赔方从自己的利益出发，依据合法理由减少或撤销索赔方的要求，甚至反过来向对方提出索赔要求的行为。

索赔与反索赔具有同时性，索赔是发包方和承包方都拥有的权利。在工程实践中，一般把发包方向承包方的索赔要求称为反索赔。在反索赔时，发包方处于主动的有利地位，发包方在经工程师证明承包方违约后，可以直接从应付工程款中扣回款项，或从银行保函中得以补偿。

4. 索赔的作用

（1）索赔可以保证合同的正确实施。

（2）索赔是落实和调整合同当事人双方权利义务关系的手段。

（3）索赔有助于对外承、发包工程的开展。

（4）索赔有助于促使工程造价更加合理。

8.3.2 工程项目索赔的分类

1. 按索赔当事人分类

（1）承包方与发包方之间索赔。

（2）承包方与分包方之间索赔。

（3）承包方与供货方之间索赔。

（4）承包方与保险方之间索赔。

2. 按索赔事件的影响分类

（1）工期拖延索赔

由于发包方未能按合同规定提供施工条件，如未及时交付设计图纸、技术资料、场地、道路等；或非承包方因业主指令停止工程实施，或其他不可抗力因素作用等原因，造成工程中断或工程进度放慢，使工期拖延，承包方对此提出索赔。

（2）不可预见的外部障碍或条件索赔

如果施工期间，承包方在现场遇到一个有经验的承包方通常不能预见的外界障碍或条件，例如地质与预计的（业主提供的资料）不同，出现未预见的岩石、淤泥或地下水等，承包方对此提出索赔。

（3）工程变更索赔

由于发包方或工程师指令修改设计、增加或减少工程量、增加或删除部分工程、修改实施计划、变更施工次序，造成工期延长和费用损失，承包方对此提出索赔。

（4）工程终止索赔

由于某种原因，如不可抗力因素影响、发包方违约，使工程被迫在竣工前停止实施，并不再继续进行，使承包方蒙受经济损失，因此提出索赔。

（5）其他索赔

如货币贬值、汇率变化，物价和工资上涨、政策法令变化、发包方推迟支付工程款等原因引起的索赔。

3. 按索赔要求分类

（1）工期索赔

由于非承包方责任的原因而导致施工进度延误，承包方向发包方提出要求延长工期推迟竣工日期的索赔，称为工期索赔。

工期索赔形式上是对权利的要求，目的是避免在原定的竣工日不能完工时，被发包方追究拖期违约的责任。获准合同工期延长，不仅意味着免除拖期违约赔偿的风险，而且有可能得到提前工期的奖励，最终仍反映在经济效益上。

（2）费用索赔

费用索赔是承包方向发包方提出在施工过程中由于客观条件改变而导致承包方增加开支或损失的索赔，以挽回不应由承包方负担的经济损失。费用索赔的目的是要求经济补偿。

承包方在进行费用索赔时，应当遵循以下两个原则：

1）所发生的费用应该是承包方履行合同所必需的，如果没有该费用支出，合同将无法继续履行。

2）给予补偿后，承包方应按约定继续履行合同。

常见的费用索赔项目包括人工费、材料费、机械使用费、低值易耗品、工地管理费等。为便于管理，承、发包双方和监理工程师应事先将这些费用列出清单。

4. 按索赔所依据的理由分类

（1）合同内索赔

合同内索赔即索赔以合同条文作为依据，发生了合同规定给承包方以补偿的干扰事件，承包方根据合同规定提出索赔要求。这是最常见的索赔。

（2）合同外索赔

合同外索赔指工程施工过程中发生的干扰事件的性质已经超过合同范围，在合同中找不出具体的依据，一般必须根据适用于合同关系的法律解决索赔问题。

（3）道义索赔

道义索赔指由于承包方失误（如报价失误、环境调查失误等）或发生承包方应负责的风险而造成承包方重大的损失。

5. 按索赔的处理方式分类

（1）单项索赔

单项索赔是针对某一干扰事件提出的。索赔的处理是在合同实施过程中，干扰事件发生时或发生后立即进行。它由合同管理人员处理，并在合同规定的索赔有效期内向发包方提交索赔意向书和索赔报告。单项索赔通常原因单一、责任简单，分析起来比较容易，处理起来比较简单。

（2）总索赔

总索赔又叫一揽子索赔或综合索赔。这是在国际工程中经常采用的索赔处理和解决方法。一般在工程竣工前，承包方将工程过程中未解决的单项索赔集中起来，提出一份总索赔报告。合同双方在工程交付前或交付后进行最终谈判，以一揽子方案解决索赔问题。由于在一揽子索赔中，许多干扰事件交织在一起，影响因素比较复杂，责任分析和索赔值的计算很困难，因此索赔处理和谈判都很困难。

8.3.3 工程项目索赔的原因

建设产品的生产以及建设市场的经营方式有自己独特的特点，导致在现代承包工程中，特别是在国际上的承包工程中，索赔经常发生，而且索赔金额巨大，这主要是由以下几个方面的原因造成的。

1. 发包方违约行为

（1）发包方未按照合同约定的时间和要求提供原材料、设备、场地、资金、技术资料。

（2）未及时进行图纸会审和设计交底。

（3）拖延合同规定的责任，如拖延图纸的批准、拖延隐蔽工程的验收、拖延对承包方问题的答复，造成施工延误。

（4）未按合同约定支付工程款。

（5）发包方提前占用部分永久性工程，造成对施工不利的影响。

2. 不可抗力

不可抗力，是指人们不能预见、不能避免、不能克服的客观情况。工程施工中的不可抗力包括因战争、动乱、空中飞行物坠落或其他非业主和承包方责任造成的爆炸、火灾以及“专用合同条款”约定的风、雨、雪、洪水、地震等自然灾害。

在许多情况下，不可抗力事件的发生会造成承包方的损失，不可抗力事件的风险承担应当在合同中约定，具体如下：

（1）合同约定工期内发生的不可抗力

施工合同范本“通用合同条款”规定，因不可抗力事件导致的费用及延误的工期由双方按以下方法分别承担：

1）工程本身的损害、因工程损害导致第三方人员伤亡和财产损失以及运至施工场地用于施工的材料和待安装的设备的损害，由发包方承担。

2）承发包双方人员的伤亡损失，由各自负责。

3）承包方机械设备损坏及停工损失，由承包方承担。

4）停工期间，承包方应工程师要求留在施工场地的必要的管理人员及保卫人员的费用，由发包方承担。

5）工程所需清理、修复费用，由发包方承担。

6）延误的工期相应顺延。

（2）延迟履行合同期间发生的不可抗力

按照《民法典》规定的基本原则，因合同一方延迟履行合同后发生不可抗力，不能免除延迟履行方的相应责任。

投保“工程一切险”“安装工程一切险”和“人身意外伤害险”是转移风险的有效措施。

如果工程是发包方负责办理的工程险，当承包方有权获得工期顺延的时间内，发包方应在保险合同有效期届满前办理保险的延续手续；若因承包方原因不能按期竣工，承包方也应自费办理保险的延续手续。对于保险公司的赔偿不能全部弥补损失的部分，则应由合同约定的责任方承担赔偿义务。

3. 监理工程师的不正当指令

监理工程师是接受发包方委托进行工程监理工作的，其不正当指令给承包方造成的损失应当由发包方承担。其不正当指令主要包括发出的指令有误，影响了正常的施工；对承包方的施工组织进行不合理的干预，影响施工的正常进行；因协调不力或无法进行合理协调，导致承包方的施工受到其他项目参与方的干扰，进而造成了承包方的损失。

4. 合同变更

合同变更频繁地出现在工程领域，常见的合同变更主要包括：

（1）发包方对工程项目提出新的要求，如提高或降低建设标准、项目的用途发生变化、核减预算投资等。

（2）设计出现不合理之处甚至错误，对设计图纸进行修改。

（3）施工现场条件与原地质勘察资料有很大出入，导致合同变更。

（4）双方签订新的变更协议、备忘录、修正案。

（5）采用新的技术和方法，有必要修改原设计及实施方案。

8.3.4 工程项目索赔成立的条件及索赔依据

1. 索赔成立的条件

索赔的成立，应该同时具备以下三个前提条件：

(1) 与合同对照，事件已造成了承包方工程项目成本的额外支出或直接工期损失。

(2) 造成费用增加或工期损失的原因，按合同约定不属于承包方的行为责任或风险责任。

(3) 承包方按合同规定的程序提交索赔意向通知和索赔报告。

以上三个条件必须同时具备，缺一不可。

2. 索赔依据

工程项目索赔依据主要包括合同文件和订立合同所依据的法律法规以及相关证据，其中合同文件是索赔的最主要依据。

(1) 合同文件

作为工程项目索赔依据的合同文件主要包括：

1) 本合同协议书。

2) 中标通知书。

3) 投标书及其附件。

4) 本合同专用条款。

5) 本合同通用条款。

6) 标准、规范及有关技术文件。

7) 图纸。

8) 工程量清单。

9) 工程报价单或预算书。

合同履行中，业主与承包方有关工程的洽商、变更等书面协议或文件视为本合同的组成部分。

(2) 订立合同所依据的法律法规

1) 适用法律和法规。工程合同文件适用国家的法律和行政法规。需要明示的法律、行政法规，由双方在专用条款中约定。

2) 适用标准、规范。双方在专用条款内约定适用国家标准、规范的名称。

(3) 相关证据

证据作为索赔文件的一部分，关系到索赔的成败。证据不足或没有证据，索赔是不成立的。可以作为证据使用的材料主要有书证、物证、证人证言、视听材料、被告人供述和有关当事人陈述、鉴定意见、勘验、检验笔录。

在工程索赔中提出索赔一方可提供的证据包括以下证明材料：

1) 招标文件、合同文本及附件，其他的各种签约（备忘录、修正案等），发包方认可的工程实施计划，各种工程图纸（包括图纸修改指令），技术规范等。

2) 工程量清单、工程预算书和图纸、标准、规范以及其他有关技术资料、技术要求。

3) 合同履行过程中来往函件、各种纪要、协议，如业主的变更指令，各种认可信、通知、对承包方问题的答复信等。

4) 施工组织设计和具体的施工进度计划安排和实际施工进度记录。

5) 工程照片、气象资料、工程中的各种检查验收报告和各种技术鉴定报告。

6）工地的交接记录（应注明交接日期，场地平整情况，水、电、路情况等），图纸和各种资料交接记录。

7）建设材料和设备的采购、订货、运输、进场，使用方面的记录、凭证和报表等。

8）市场行情资料，包括市场价格、官方的物价指数、工资指数、中央银行的外汇比率等公开材料。

9）各种会计核算资料。

10）国家法律、法令、政策文件。

11）施工中送停电、气、水和道路开通、封闭的记录和证明。

12）其他有关资料。

8.3.5 工程项目索赔程序及报告的编制方法

1. 索赔程序

当出现索赔事件时，承包方可按下列程序以书面形式向发包方索赔。

（1）提出索赔意向通知

凡发生不属于承包方责任的事件导致竣工日期拖延或成本增加时，承包方即可以书面的索赔通知书形式，在索赔事项发生后的28d内，向工程师正式提出索赔意向通知。该意向通知是承包方就具体的索赔事件向工程师和业主表示的索赔愿望和要求。

如果超过这个期限，工程师和发包方有权拒绝承包方的索赔要求。索赔事件发生后，承包方有义务做好现场施工的同期记录，工程师有权随时检查和调阅，以判断索赔事件造成的实际损害。

（2）提交索赔报告

在索赔通知书发出后的28d内，或工程师可能同意的其他合理时间，向工程师提出延长工期和（或）补偿经济损失的索赔报告及有关资料。索赔报告应当包括承包方的索赔要求和支持这个索赔要求的有关证据，证据应当详细和真实。

（3）监理工程师审核索赔报告

在接到索赔报告后，监理工程师应分析索赔通知，客观分析事件发生的原因，研究承包方的索赔证明，并查阅同期记录。

工程师通过审核索赔报告，可以从以下方面反驳对方的索赔要求：

1）索赔事项不属于业主或工程师的责任，是与承包方有关的第三方的责任。

2）业主和承包方共同负有责任，承包方必须划分和证明双方责任大小。

3）事实证据不足或合同依据不足。

4）承包方未遵守意向通知的规定。

5）合同中有对业主的免责条款。

6）承包方以前表示过放弃索赔。

7）承包方没有采取措施避免或减少损失。

8）承包方必须提供进一步的证据。

9）损失计算夸大等。

监理工程师应在收到承包方送交的索赔报告有关资料后，于 28d 内给予答复，或要求承包方进一步补充索赔理由和证据。监理工程师在收到承包方送交的索赔报告的有关资料后 28d 内未予答复或未对承包方作进一步要求，视为该项索赔已经认可。

（4）持续索赔

当索赔事件持续进行时，承包方应当阶段性向工程师发出索赔意向，在索赔事件终了后 28d 内，向工程师送交索赔的有关资料和最终索赔报告，工程师应在 28d 内给予答复或要求承包方进一步补充索赌理由和证据。逾期未答复，视为该项索赔成立。

通常，工程师的处理决定不是终局性的，若承包方或发包方接受最终的索赔处理决定，索赔事件的处理即告结束。承包方或发包方不能接受监理工程师对索赔的答复，则会导致合同的争议，就应通过协商、调解、“或裁或诉”方法解决。

2. 索赔报告的编制方法

索赔报告是承包方向业主索赔的正式书面材料，也是业主审议承包方索赔请求的主要依据，编写索赔报告应注意以下事项：

（1）明确索赔报告的基本要求

1）必须说明索赔的合同依据。有关索赔的合同依据主要有两类：一是关于承包方有资格因额外工作而获得追加合同价款的规定；二是有关业主或工程师违反合同给承包方造成额外损失时有权要求补偿的规定。

2）索赔报告中必须有详细准确的损失金额或时间的计算。

3）必须证明索赔事件同承包方的额外工作、额外损失或额外支出之间的因果关系。

（2）索赔报告必须准确

索赔报告不仅要有理有据，而且要求必须准确。

1）责任分析清楚、准确。索赔报告中不能有责任含混不清或自我批评的语言，要强调索赔事件的不可预见性，事发后已经采取措施，但无法制止不利影响等。

2）索赔值的计算依据要正确，计算结果要准确。索赔值的计算应采用文件规定或公认的计算方法，计算结果不能有差错。

3）索赔报告的用词要恰当。

（3）索赔报告的形式和内容要求

索赔报告的内容应简明扼要，条理清楚。索赔报告一般包括总述部分、论证部分、索赔款项（或工期）计算部分和证据部分。

1）总述部分。概要论述索赔事项发生的日期和过程；承包方为该索赔事项付出的努力和附加开支；承包方的具体索赔要求。

2）论证部分。论证部分是索赔报告的关键部分，其目的是说明自己有索赔权，是索赔能否成立的关键。

3）索赔款项（或工期）计算部分。如果说合同论证部分的任务是解决索赔权能否成立，则款项计算部分是为解决能得多少款项。前者定性，后者定量。

4）证据部分。要注意引用的每个证据的效力或可信程度，对重要的证据资料最好附以文字说明或确认件。

（4）准备与索赔有关的各种细节性资料

准备好与索赔有关的各种细节性资料，以备谈判中作进一步说明。

综上所述，发包方和承包方对索赔的管理，应当通过加强施工合同管理，严格执行合同，使对方没有提出索赔的理由和根据。在索赔事件发生后，也应积极收集有关证据资料，以便分清责任，剔除不合理的索赔要求。

单元总结

本单元主要从施工合同概述、合同基础知识、工程项目施工合同的订立、合同的实施、合同变更、施工合同终止、违约与争议、索赔管理等几个方面展开阐述，通过本单元的学习，帮助学生理解施工合同的订立和履行过程，掌握合同控制要点以及变更和索赔的方法和程序。

思考及练习

一、单选题

1. 合同法律关系的客体，是指（　　）。

A. 合同的当事人　　B. 合同双方的权利

C. 合同双方的义务　　D. 合同的标的

2. 工程委托监理合同的标的是（　　）。

A. 货物　　B. 货币　　C. 服务　　D. 工程项目

3. 在招标投标活动中，（　　）属于违反《招标投标法》的行为。

A. 没有编制标底

B. 委托代理机构进行招标

C. 在招标文件中规定不允许外省施工单位参与

D. 委托评标委员会定标

4. 招标人与中标人应当自中标通知发出之日（　　）内，按招标文件和中标人的投标文件订立书面合同。

A. 40d　　B. 30d　　C. 50d　　D. 20d

5. 按照承包工程计价方式分类不包括（　　）。

A. 总价合同　　B. 单价合同

C. 成本加酬金合同　　D. 预算合同

6. 评标委员会推荐的中标候选人应当限定在（　　），并标明排列顺序。

A. 1～5 人　　B. 1 或 2 人　　C. 1～3 人　　D. 1～4 人

7. 下列不属于《建设工程施工合同（示范文本）》（GF—2017—0201）的是（　　）。

A. 合同协议书　　B. 通用合同条款

C. 专用合同条款》　　D. 《工程质量管理条例》

8. 承包方签订合同后，将合同的一部分分包给第三方承担时，（　　）。

A. 应征得业主同意　　B. 可不经过业主同意

C. 自行决定后通知业主　　D. 自行决定后通知监理工程师

9. 按照施工合同中索赔程序的规定，承包方受到不属于其应承担责任事件而受到损害，应在事件发生后28d内首先向工程师提交（　　）。

A. 索赔证据　　B. 索赔意向通知　　C. 索赔依据　　D. 索赔报告

10.《建设工程施工合同（示范文本）》（GF—2017—0201）规定，工程师在收到承包方提交的索赔报告后的28d内未作出任何答复，则该索赔应认为（　　）。

A. 已经批准　　B. 被拒绝　　C. 尚待批准　　D. 已经被认可

11. 施工合同中索赔的性质属于（　　）。

A. 经济补偿　　B. 经济惩罚

C. 经济制裁　　D. 经济补偿和经济制裁

12. 以下关于索赔的说法不正确的是（　　）。

A. 索赔是相互的　　B. 索赔是双向的

C. 业主不可以向承包方索赔　　D. 承包方可以向业主索赔

13. 索赔按索赔当事人分类包括（　　）。

A. 承包方与业主之间的索赔　　B. 业主与分包方之间的索赔

C. 业主与供货人之间的索赔　　D. 业主与保险人之间的索赔

14. 关于工程师要求暂停施工的赔偿与责任的说法，错误的为（　　）。

A. 停工责任在业主，由业主承担所发生的追加合同价款，赔偿承包方由此造成的损失，相应顺延工期

B. 停工责任在承包方，由承包方承担发生的费用，相应顺延工期

C. 停工责任在承包方，因为工程师不及时作出答复，导致承包方无法复工，由业主承担违约责任

D. 停工责任在承包方，由承包方承担发生的费用，工期不予顺延

15. 当事人采用合同书形式订立的，自（　　）合同成立。

A. 双方当事人制作合同书时　　B. 双方当事人表示受合同的约束时

C. 双方当事人签字或盖章时　　D. 双方当事人达成一致意见时

16. 合同争议的解决顺序为（　　）。

A. 和解—调解—仲裁—诉讼　　B. 调解—和解—仲裁—诉讼

C. 和解—调解—诉讼—仲裁　　D. 调解—和解—诉讼—仲裁

二、多选题

1. 合同法律关系的构成要素包括（　　）。

A. 主体　　B. 客体　　C. 事件　　D. 内容

E. 工商管理部门

2. 公开招标设置资格预审程序的目的是（　　）。

A. 选取中标人

B. 减少评标工作量

C. 优选最有实力的承包方参加投标

D. 迫使投标单位降低投标报价

E. 了解投标人、招标人准备实施招标项目的方案

3. 工程施工分包合同的当事人是（　　）。

A. 业主　　B. 监理单位　　C. 承包方　　D. 工程师

E. 分包单位

4. 按索赔当事人的不同，可分为（　　）。

A. 承包方与业主之间的索赔　　B. 承包方与分包方之间的索赔

C. 承包方与供货人之间的索赔　　D. 承包方与保险人之间的索赔

E. 业主与分包方之间的索赔

5. 索赔按所依据的理由分类分为（　　）。

A. 合同内索赔　　B. 合同外索赔　　C. 道义索赔　　D. 单项索赔

E. 总索赔

6. 合同文件是索赔的最主要依据，包括（　　）。

A. 本合同协议书及中标通知书

B. 投标书及其附件

C. 本合同专用条款和通用条款

D. 标准、规范及有关技术文件、图纸、工程量清单和工程报价单或预算书

E. 相关证据

7. 关于分包的法律禁止性规定中违法分包的内容有（　　）。

A. 总承包单位将工程分包给不具备相应资质条件的单位

B. 工程合同中未有约定，又未经建设单位认可，承包单位将其承包的部分工程交由其他单位完成的

C. 施工总承包单位将工程主体结构的施工分包给其他单位的

D. 分包单位将其承包的工程再分包的

E. 不履行合同约定的责任和义务，将其承包的全部工程转给他人或者将其承包的全部工程肢解后，以分包的名义分别转包给他人承包的行为

三、简答题

1. 合同管理的目的是什么？

2. 单价合同适用范围是什么？

3. 确定变更价款的原则是什么？

4. 因不可抗力事件导致的费用及延误的工期承担的原则是什么？

5. 工程变更分为哪两类？合同变更是指哪些变更？

教学单元9　地下工程施工资源管理

教学目标

知识目标：了解地下工程项目资源管理概念及资源管理一般规定、施工机具管理的意义、分类及装备原则、施工材料管理的意义和任务、施工材料的分类，人员培训；理解施工机具的选择、使用、保养及维修，材料的采购、存储、收发和使用，人力资源管理的考核与激励；掌握设备管理实施策划，材料管理策划，劳务管理策划，施工机具、材料、人员的管理流程。

能力目标：具备根据项目实际情况选择合适的施工机具、材料、人力资源能力。

素质目标：能围绕人生发展目标，统筹规划、合理决策、不断逼近最优解，形成工程思维，不断超越自我，塑造最好的自己。

思政映射点：工程思维：统筹安排，合理决策，整合最优

实现方式：课堂讲解；课外阅读

参考案例：欲望无限，资源有限，永远以资源有限为前提去实现目标方面的工程案例

思维导图

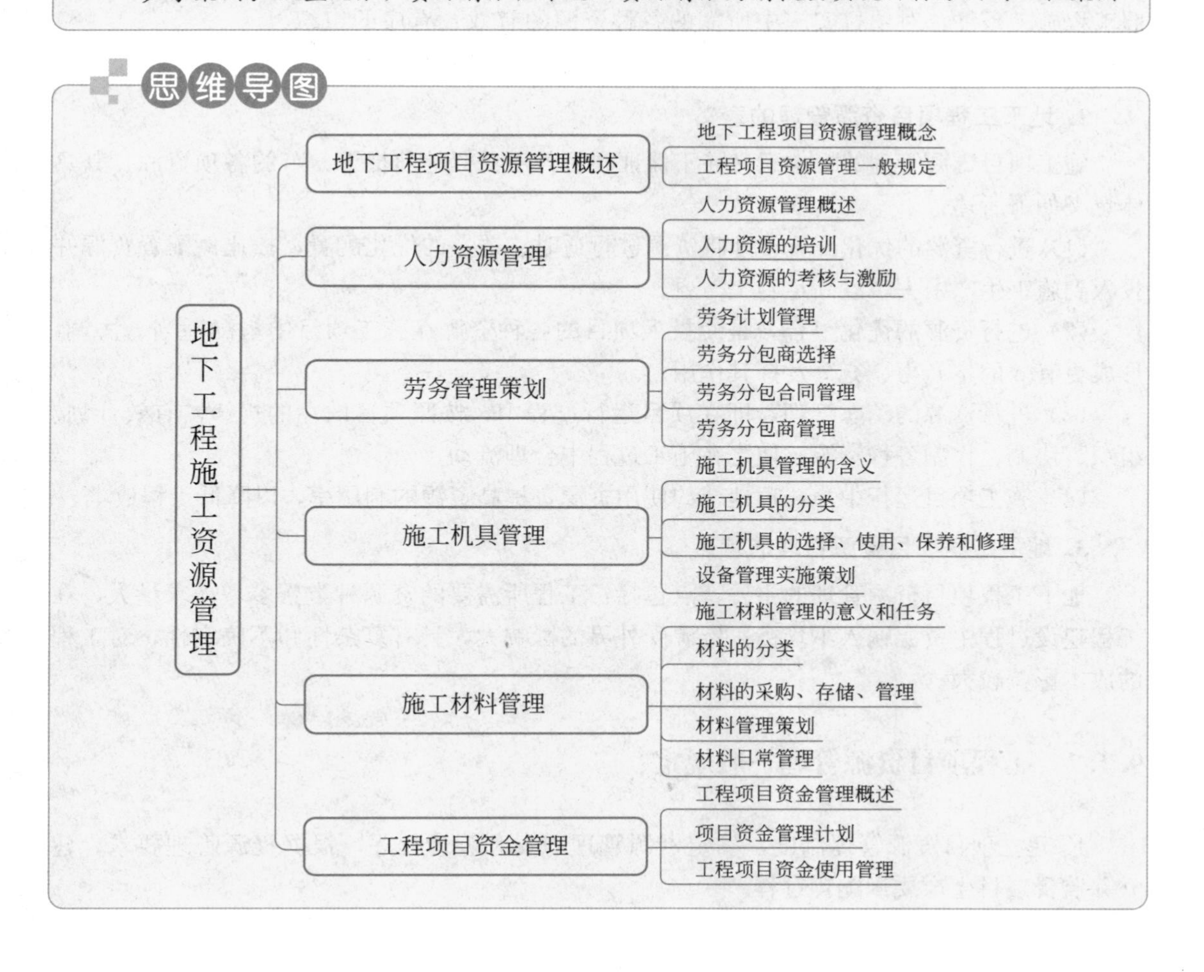

本单元地下工程施工资源管理涉及施工机具管理、施工材料管理、人力资源管理三大内容，是实际项目实施操作的三大支柱。首先要认识到它们的重要意义，然后是各自的分类、选择、使用、流程等实操过程，具有非常强的实际运用效力。

9.1 地下工程项目资源管理概述

9.1.1 地下工程项目资源管理概念

39. 地下工程资源管理概述

1. 地下工程项目资源管理的概念

地下工程项目资源，是指为工程项目输入的各种生产要素，即项目中使用的人力资源、材料、机械设备、技术、资金和设施的总称。

地下工程项目资源管理是根据地下工程的规律及一次性的特点，按照工程施工条件，对项目实施中所需的各种资源的有效、有序的组织、计划、使用、协调、控制、检查分析和改进，以降低资源消耗的系统管理方法。

2. 地下工程项目资源管理的意义

施工项目资源管理的根本意义在于保证项目各项目标的前提下，节约各项资源，其具体意义如下所述：

(1) 进行资源的优化配置，即将资源进行适时、适量的优化配置，按比例配置资源并投入到施工生产中去，以满足施工需要。

(2) 进行资源的优化组合，是使投入项目的各种资源在施工项目中搭配适当、协调，形成更有效的生产力，充分发挥其作用。

(3) 进行资源的动态管理，即在项目运行过程中，按照项目内在的规律，有效计划、组织、协调、控制各种资源，使之在施工过程中合理流动。

(4) 施工项目运行中，合理地节约使用资源，提高资源的利用率，以降低工程成本。

3. 地下工程项目资源管理的特点

地下工程项目资源管理的主要特点包括：工程所需要的资源种类繁多，需求量大，在工程建设过程中资源输入不均衡；资源受外界的影响大，具有复杂性和不确定性，对工程的成本影响较大。

9.1.2 工程项目资源管理一般规定

1. 建立项目资源管理制度，确定资源管理职责和管理程序，根据资源管理要求，建立并监督项目生产要素配置过程。

2. 按照项目目标管理的需求进行项目资源的计划、配置、控制，并根据授权进行考核和处置。

3. 项目资源管理应遵循下列程序：

（1）明确项目的资源需求。

（2）分析项目整体的资源状态。

（3）确定资源的各种提供方式。

（4）编制资源的相关配置计划。

（5）提供并配置各种资源。

（6）控制项目资源的使用过程。

（7）跟踪分析并总结改进。

9.2　人力资源管理

9.2.1　人力资源管理概述

承包人（施工单位）在项目的投标阶段就应对项目的组织机构和人力资源进行了规划，项目一旦中标签约以后，就须履行义务。实行人力资源管理就是提高劳动生产率、保证施工安全、实现文明施工。人力资源由生产工人、专业技术人员和管理干部构成。管理干部和专业技术人员构成了项目部的管理主体，项目部一般由企业委派项目经理组建，而生产工人现场一般由分包或由劳务公司提供。

1. 人力资源确定原则

人力资源确定原则包括：

（1）人员确定标准必须先进合理。

（2）有利于促进生产和提高工作效率。

（3）正确处理各类人员之间的合理比例，特别是直接生产工人和非生产人员之间的比例关系。

（4）人员确定应符合生产特点和发展趋势，既可适时修订，又要保持相对稳定，不断提高完善。

2. 人员确定的依据和方法

根据施工企业工程对象多变、任务分散、工作性质复杂等特点，人数的确定应根据企业计划的总工作量和每个人的工作效率，主要有以下几种方法：

（1）按劳动效率确定。根据施工任务工作量和工人的劳动效率计算定员人数。

（2）按设备确定。根据设备数量、设备工作班次和工人看管设备定额来计算。

（3）按岗位确定。根据设置岗位数和各岗位工作量和劳动效率来计算。

（4）按比例确定。根据生产工人的一定比例，确定服务人员和辅助生产人员的数量。

3. 项目人力资源确定的要求

人力资源的多少，反映整个项目的经营管理水平和职工工作效率的提高，政策性强、涉及面广、细致复杂。认真执行的要求是：

（1）建立健全的定员管理制度。一切人员都要定岗、定人、定职责范围，使每个人工作内容明确。

（2）机构设置要精简、慎重，严格控制增加非生产人员和增设临时机构等。

（3）项目的人力资源编制要随着项目的规模、机械化水平、工艺技术改进、劳动组织和操作水平及业务水平的变化，适时进行修改。要实施动态管理。

4. 项目管理部的劳动组织

一旦与劳务公司签订劳务合同，则这些工人就归项目部指挥，这实际就是一个劳动组织。

（1）劳动组织是劳动者在劳动过程中建立在分工与协作基础上的组织形式。

施工企业的生产活动是一个有机的统一体，企业的劳动组织就是根据工人生产和客观需要的工作量，结合具体工作条件，科学地组织劳动的分工与协作，把劳动者、劳动对象和劳动手段之间的关系科学地组织起来，成为施工生产统一而协调的整体，达到生产高效率的目的。

（2）劳动力的合理组织是发展生产力的最基本的因素，它有利于：

1）实行科学分工与协作，充分发挥每个职工的劳动积极性和技术业务专长。

2）促进和加强企业的科学管理。

3）合理使用劳动力，使每个工人有合理的负荷和明确的责任。

4）各工种工序间的衔接协作和施工生产的指挥调节。

（3）企业合理劳动组织的基本原则：

根据施工工程特点，如结构特征、规模、技术复杂程度，采用不同的劳动组织形式，并随施工技术水平的发展、工艺的改进、机械化水平的提高和技术革新而及时调整。

1）按施工工作的技术内容和分工要求，确定合理的技术等级构成，以充分发挥每个工人的专长。

2）按工作量的大小和施工工作面的要求确定合理劳动组织，保证每个工人都要有足够的工作量和工作面，以充分利用工作时间和空间。

3）劳动组织应相对固定，有利于工种间、工序间和各个工人间的熟练配合和协作。

4）选配好精明干练的班组长。

（4）施工班组的组织形式

根据上述原则，在科学分工和正确配备工人的基础上，把完成某一专业工程而相互协作的有关工人组织在一起的施工劳动集体，是企业最基本的劳动组织形式，称为施工班组，施工班组分为专业施工班（队）组和混合施工班（队）组两种。

1）专业施工班组

专业施工班组是按施工工艺划分，一般由同一工种的工人所组成。

专业施工班（队）组，工人承担的施工任务比较专一，有利于钻研技术，提高操作熟练程度。但由于工种单一分工较细，有时不能适应交叉施工要求，各工种之间和工序间配合不紧凑，造成工时浪费。

2）混合施工班（队）组

混合施工班（队）组是共同完成一个分部工程或单位工程所需要的互相密切联系的不同工种工人组成，特点是便于统一指挥协调施工，有自身的调节能力，能简化施工过程中的组织，有利于缩短工期。

各种组织各有各的特点和适用范围，要根据企业主要承担施工工程的特点和任务来组织，施工企业一般以专业施工班组为主，它易于采用劳务分包。

9.2.2　人力资源的培训

1. 职工培训的意义

职工培训是企业劳动管理的一项主要内容，是企业为提高职工政治、文化、科学、技术和管理水平而进行的教育和培训。企业为完成经营目标，增强企业后劲，必须提高企业职工的素质。为此，应对企业所有人员（包括领导干部、工程技术人员、管理人员、班组长和工人），本着“学以致用”的原则，有计划，有重点地进行专门培训。

2. 职工培训的形式和要求

（1）企业的职工培训要从实际出发，兼顾当前和长期需要，采取多种方式。如上岗前培训、在职学习、业余学习，半脱产专业技术训练班，脱产轮训班和专科大专班等。

（2）职工培训应直接有效地为企业生产工作服务，有针对性和实用性，讲究质量，注重实效。

（3）职工培训应从上而下形成培训系统，建立专门培训机构。

（4）建立考试考核制度。

9.2.3　人力资源的考核与激励

1. 考核

（1）项目部根据人员的相应职责进行考核。

（2）对管理人员的考核，主要是根据其德、才、能进行定性和定量考核。对生产班组主要是根据产值，质量及材料消耗三方面进行定量考核。

2. 激励

（1）激励有物质激励和精神激励。

（2）当劳动还没有成为人们第一需要，而是作为一种谋生手段的今天，主要以物质激励为主，精神激励为辅。

9.3　劳务管理策划

工程中标后，项目部应根据施工组织设计、总进度计划（年进度计划）、关键节点控制计划等进行项目劳务管理策划，并在项目实施策划书中明确劳务管理各相关管理目标、计划。

9.3.1　劳务计划管理

（1）项目部应根据施工组织设计、施工进度计划等编制项目劳动力需求总计划、月度劳动力需求计划，报集团工程管理部门。

（2）集团招标采购中心应根据项目劳动力需求总计划、月度劳动力需求计划，通过招标、询比价等方式为项目部提供所需的劳动力。

（3）劳动力需用计划在项目实施过程中发生变化，项目部应及时调整，报批。

9.3.2　劳务分包商选择

（1）集团招标采购中心应对劳务分包商的管理水平、社会信誉和履约能力等进行综合评价、筛选，建立“劳务合格分包商名录”。

（2）项目不得使用未列入集团“合格分包商名录”以及被列入集团黑名单的劳务队伍。

（3）集团招标采购中心应按相关规定及时组织劳务分包招标工作，按照“合理低价、优质优价”的原则确定中标单位，发出中标通知书、签订劳务分包合同，集团纪检部门全过程监督。

9.3.3　劳务分包合同管理

（1）劳务分包合同应按集团合同示范文本起草，经集团相关部门批准后正式签订。

（2）劳务分包合同签订后，项目部应同时与劳务分包单位签订安全生产管理目标责任书、廉政风险责任书等。

（3）劳务分包合同签订后，二级单位成本合约科应及时对项目部相关人员进行合同交底。

9.3.4　劳务分包商管理

1. 一般规定

（1）项目部应设立专（兼）职劳务管理岗位，负责对劳务分包商的管理、负责相关资料台账管理。

（2）项目部应定期（或不定期）开展检查，监督劳务分包商实时更新劳务人员花名册、建立劳务人员档案，每月编制“项目管理月度报告（劳务）”。

（3）施工作业区域应设置门禁系统并与集团信息系统联动，劳务人员凭“门禁卡”（具备人脸识别、指纹识别功能，并可与劳务人员工资卡挂钩）进出施工现场，实施“实名制”管理。

（4）项目部应按规定成立民工学校，定期开展教学活动。

(5) 项目部可与劳务分包商（作业班组）共同建立项目联合党支部、联合团支部、联合工会小组，保障劳务人员的政治权益。

2. 进场管理

(1) 项目部根据实际施工进度需要组织劳务分包商（作业班组）进场，并按相关规定及时办理劳务人员工伤保险。

(2) 项目部或监督劳务分包商应根据国家、地方政府的相关规定，做好进场劳务人员劳动用工合同签订、实名制考勤、实名制工资发放等工作。

(3) 项目部应对进场的劳务人员进行现场管理制度、安全生产制度、安全技术规程等交底。

(4) 劳务分包商进场时需向项目部至少提供以下资料备案：务工人员花名册、身份证复印件、体检健康证明、技能等级证书、特种作业人员上岗证复印件、劳务用工合同，以及向集团公司交纳履约保证金或履约保函的证明、人员及机具进场计划等。

(5) 项目部验证劳务分包商提交的入场资料，对进场人员进行登记，发放工作牌。当发现与花名册及证件不符时，应责令劳务分包商清退不合格人员。

3. 退场管理

(1) 劳务分包商（作业班组）完成约定范围内的工作后，可申请（或由项目部通知）办理退场手续。

(2) 劳务分包商（作业班组）违约（或履约能力不能满足要求）时，项目部可勒令劳务分包商中途退场并按合同约定索赔。

(3) 劳务分包商（作业班组）应做好各项收尾工作、退还借用的工具和器械，经项目部检查验收后退场。

4. 考核管理

(1) 项目部对劳务分包商（作业班组）每月进行月度考核评价、劳务分包工作内容完成后进行完工考核评价，并将考核结果报送集团和二级单位的劳务管理部门，作为复评价的依据。

(2) 集团招标采购中心组织对劳务分包商（作业班组）进行半年度和年度的客商复评价工作。考核合格的，列入新年度“合格分包商名录”；考核不合格的，取消其劳务合格分包商资格；严重信用不良的，列入劳务分包商“黑名单”，在集团范围内通报。

(3) 劳务分包商（作业班组）结算时，项目部应根据考核结果和劳务分包合同约定进行奖罚。

5. 劳务分包款结算与支付

(1) 施工过程中，项目部按劳务分包合同约定与劳务分包商办理分包中期结算；劳务分包工作内容完成后，项目部与劳务分包商办理最终结算。

(2) 项目部应建立劳务成本（人工费）台账，按月对劳务人工费用进行统计、分析，编制“项目劳务结算管理表”，每月月底前递交至项目核算员、项目财务人员，并根据集团管理制度报集团成本、财务等相关部门。

(3) 项目部应监督劳务分包商按月报送劳务人员出勤表和工资表、按时支付劳务人员工资并张榜公示。

9.4 施工机具管理

9.4.1 施工机具管理的含义

施工机具是施工行业生产力的重要组成因素；现代施工企业是运用机器和机械体系进行工程施工的；施工机具是施工企业进行生产活动的技术装备。加强施工机具的管理，使其处于良好的技术状态，是减轻工人劳动强度、提高劳动生产率、保证施工安全快速进行、提高企业经济效益的重要环节。

施工机具管理就是按照地下工程施工的特点和机械运转的规律，对机械设备的选择评价、有效使用、维护修理、改造更新的报废处理等管理工作的总称。

9.4.2 施工机具的分类

企业施工机具包括的范围较为广泛，有施工和生产用的机械和其他各类机械设备以及非生产机械设备，统称为施工机具。

施工机械包括空压机、凿岩机、混凝土喷射机、挖掘机械、起重机械、铲土运输机械、压实机械、路面机械、打桩机械、混凝土机械、钢筋和预应力机械、装修机械、交通运输设备、加工和维修设备、动力设备、木工机械、测试仪器、科学试验设备等其他各类机械设备。

非生产性机械设备有印刷、医疗、生活、文教、宣传等专用设备。

施工企业合理装备施工机具的目的是：既保证满足施工生产的需要，又能使每台机械设备发挥最高效率，以达到最佳经济效益。总的原则是：技术上先进、经济上合理、生产上适用。

9.4.3 施工机具的选择、使用、保养和修理

1. 施工机具的选择方式

对于地下工程而言，施工机具的来源有购置、制造、租赁和利用企业原有设备四种方式，正确选择施工机具是降低工程成本的一个重要环节。

视频微课

40. 施工机具选择方式

（1）购置

购置新施工机具（包括从国外引进新装备），这是较常采用的方式，其特点是需要较高的初始投资，但选择余地大、质量可靠、其维修费用小、使用效率较稳定，故障率低。企业购置施工机具，应当由企业设备管理机械或设备管理人员提出有关设备的可靠性和有利于设备维修等要

求。进口设备应当配有设备维修技术资料和必要的维修配件。进口的设备到达后，应认真验收，及时安装、调试和投入使用，发现问题应当在索赔期内提出索赔。

（2）制造

制造施工机具。企业自制设备时，应当组织设备管理、维修、使用方面的人员参加设计方案的研究和审查工作，并严格按照设计方案做好设备的制造工作。设备制成后，应当有完整的技术资料。自制施工机具的特点是需要一定的投资，可利用企业已有的技术条件，但因缺乏制造经验、协作不便、质量不稳定、通用性差，对一些大型设备、通用性强的设备，一般不采用此法。

（3）租赁

租赁施工机具。根据工程需要，向租赁公司或有关单位租用施工机具。其特点是不必马上花大量的资金，先用后还，钱少也能办事：而且时间上比较灵活，租赁可长可短。当企业资金缺乏时，还可以长期租赁形式获得急需的施工机具，只要按照规定分期偿还租赁费和名义货价后，就可取得设备的所有权。这种方式对加速施工企业的技术改造好处极大，这也是我们的方向。

（4）利用企业原有设备

利用企业原有的施工机具（设备）。这实际就是租赁的方式，在实行项目管理以后，项目就是一个核算单位。项目部向公司租赁施工机具，并向公司支付一定的租金，这在我国目前应用得比较普遍，以后将逐渐走向租赁方式。

2. 施工机具的选择方法

根据以上四种方式分别计算施工机具的等值年成本，从中挑选等值年成本最低的方式作为选择的对象，总的选择原则为：技术安全可靠，费用最低。

（1）购置、制造和利用企业原有设备

$$\begin{aligned}\text{等值年成本}=&(\text{施工机具原值}-\text{残值})\times\text{资金回收系数}+\text{残值利息}\\&+\text{施工机具年使用费}+\text{其他费用}\end{aligned}\tag{9-1}$$

$$\text{资金回收系数}=i(1+i)^n/[(1+i)^n-1]\tag{9-2}$$

式中，i——利率；

n——资金回收年限（折旧年限）。

（2）租赁

$$\text{等值年成本}=\text{租赁费}+\text{年使用费}+\text{其他费用}\tag{9-3}$$

3. 施工机具的使用

使用是施工机具管理中的一个重要环节。正确、合理地使用施工机具可以减轻磨损，保持良好的工作性能和应有的精度。应该充分发挥施工机具的生产效率、延长其使用寿命以节省费用。

为把施工机具用好、管好，企业应当建立健全的设备操作、使用、维修规程和岗位责任制。设备的操作和维修人员必须严格遵守设备操作、使用的维修规程。

（1）定人定机定岗位

机械设备使用的好坏，取决于机械设备的驾驶、操作人员，他们的责任心和技术素质决定着设备的使用状况。

定人定机定岗位、机长负责制的目的是让人机关系相对固定，把使用、维修、保管的责任落实到人。其具体形式如下：

1）多人操作或多班作业的设备，在定人的基础上，任命一位机长全面负责。

2）一人一机作业的机械设备，司机就是机长，对机械负全责。

3）小型机械设备，一般固定在班组，由班组长对所管理的机械设备负责。

（2）操作人的主要职责

1）对操作技术要精益求精，要求懂得设备的构造、操作规程。

2）懂操作规程，执行保养制度和岗位责任制度等各项规章制度，并拒绝违章作业，确保安全生产执行交接制度，及时准确地填写设备的原始记录和统计报表。

3）谨慎操作完成任务。搞好协作，优质、高效、低耗地完成作业任务。

4）保管好机械的零部件、附属设备、随机工具，做到完整齐全，无损坏。

（3）建立安全生产与处理制度

首先要执行岗位负责制。机械操作人须经过技术安全培训，并取得合格证，方可上岗操作；其次，要按照使用说明书上各项规定和要求，执行合规要求，安全装置检验等工作，方可正式使用。同时，要严格执行安全技术操作规程，严禁违章作业；在设备大检查和保养中，要重点检查安全、保护和装置的灵敏可靠性。机械设备要保证质量，检验合格者方准使用。

（4）健全施工机具的技术档案

施工机具的技术档案，是指从出厂使用到报废全过程的技术性记录。它为掌握机械的变化规律、合理使用、适时维修、做好配件准备等提供可靠的技术依据。因此，对主要的机械设备必须逐台建立技术档案，包括使用（保修）说明书、附属装置及工具明细表、出厂检验合格证、易损件图册及有关制作图等原始资料；机械技术试验验收记录和交接清单；机械运行、消耗等汇总记录；历次主要修理和改装记录；机械事故记录等。

4. 施工机具的保养

施工机具保养是预防性措施，其目的是使机械保持良好的技术状况，提高其运转的可靠性和安全性，减轻零部件的磨损以延长使用寿命、降低消耗，提高机械施工的经济效益。

（1）例行保养（日常保养）。由操作人员每日按规定项目和要求进行保养，主要内容是清洁、润滑、紧固、调整、防腐及更换个别零件。

（2）强制保养（定期保养）。即每台设备运转到规定的期限，不管其技术状态如何，都必须按规定进行检查保养。一般分为一、二、三级保养；个别大型机械可实行四级保养。

1）一级保养。操作工为主，维修工为辅。不仅要普遍地进行紧固、清洁、润滑，还要进行部分调整。

2）二级保养。维修工为主，主要是进行内部清洁、润滑、局部解体检查和调整。

3）三级保养。要对设备的主体部分进行解体检查和调整工作，并更换达到磨损极限的零件，还要检测主要零部件的磨损情况、记录数据，以作为修理方案的依据。

4）四级保养。对大型设备要进行四级保养，修复和更换磨损的零件。

5. 施工机具的修理

设备的修理是修复因各种因素而造成的设备损坏，通过修理和更换已磨损或腐蚀的零部件，使其技术性能得到恢复。

（1）小修。以维修工人为主，对设备进行全面清洗、部分解体检查和局部修理。

（2）中修。要更换与修复设备的主要零件，和数量较多的其他磨损零件，并校正设备的基准，以恢复和达到规定的精度、功率和其他技术要求。

（3）大修。对设备进行全面解体，并修复和更换全部磨损零部件，恢复设备的原有的精度、性能和效率。其费用由大修基金支付。

9.4.4　设备管理实施策划

工程中标且合同签订后，项目部应根据施工组织设计、总进度计划（年进度计划）、关键节点控制计划、相关部门及集团有关制度要求等进行项目设备管理实施策划，明确设备管理总体目标。

1. 设备需求计划管理

（1）项目部根据施工组织设计对设备选型的要求，结合市场资源与成本控制等实际情况，与所在分公司、材料设备管理公司讨论后共同制订项目设备总体配置方案。集团参与重大重点工程设备总体配置方案的研讨，共同商定。

（2）项目部根据施工进度计划，应提前与材料设备管理公司相关科室对接，综合考虑集团自有设备资源情况、市场设备资源情况、分包队伍装备能力和施工进度计划安排等因素，及时编制项目“设备需求计划”，按集团有关流程审批。

（3）设备需求计划在项目实施过程中发生变化，应及时调整、报批。

2. 设备服务商选择

（1）集团对设备服务商的管理水平、社会信誉和履约能力等进行综合评价、筛选，建立“设备合格服务商名录”，并进行分级管理。同等条件下，项目部应优先选用等级高的服务商。

（2）项目部应按集团有关制度、流程对设备服务商进行准入评价和定期评价。评价合格的，列入“设备合格服务商名录”，评价不合格的，取消其设备合格服务商资格，严重信用不良的，列入设备服务商“黑名单”。

（3）项目部不得选用未列入“设备合格服务商名录”的设备服务商，如需选用，应先提交相关资料进行准入评价，通过后才能选用。项目部严禁使用列入黑名单的服务商。

3. 设备日常管理

（1）项目部应建立、健全施工设备管理体系，配备专（兼）职设备管理人员（优先选用持有“集团机械设备管理岗位证书”的人员）。

（2）项目部专（兼）职设备管理人员，负责设备日常安全运行及操作等人员的监督管理、设备台账资料管理等。

（3）起重设备进场前须先进行分级准入报批，具有特种设备制造许可证、产品合格证、产权备案证明、有效操作证等。

（4）项目部应按集团起重设备管理要求，每月及时编制起重设备使用信息汇总表，当月 20 日前报送所属分公司。分公司应于每月 25 日前汇总所属项目部的起重设备使用信息后及时报送材料设备管理公司。

（5）项目部应按国家、行业特种设备管理有关规定，结合当地相关政策，严格对特种设备进行管理。

4. 设备租赁管理

（1）本着先内后外的原则，项目部应优先使用集团自有设备。在自有设备无法满足项目需要时，项目部可向集团公司所属企业、合格服务商名录内的租赁单位租赁（同等条件下，集团公司所属企业优先）。

（2）集团自有设备由材料设备管理公司负责统一内租，若闲置时，可对外出租。

（3）集团制定设备租赁分级管理制度，明确项目部的租赁权限。

（4）项目部应及时签订内、外租赁合同，合同原则上应采用集团统一合同范本。

（5）内租合同签订：项目部及其所属分公司与材料设备管理公司达成内部租赁意向后，不能及时签订内租合同的，应先办理设备内租确认单，明确内租设备相关信息、条件，由三方代表签字，作为内租合同签订的依据。

（6）设备内租单价以集团定期发布的内部租赁指导价为准，未包含的设备，由项目部及其所属分公司与材料设备管理公司商定。

（7）设备租赁合同应按集团有关规定流程进行审批，经审批后才能签订，合同中应明确有关安全责任。内租合同审批流程由材料设备管理公司发起。

（8）设备租赁应与具备租赁资质的单位签订租赁合同，严禁与个人签订。

5. 起重设备安装（拆卸）管理

（1）起重设备服务商（安装、拆卸、维修、保养单位）应具有相应的安装（拆卸）资质，安装、拆卸、维修、保养人员应持有主管部门颁发的资格证书。

（2）起重设备安装（拆卸）前，项目部须到当地建设行政主管部门办理安装、拆卸告知手续。

（3）项目部与起重设备安装（拆卸）单位签订的合同中应包括设备维修保养和定期检查等内容。

（4）起重设备安装、拆卸和塔式、门式起重机等设备基础施工，应编制专项施工方案和相应的应急救援预案；安装（拆卸）前，项目部应组织设备基础验收、专项施工方案交底、安全技术交底，并对安装（拆卸）过程进行监督管理。

（5）起重设备安装完成后，项目部应及时报请专业检测机构对设备进行检测；检测合格的，由项目部、租赁单位、安装单位、监理单位共同进行验收。

（6）起重设备安装验收合格后，项目部应及时将验收合格登记牌、检测合格证、安全操作规程、责任人牌、限载牌等统一悬挂在设备明显处。

6. 设备进（退）场管理

（1）项目部根据施工现场的实际需要，有计划地组织施工设备进（退）场。

（2）设备进场前，项目部应做好场内运输、临时堆放、设备安装、配套设施等准备工作。

（3）设备停租，项目部须与租赁单位及时做好退租记录。

（4）设备进（退）场时，项目部应组织相关单位和人员对设备的完好状态、安全性能和环保性能等进行验收，填写“设备进（退）场验收记录表”。

7. 设备管理检查

（1）项目部应建立日常设备管理巡查、定期设备管理检查等制度，明确检查方式、时间、内容、整改（处置）措施和复查等内容。

（2）项目部设备管理检查每周不少于1次，专（兼）职设备管理人员应每天巡查。

（3）设备管理检查应形成书面记录。

（4）对检查中发现的设备安全隐患和问题，应立即落实整改；发现重大安全隐患的，应立即停工整改。

8. 设备租赁费结算与支付

（1）施工过程中，项目部按设备租赁合同约定与设备租赁单位办理租赁费结算，对完成结算审批手续的设备租赁费及时办理付款；设备租赁合同履约完成后，项目部应与设备租赁单位及时办理最终结算并付款。

（2）内租设备租赁费应按月（合同另有约定的除外）进行结算，结算单应统一格式，由材料设备管理公司与项目部双方代表签字确认，报成本合约部审核后，定期提交财务资产部进行支付。

（3）项目部应建立设备成本（机械费）台账，按月对设备租赁费用进行统计、分析。

9.5　施工材料管理

9.5.1　施工材料管理的意义和任务

1. 施工材料管理的意义

施工材料管理是指项目部对施工和生产过程中所需各种材料，进行有计划地组织采购、供应、保管、使用等一系列管理工作的总称。

施工材料以及构件、半成品等构成施工产品的实体。材料费占工程成本达70%左右，用于材料的流动资金占企业流动资金50%～60%。因此，施工材料管理是企业生产经营管理的一个重要环节。搞好材料管理的重要意义在于：

（1）是保证施工生产正常进行的先决条件。

（2）是提高工程质量的重要保障。

（3）是降低工程成本，提高企业的经济效益的重要环节。

（4）可以加速资金周转，减少流动资金占用。

（5）有助于提高劳动生产率。

2. 施工材料管理的任务

施工材料管理的任务主要表现在保证供应和降低费用两个方面。

（1）保证供应。就是要适时、适地，按质、按量、成套齐备地供应材料。适时，是指按规定时间供应材料；适地，是指将材料供应到指定的地点；按质，是指供应的材料必须符合规定的质量标准；按量，是指按规定数量供应材料；成套齐备，是指供应的材料，其品种规格要配套，并要符合工程需要。

（2）降低费用。就是要在保证供应的前提下，努力节约材料费用。通过材料计划、采购、保管和使用的管理，建立和健全材料的采购和运输制度，现场和仓库的保管制度，材料验收、领发以及回收等制度，合理使用和节约材料，科学地确定合理的仓库储存量，加速材料周转，减少损耗，提高材料利用率，降低材料成本。

9.5.2 材料的分类

视频微课

41. 材料的分类

根据材料在地下工程中所起的作用、自然属性和管理方法的不同，可按以下三种方式划分：

1. 按其在地下工程中所起的作用分类

（1）主要材料，指直接用于构造物上能构成工程实体的各项材料。如钢材、水泥、木材、砖瓦、石灰、砂石、油漆、五金、水管、电线等。

（2）结构件，指事先对施工材料进行加工，经安装后能够构成工程实体一部分的各种构件。如屋架、钢门窗、木门窗、柱、梁、板、管片等。

（3）周转材料，指在施工中能反复多次周转使用，而又基本上保持其原有形态的材料，如模板、脚手架等。

（4）机械配件，指修理机械设备需用的各种零件、配件，如曲轴、活塞等。

（5）其他材料，指虽不构成工程实体，但间接地有助于施工生产进行和产品形成的各种材料，如燃料、油料、润滑油料等。

（6）低值易耗品，指工具、设备等固定单位价值不到规定限额，或使用期限不到一年的劳动资料，如小工具、防护用品等。

这种划分便于制定材料消耗定额，从而进行成本控制。

2. 按材料的自然属性分类

（1）金属材料，指黑色金属材料（例如钢筋、型钢、钢脚手架管、铸铁管等）和有色金属材料（例如铜、铝、铅、锌及其半成品等）。

（2）非金属材料，指木材、橡胶、塑料和陶瓷制品等。

这种分类方法便于根据材料的物理、化学性能进行采购、运输和保管。

3. 按材料的价值在工程中所占比重分

地下工程需要的材料种类繁多，但资金占用差异极大。有的材料品种数量少，但用量大，资金占用量也大；有的材料品种很多，但占用资金的比重不大；另一种介于这二种之间。根据企业材料一般占用资金的大小可以把材料分为 A、B、C 三类，见表 9-1。

分类示意表 表 9-1

物资分类	占全部品种百分比(%)	占用资金百分比(%)
A类	10～15	80
B类	20～30	15
C类	60～65	5
合计	100	100

从上表看，C类材料虽然品种繁多，但资金占用却较少，而A类、B类品种虽少，但用量大，占用资金多，把A类及B类材料购买及库存控制好，对资金节约将起关键性的作用。因此材料库存决策和管理应侧重于A类和B两类物资上。

9.5.3 材料的采购、存储、管理

1. 材料订购采购

(1) 订购、采购的原则

材料订购、采购是实现材料供应的首要环节。项目的材料主管部门必须根据工程项目计划的要求，将材料供应计划按品种、规格、型号、数量、质量和时间逐项落实。这一工作习惯上称为组织货源。正确地选择货源，对保证工程项目的材料供应，提高项目的经济效益具有重要的意义。

在材料订购、采购中应做到货比三家、三比一算，即同样材料比质量，同样的质量比价格，同样的价格比运距，最后核算成本。对于临时性购买或一次性的购买来说，主要应考虑供货单位的质量、价格、运费、交货时间和供应方式等方面是否对企业最为有利；对于大宗材料，应尽量采用就近订货、直达订货，尽量减少中转环节。

供货单位落实以后，应签订材料供需合同，以明确双方经济责任。合同的内容应符合《民法典》规定，一般应包括材料名称、品种、规格、数量、质量、计量单位、单价及总价、交货时间、交货地点、供货方式、运输方法、检验方法、付款方式和违约责任等条款。

(2) 订购、采购的方式

材料订货通常有两种方式：

1) 定期订货。它是按事先确定好的订货时间组织订货，每次订货数量等于下次到货并投入使用前所需材料数量，减去现有库存量，其计算公式如下：

每期订货数量=(订货或供货间隔天数+保险储备天数)×平均日消耗量 (9-4)
-实际库存量-已订在途量

2) 定量订货。它是在材料的库存量，由最高储备降到最低储备之前的某一储备量水平时，提出订货的一种订货方式。订货的数量是一定的，一般是批量供给，是一种不定期的订货方式。

订货点储备量的确定有两种情况：

① 在材料消耗和采购期固定不变时，计算公式如下：

订货点储备量=材料采购期×材料平均消耗量+保险储备量 (9-5)

式中，采购期，是指材料备运时间，包括订货到使用前加工准备的时间。

② 在材料消耗和采购期有变化时，计算公式如下：

$$订货点储备量=平均备运时间\times材料平均日消耗量+保险储备量+考虑变动因素增加的储备 \quad (9\text{-}6)$$

2. 材料经济订货量的确定

所谓材料的经济订货量，是指用料企业从自己的经济效果出发，确定材料的最佳订货批量，以使材料的存储费达到最低（图 9-1）。

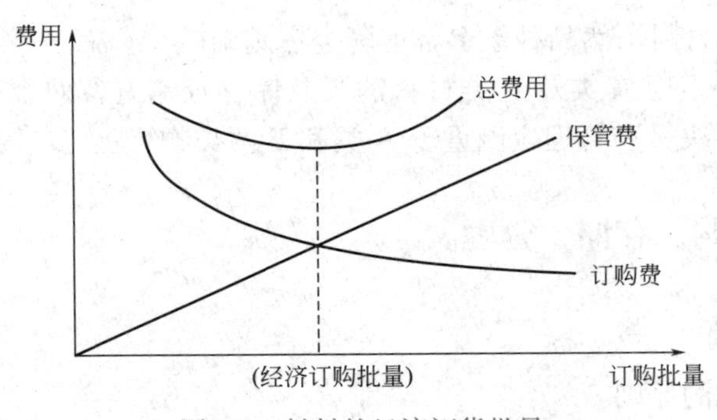

图 9-1 材料的经济订货批量

材料存储总费用主要包括下列两项费用：

（1）订购费。主要是指与材料申请、订货和采购有关的差旅费、管理费等费用。它与材料的订购次数有关，而与订购数量无关。

（2）保管费。主要包括被材料占用资金应付的利息、仓库和运输工具的维修折旧费、物资存储损耗等费用。它主要与订购批量有关，而与订购次数无关。从节约订购费出发，应减少订购次数增加订购批量；从降低保管费出发则应减少订购批量，增加订购次数，因此，应确定一个最佳的订货批量，使得存储总费用最小。经济订购批量的计算公式如下：

$$经济订购批量=\sqrt{2\times DS/C} \quad (9\text{-}7)$$

式中，D——商品年需求量；

S——每次订货成本；

C——单位商品年保管费用，材料单价×单位材料年保管费率。

【例 9-1】 某施工企业对某种物资的年需用量为 80t，订购费每次为 5 元，单位物资的年保管费为 0.5 元，则经济订购批量$=\sqrt{2\times5\times80/0.5}=40$t，采用经济批量法确定材料订购量，要求企业能自行确定采购量和采购时间。

3. 材料的存储

施工材料在施工过程中是逐渐消耗的，而各种材料又是间断的，分批进场的，为保证施工的连续性，施工现场必须有一定合理的材料储备量，这个合理储备量就是材料中的储备定额。

材料储备应考虑经常储备、保险储备和季节性储备等。

（1）经常储备，是指在正常的情况下，为保证施工生产正常进行所需要的合理储备量，这种储备是不断变化的。

（2）保险储备，是指企业为预防材料未能按正常的进料时间到达或进料不符合要求等情况下，为保证施工生产顺利进行而必须储备的材料数量。这种储备在正常情况下是不动用的，它固定地占用一笔流动资金。

（3）季节储备，是指某种材料受自然条件的影响，使材料供应具有季节性限制而必须储备的数量。如地方材料等，对于这类材料储备，必须在供应发生困难前及早准备好，以便在供应中断季节内仍能保证施工生产的正常需要。

材料的储备由于受到施工现场场地的限制、流动资金的限制、市场供应的限制、自然条件的限制和材质本身的要求等诸多不确定的因素，很难精确计算材料的储备量。总而言之，要能够适时、适地、按质、按量、经济地配套供应施工材料。

4. 仓库管理

对仓库管理工作的基本要求是：保管好材料，面向生产第一线，主动配合完成施工任务，积极处理和利用库存闲置材料和废旧材料。

仓库管理的基本内容包括：

（1）按合同规定的品种、数量、质量要求验收材料。

（2）按材料的性能和特点，合理存放，妥善保管，防止材料变质和损耗。

（3）组织材料发放和供应。

（4）组织材料回收和修旧利废。

（5）定期清仓，做到账、卡、物三相符。做好各种材料的收、发、存记录，掌握材料使用动态和库存动态。

5. 现场材料管理

现场材料管理是对工程施工期间及其前后的全部料具管理。包括施工前的料具准备；施工过程中的组织供应，现场堆放管理和耗用监督，竣工后组织清理、回收、盘点、核算等内容。不同阶段的现场材料管理内容包括如下方面。

（1）施工准备阶段的材料管理工作

1）编好工料预算，提出材料的需用计划及构件加工计划。

2）安排好材料堆场和临时仓库设施。

3）组织材料分批进场。

4）做好材料的加工准备工作。

（2）施工过程中的现场材料管理工作

1）严格按限额领料单发料。

2）坚持中间分析和检查。

3）组织余料回收，修旧利废。

4）经常组织现场清理。

（3）工程竣工阶段的材料管理工作

1）清理现场，回收、整理余料，做到工完场清。

2）在工料分析的基础上，按单位工程核算材料消耗，总结经验。

9.5.4　材料管理策划

工程中标后，项目部应根据工程承包合同、施工组织设计、工程进度计划等进行项目材料管理策划，明确材料管理总体目标。

1. 材料预算分析

（1）项目部在工程开工前期准备工作中，根据合同清单、预算定额编制对应的材料总用量预算并上报集团工程管理部。

（2）项目部在0号清单（经复核的工程量清单）完成后，根据0号清单、配合比编制对应的材料总用量预算并上报集团工程管理部。

2. 材料计划管理

（1）项目部应根据施工图纸、施工工艺、施工组织设计、材料总量预算、生产进度计划等，编制项目材料采购总需求计划，报集团（二级单位）材料管理部门。

（2）项目部根据材料需求总计划、施工进度计划编制月度材料需求计划，经项目经理批准后，报集团（二级单位）材料管理部门。甲供材料的需求计划，项目部应按照工程承包合同约定的程序、途径和期限报甲方有关部门确认。

（3）项目部应根据工程承包合同、质量要求等，制定甲方提供材料、专业分包单位材料的管理措施。

（4）材料需求计划在项目实施过程中发生变化，应及时调整、报批。

（5）项目部应按照施工总平面布置做好现场道路交通、储存加工、堆放场地等准备工作。

3. 材料供应商选择

（1）集团应对材料供应商的管理水平、社会信誉和履约能力等进行综合评价、筛选，建立“材料合格供应商名录”。

（2）项目不得使用未列入集团“材料合格供应商名录”、被列入集团“材料供应商黑名单名录”的材料供应商。不在集团合格供应商名录内的材料供应商，项目部应填写供应商评价表，分级评价后方能与其签订合同。

（3）材料供应商申请进入合格供应商名录时，项目部应配合二级单位填写供应商评价表报集团工程部并提交相关资料，工程部审核后方可加入名录。

（4）合格供应商名录内的供应商，出现质量、服务、售后、资信等不符合合格供应商标准的问题时，由项目部发起申请，经二级单位、集团职能部门审核同意后列入黑名单。

（5）集团（分公司）应按相关规定及时组织材料供应招标工作，按照“合理低价、优质优价”的原则确定中标单位，发出中标通知书、签订材料供应合同。集团纪检部门全过程监督。

（6）集团（二级单位）材料管理部门根据批准的项目材料需求计划，通过招标、询比价的方式选定材料供应商，编制并及时更新“项目材料采购（租赁）管理表”。

4. 材料供应合同管理

（1）材料供应合同应按集团合同示范文本起草，报集团（或二级单位）批准后正式签订。

（2）材料供应合同签订后，项目部应同时与材料供应单位签订安全生产管理目标责任书、廉政风险责任书等。

（3）材料供应合同签订后，集团（二级单位）合同管理部门应及时对项目部相关人员进行合同交底。

5. 材料采购管理

（1）材料采购达到集团招标规定的必须进行招标，达到招标规定的而不招标的需说明理由；采购方式由招标变为询比价的需走不招标申请审批。

（2）材料采购审批实行分级审批的方式。采购金额在200万元（含）以上的集团负责审批；采购金额在10万元（含）以上至200万元以下的由二级单位负责审批；采购金额在10万元以下的由项目负责审批。

9.5.5 材料日常管理

1. 一般规定

（1）项目部应建立健全材料管理体系，配备专职材料管理人员。

（2）项目部材料员负责项目材料的收、发、存管理，建立材料管理台账，编制完成“材料收发存月报表”，每月月底前递交至项目核算员、项目财务人员，并根据集团管理制度报集团（二级单位）工程管理、成本合约、财务资产等相关部门。

（3）项目部材料管理部门应开展经常性的材料管理检查，每月编制“项目管理月度报告（材料）”。

2. 材料入库管理

（1）项目部材料管理部门应根据材料需求计划，分批安排材料进场并组织验收，落实有关人员和提前安排进场道路交通、堆料场地、装卸设备等。

（2）材料进场时须经项目部材料员、质检员（试验员）验收合格后方可入库。验收时需提供材料采购合同、供货清单及质量证明书等有关资料凭证，并进行外观、过磅、检尺、点数交验，核对材料的名称、规格、品牌、数量、质量是否相符，如需检测试验的材料要按规定标准进行检测试验，验收合格后在材料验收入库单上签字确认。

（3）材料验收原则上在项目现场进行。需在货源地进行验证的，材料供应合同中应明确验证方法。

（4）项目质检（试验）部门必要时要对进场后的材料进行抽检，发现不符合质量要求的，应立即停止进料并逐级上报，各级相关部门需查明原因，分清责任，及时处理。

3. 材料出库管理

（1）材料领料实行限额领用制度，应遵循先进先出的原则，仓库保管员应及时填写“材料领用出库单”，注明用料班组，材料的名称、规格、数量及领用日期，领用人（经班组授权）应签字确认。

（2）材料领出后，班组负责保管和使用，材料管理部门必须按照保管和使用要求对班组进行监督。

4. 材料储存与保管

（1）项目部应按施工总平面布置以及材料储存、道路运输、使用加工、吊装等要求，合理安排材料储存位置和设施，确保材料安全和质量完好。

（2）所有材料应按计划进场，按材料性能、形态分类等合理堆码、分类存放，保持场区（料仓）材料规格不串、材质不混、整齐规范、便于使用。

（3）易燃易爆、有毒有害、腐蚀性材料等应单独隔离存放，设置安全警示牌并采取有效的防护、隔离等预防措施。

（4）已进场验收合格的材料应建立进出库台账，正确标识、定期盘点，防止库损或变质。项目部每月25日进行一次盘点，对A、B类材料（大宗材料、主要地方材料）采用实物盘点并列出明细；C类材料采用账面盘点可不列出明细，编制完成“材料库存盘点表”，报集团（二级单位）工程管理、财务资产等相关部门。

5. 材料使用与控制

（1）集团（二级单位）应制定主要材料现场损耗控制标准和其他材料费用控制标准。

（2）项目部对材料使用实行限额（量）领用制度，严格控制材料用量。

（3）库外储存材料，在办理材料进场验收手续的同时将材料移交给分包单位、作业班组，办理领料手续。

（4）项目部材料管理人员应掌握各种材料的保质期限，按“先进先出”的原则发放、使用。

6. 剩余物资管理

（1）项目完工后，由项目所在二级单位组织项目部有关人员对项目部剩余物资进行盘点，并编制工程项目剩余物资明细表，对盘点盈亏情况做出说明。

（2）剩余物资如需调拨移交其他项目部使用的，由二级单位及时组织有关项目部办理调拨移交手续。

（3）对于低值易耗没有保存价值、已过有效期或由于不可抗力等因素造成的非正常毁损的剩余物资，可作报废处理。拟报废的剩余物资由项目所在二级单位组织项目部有关人员进行鉴定和评估，建立剩余物资处置台账并留存相关单据及照片以便备查。

7. 周转材料管理

（1）项目部根据施工进度计划编制周转材料需求计划，集团（二级单位）材料设备管理部门组织供应，编制完成“项目周转材料管理表”，每月月底前递交至项目核算员、项目财务人员，并根据集团管理制度报集团（二级单位）材设管理、成本合约、财务资产等相关部门。

（2）周转材料应符合国家标准和质量要求，进场后应及时进行验收、检验或技术验证，检验合格后方能办理验收确认手续。

（3）项目部应建立健全周转材料的收、发、存、领、用、退等手续，确保周转材料按时、按量收回。

（4）项目部应建立周转材料台账，定期对周转材料进行盘点，保证账、物相符。

8. 甲供材料管理

（1）项目部应按工程承包合同约定做好甲供材料质量、样品、价格等签证确认手续。

（2）项目部应根据施工进度计划编制甲供材料需求计划，按工程承包合同约定及时组织材料进场。

(3) 项目部对甲供材料应定期清理，按工程承包合同约定对账，办理相应的结算手续。

(4) 项目部应跟踪、掌握甲供材料需求计划的落实情况。因甲供材料供应影响施工进度的应及时办理签证。

9. 考核管理

(1) 项目部对材料供应商每月进行月度考核评价、材料供应工作内容完成后进行完工考核评价，将考核结果报送集团（分公司）工程管理部，作为年度考核依据。

(2) 集团招标采购中心组织对材料供应商进行每半年度复评价考核。

(3) 材料供应商结算时，项目部应根据考核结果和材料供应合同约定进行奖罚。

10. 材料分包结算与支付

(1) 施工过程中，项目部按材料供应合同约定与材料供应商办理材料款结算；材料供应工作内容完成后，项目部与材料供应商办理最终结算。

(2) 项目部应建立材料成本（材料费）台账，按月对材料采购、租赁费用进行统计、分析，编制完成“项目材料结算管理表”，每月月底前提交至项目核算员、项目财务人员，并根据集团管理制度报集团（二级单位）工程管理、成本合约、财务资产等相关部门。

(3) 材料供应商应按材料供应合同约定，向项目部提出结算申请并提供相应的结算资料；项目部审核后，将结算资料报送集团（二级单位）成本合约部门审定。

(4) 对结算审批手续完成的材料供应商，企业按材料供应合同约定付款。

9.6　工程项目资金管理

9.6.1　工程项目资金管理概述

1. 工程项目资金管理的概念

施工项目资金，是指用于完成合同约定的工程范围、质量标准、工期并承担其质量缺陷责任所需要的资源总和的货币表现。

工程项目资金管理，是指施工项目经理部根据工程项目施工过程中资金运动的规律，进行资金收支预测、编制资金计划、筹集资金、资金使用（支出）、资金核算与分析等一系列的资金管理活动。它是项目资源管理的重要内容，是实现项目管理目标的重要保障。

2. 工程项目资金管理的目的

建筑工程项目资金管理的目的是保证工程项目收入，节约控制支出，防范风险和保证经济效益。

9.6.2　项目资金管理计划

1. 项目资金流动计划

项目资金流动，是指项目资金的收入与支出。项目资金流动计划包括资金支出计划、工程款收入计划和现金流量计划。

项目经理主持此项工作，由有关部门分别编制，财务部门汇总。

(1) 资金支出计划

承包商工程项目的支出计划包括人工费支付计划、材料费支付计划、机械工器具费支付计划、分包工程款支付计划、其他直接费和间接费的支付、自有资金投入后利息的损失或投入有偿资金后利息的支付等。

(2) 工程款收入计划

承包商工程款收入与两个因素相关联。其一是工程进度，其二是合同确定的付款方式。工程款收入一般包括工程预付款、工程进度款、工程竣工结算款以及各种奖金（提前工期奖、优化方案奖、创优奖等）。

1）工程预付款收入计划。工程预付款（备料款、准备金）是合同中约定的业主预先支付一笔款项，让承包商做施工准备。这笔款在开工后工程进度款中按比例扣回。预付款收入计划应按合同相关条款确定。

2）工程进度款收入计划。根据施工组织设计中的进度计划，结合投标报价或施工图预算确定每个结算期应收的工程款项。

3）工程竣工结算款收入计划。一般情况下，合同中规定当总的进度款达到工程价款70%～80%时，待竣工验收后，预留质量保证金，其余一次结清。竣工结算款收入计划应依据进度款收入计划确定。

4）方案奖、创优奖等。中标后在合同专用条款中要约定奖金的额度及支付方式，方能确定奖金收入计划。

(3) 现金流量计划

在工程款支付计划和收入计划的基础上，可以得到工程的现金流量。将每月累计支付和收入绘成现金量分析图条曲线所围成的区域即为项目施工的资金缺口，其最大纵距就是所需筹集资金的最高额。现金流量计划依据现金流量曲线确定。

2. 财务用款计划

项目管理中的财务用款计划由项目管理组织各部门提出，其内容包括支出内容、计划金额、审批金额。例如某公司项目部门用款计划表，见表9-2。

用款计划表　　表9-2

用款部门：　　单位元：

支出内容	计划金额	审批金额	备注
合计			

项目经理签字：　　用款部门负责人签字：

3. 年、季、月度资金管理计划

项目经理部应编制年、季、月度资金收支计划，如与外商合作则要编制周、日的资金收支计划，并上报主管部门审批。

（1）年度资金收支计划，预测年内可能获得的资金收入，要根据施工方案，安排人、材、机等资金的阶段性投入。编制年度资金计划，预测工程款到位的可能情况，测算筹集资金的额度，安排资金分期支付，平衡资金，确立年度资金管理工作总体安排。

（2）季度资金收支计划编制的落实与调整，要结合生产计划的变化，安排好季、月度资金收支。特别是月度资金收支计划，坚持“以收定支、量入为出”的原则。由项目经理主持召开计划平衡会，根据现金流量，确定每个部门（或以项目为单位）的用款数，确定资金收支计划，由公司审批后，项目经理以此作为执行依据，组织实施。

9.6.3 工程项目资金使用管理

1. 收入与支出管理

（1）保证资金收入

生产的正常进行需要一定的资金保障，项目部的资金来源包括公司拨付的资金、向发包人收取的预付款和工程款，以及通过公司获得的银行贷款。对工程项目而言，收取预付款和工程款是资金的主要来源。收款工作包括如下内容：

1）新开工项目按合同收取预付款或开办费。

2）根据月度结算编制“工程进度款结算单”或“中期付款单”，于规定日期报送监理工程师审批结算。如发包人不能如期拨付工程款且超过合同支付最后期限，应根据合同条款进行计息索赔。

3）根据工程变更记录和证明发包人违约的资料，及时计算索赔金额，并列入工程结算中。

4）原合同中发包人采购材料和设备的工程项目，如发包人委托承包人采购，则承包人应收取订货的采购及保管费用。

5）在招标时如果材料与设备实行暂估价格时，施工时实际发生的材料与设备的价差应按合同约定计算，并与工程款一起收取。

6）工期奖、质量奖、技术措施费、不可预见费及索赔款，应根据合同规定，与工程进度款同时收取。

7）工程尾款应根据发包人确认的工程结算金额，于保修期结束后，及时回收。

（2）控制资金支出

施工生产直接或间接的生产费用投入需消耗大量的资金。应加强资金支出的计划，控制各种工、料、机投入要按消耗量定额，管理费用开支要有标准。精心计划、开源节流，组织好工程款的回收，控制好生产费用支出，才能保证生产继续进行。

2. 资金使用的管理

建立、健全项目资金管理责任制，明确项目资金的使用管理由项目经理负责。项目经理部财务人员负责协调日常组织工作，做到归口管理、业务交接对口，明确项目预算员、计划统计员、核算员、材料员等职能人员的资金管理职责。

（1）资金使用的原则

项目资金使用原则应本着“促进生产、节约投入、量入为出”的原则。本着国家、企业、个人三者利益兼顾的原则，优先考虑国家的税金和各项管理费。按照《中华人民共和国劳动法》的规定，保证工人工资按时发放；按照劳务分包合同，保证外包劳务费按合同规定结算和支付；按分包合同支付分包工程款；按材料采购合同支付货款。

（2）节约资金的办法

在施工计划安排、施工组织设计、施工方案选择方面，要采用先进的施工技术提高效率、保证质量、降低消耗，努力做到减少资金投入创造较大经济效益。

（3）资金管理的方法

项目经理部要核定人力、材料、机械机具资金占用额，材料费占用资金比例较大，对主要材料、周转性材料要核定其资金占用额。

根据生产进度，随时做好分部分项工程和整个工程的预算结算，及时回收工程款，减少应收账款占用。抓好月度报量及结算，减少未完工程占用资金。

（4）项目资金的使用

项目经理按资金的使用计划控制使用资金；各项支出的有关发票和结算验收单据，由用款部门领导签字，并经审批人签字后，方可向财务报账。

按会计制度建立财务台账和项目经理部财务台账，记录资金支出情况。项目经理部财务台账，作为会计核算的补充记录，应按债权债务的类别，定期与项目经理部台账核对，做到账账相符，要与仓库保管员的收、发、存实物账相符及其他业务结算账核对，做到账实相符。

3. 资金风险管理

项目经理部应注意发包方资金到位情况，合同签约前，对合同付款方式、材料供应方式等条款进行详细约定，在发包方资金不足的情况下，应尽量要求发包方供应部分材料，以减少承包方资金占用额。同时注意发包方的资金动态，在已经发生垫资的情况下，要适时掌握施工进度，如果发生垫资超过原计划控制幅度的情况，要考虑调整施工方案，甚至暂缓施工，并积极与发包方协调，保证回收资金。

本单元通过系统地对施工机具管理、施工材料管理、人力资源管理进行分析研究，通过学习后能对施工资源管理的有关问题有比较详细的理解和掌握。

思考及练习

一、单选题

1. 大型设备要进行（　　）级保养，修复和更换磨损的零件。

A. 一　　B. 二　　C. 三　　D. 四

2. 某企业一项目某施工材料占用资金约15%左右，则该类材料属于（　　）类。

A. A　　B. B　　C. C　　D. D

3. 某企业对某种物资的年需用量为100t，订购费每次为8元，单位物资的年保管费为1元，则经济订购批量（　　）t。

A. 10　　B. 20　　C. 30　　D. 40

4. 材料采购审批实行分级审批的方式。一般采购金额在（　　）万元（含）以上的集团负责审批；采购金额在（　　）万元（含）以上至（　　）万元以下的由二级单位负责审批；采购金额在（　　）万元以下的由项目负责审批。

A. 100，10，100，10　　B. 200，10，200，10

C. 200，50，200，50　　D. 100，5，100，5

5. 在施工人员管理流程中，属于集团层级的行为是（　　）。

A. 劳务招标计划　　B. 劳务管理

C. 确定分包商　　D. 劳务考核评价

二、多选题

1. 以下属于地下工程施工机械的有（　　）。

A. 凿岩机　　B. 医疗设备

C. 混凝土机械　　D. 印刷设备

E. 科学试验设备

2. 施工机具的选择原则为（　　）。

A. 技术安全可靠　　B. 费用最高

C. 费用最低　　D. 费用居中

E. 质量最好

3. 材料库存决策和管理应侧重于（　　）类物资上。

A. A　　B. B

C. C　　D. D

E. E

4. 集团招标采购中心应按相关规定及时组织劳务分包招标工作，按照（　　）的原则确定中标单位。

A. 合理低价　　B. 合理高价
C. 优质高价　　D. 优质优价
E. 合理优质

三、简答题

1. 请简述施工机具保养的有关规定。
2. 请简述职工培训的形式和要求。
3. 请简述材料订购、采购的原则。
4. 对于地下工程而言，施工机具的选择方式有哪些？
5. 材料在工程中所起的作用分类，可分为哪几种？

教学单元 10　地下工程项目信息管理

教学目标

1. 知识目标：了解地下工程项目信息管理概念、目的和任务，熟悉地下工程项目信息的分类、编码和处理方法，掌握 BIM 技术在地下工程项目管理中的应用。

2. 能力目标：能够应用 BIM 技术参与地下工程项目信息管理的能力。

3. 素质目标：通过学生自主探究中国地下工程建设项目现代化管理手段的迅速发展，激发学生爱国敬业的情怀，具备基本科学素养和求实精神；坚定学生的"四个自信"与技能报国的信念。

思政映射点：科学素养、匠心追梦

实现方式：课堂讲解；课外阅读

参考案例：中国建设项目现代化管理手段的发展典型案例

思维导图

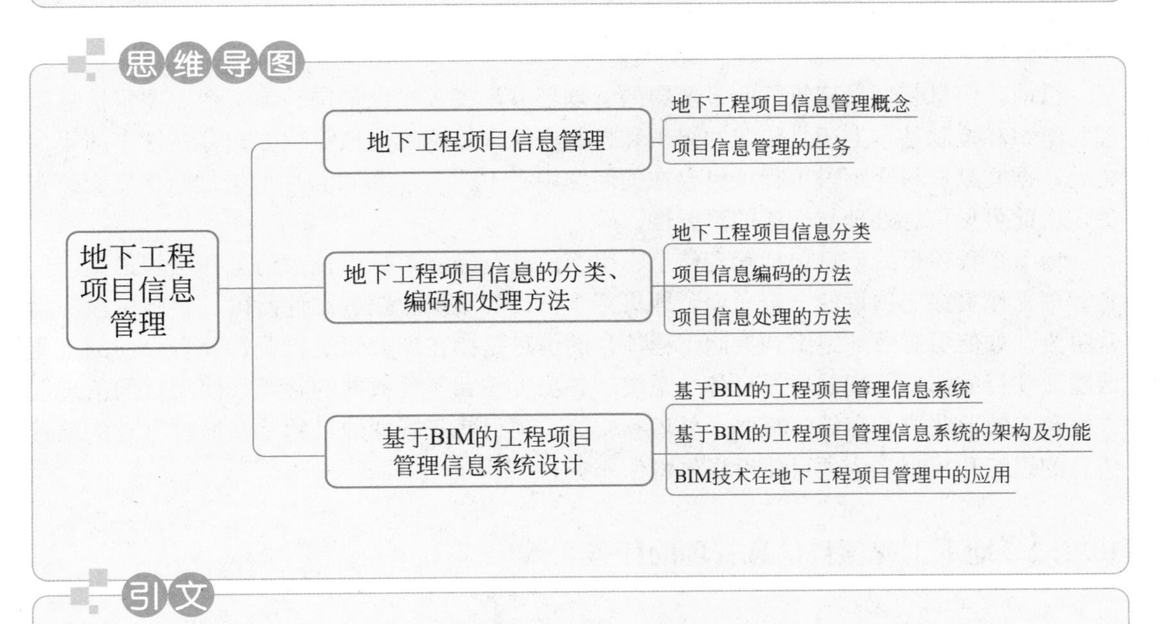

引文

我国从工业发达国家引进项目管理的概念、理论、组织、方法和手段，历时 30 余年，在工程实践中取得了不少成绩。但是，至今多数业主方和施工方的信息管理水平还相当落后，其落后表现在尚未正确理解信息管理的内涵和意义以及现行的信息管理的组织、方法和手段基本还停留在传统的方式和模式上。应指出，我国在地下工程项目管理中当前最薄弱的工作领域是信息管理。

10.1 地下工程项目信息管理

应用信息技术提高建筑业生产效率以及应用信息技术提升建筑业行业管理和项目管理的水平和能力，是21世纪建筑业发展的重要课题。发展迅速的地下工程项目信息化程度一直低于其他行业，基本上还沿用传统的方法和模式。因此，我国地下工程项目信息化管理任重而道远。

10.1.1 地下工程项目信息管理概念

视频微课

43. 地下工程项目信息管理概念

信息管理指的是信息传输合理的组织和控制。项目的信息管理是通过对各个系统各项工作和各种数据的管理，使项目的信息能方便和有效地获取、存储、存档、处理和交流。

地下工程项目的信息管理，是指在工程实施中对项目信息进行组织和控制，合理的组织和控制工程信息的传输，能够有效地获取、存储、处理和交流工程项目信息，这对工程项目的实施和管理有着重要的意义。目前，信息管理是建筑行业最薄弱的管理环节，多数建设单位和施工企业项目信息管理的组织和控制基本上还是传统的组织和控制方式，传统的信息管理方式存在许多的不足之处，据文献资料介绍，工程项目存在的问题中有10%以上项目费用的增加与信息交流有关，由此可见信息处理与交流的重要性。

地下工程项目的信息包括管理信息、组织信息、经济信息、技术信息和法规信息，信息管理工作贯穿于项目的全寿命期，即贯穿于项目的决策阶段、设计阶段、实施阶段和运营阶段。如何更有效地组织和控制工程项目的信息是摆在广大建筑行业管理者面前的重要课题。项目的信息管理是通过对各个系统、各项工作和各种数据的管理，使项目的信息能方便和有效地获取、存储、存档、处理和交流。项目信息管理的目的旨在通过有效的项目信息的组织和控制来为项目建设提供增值服务。

10.1.2 地下工程项目信息管理的任务

1. 信息管理手册

业主方和项目参与各方都有各自的信息管理任务，为充分利用和发挥信息资源的价值，提高信息管理的效率以及实现有序的和科学的信息管理，各方都应编制各自的信息管理手册，以规范信息管理工作。信息管理手册描述和定义信息管理做什么、谁做、什么时候做和其工作成果是什么等，它的主要内容包括：

(1) 信息管理的任务（信息管理任务目录）。

(2) 信息管理的任务分工表和管理职能分工表。

(3) 信息的分类。

（4）信息的编码体系和编码。

（5）信息输入输出模型。

（6）各项信息管理工作的工作流程图。

（7）信息流程图。

（8）信息处理的工作平台及其使用规定。

（9）各种报表和报告的格式，以及报告周期。

（10）项目进展月度报告、季度报告、年度报告和工程总报告的内容及其编制。

（11）工程档案管理制度。

（12）信息管理的保密制度等。

2. 信息管理部门的工作任务

项目管理班子中各个工作部门的管理工作都与信息处理有关，而信息管理部门的主要工作任务是：

（1）负责编制信息管理手册，在项目实施过程中进行信息管理手册的必要修改和补充，并检查和督促其执行。

（2）负责协调和组织项目管理班子中各个工作部门的信息处理工作。

（3）负责信息处理工作平台的建立和运行维护。

（4）与其他工作部门协同组织收集信息、处理信息和形成各种反映项目进展和项目目标控制的报表和报告。

（5）负责工程档案管理等。

在国际上，许多地下工程项目都专门设立信息管理部门（或称为信息中心），以确保信息管理工作的顺利进行；也有一些大型地下工程项目专门委托咨询公司从事项目信息动态跟踪和分析，以信息流指导物质流，从宏观上对项目的实施进行控制。

3. 信息管理工作流程

各项信息管理任务的工作流程，如：

（1）信息管理手册编制和修订的工作流程。

（2）为形成各类报表和报告，收集信息、录入信息、审核信息、加工信息、信息传输和发布的工作流程。

（3）工程档案管理的工作流程等。

4. 应重视基于互联网的信息处理平台

由于地下工程项目大量数据处理的需要，在当今的时代应重视利用信息技术的手段进行信息管理。其核心的手段是基于互联网的信息处理平台。

10.2　地下工程项目信息的分类、编码和处理方法

10.2.1　地下工程项目信息分类

地下工程项目有各种信息，如图10-1所示。

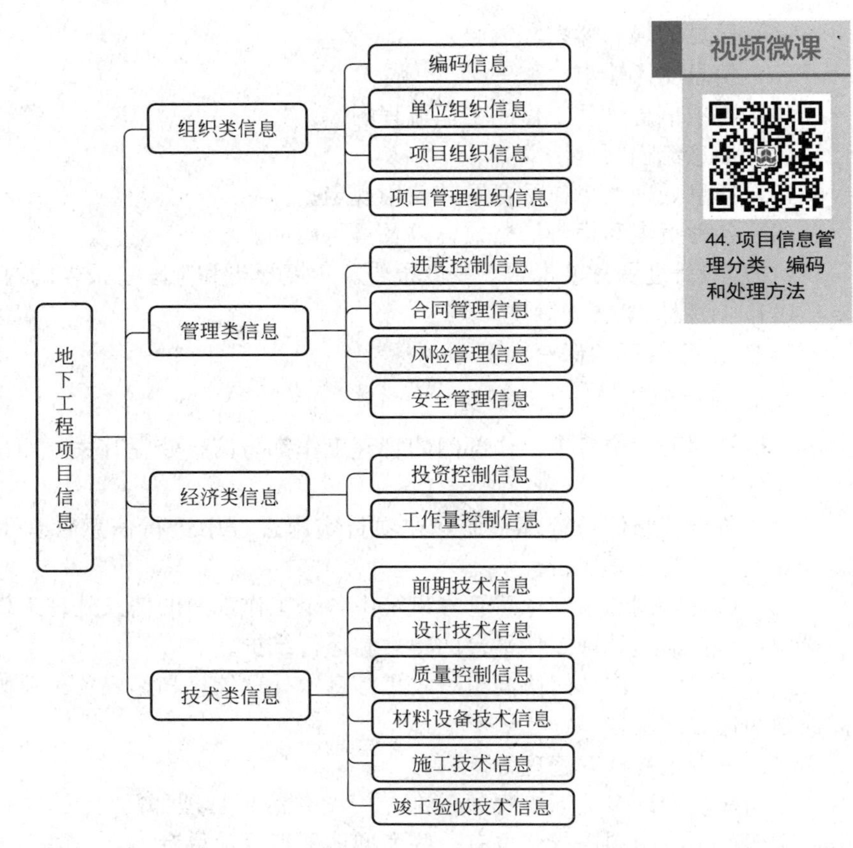

图 10-1 地下工程建设项目的信息

业主方和项目参与各方可根据各自项目管理的需求确定其信息的分类，但为了信息交流的方便和实现部分信息共享，应尽可能作一些统一分类的规定，如项目的分解结构应统一。

可以从不同的角度对地下工程项目的信息进行分类，如：

(1) 按项目管理工作的对象，即按项目的分解结构，如子项目 1、子项目 2 等进行信息分类。

(2) 按项目实施的工作过程，如设计准备、设计、招标投标和施工过程等进行信息分类。

(3) 按项目管理工作的任务，如投资控制、进度控制、质量控制等进行信息分类。

(4) 按信息的内容属性，如组织类信息、管理类信息、经济类信息、技术类信息和法规类信息。

为满足项目管理工作的要求，往往需要对地下工程项目信息进行综合分类，即按多维进行分类，如：

1) 第一维：按项目的分解结构。

2) 第二维：按项目实施的工作过程。

3) 第三维：按项目管理工作的任务。

10.2.2　项目信息编码的方法

1. 编码的内涵

编码由一系列符号（如文字）和数字组成，编码是信息处理的一项重要的基础工作。

2. 服务于各种用途的信息编码

一个地下工程项目有不同类型和不同用途的信息，为了有组织地存储信息、方便信息的检索和信息的加工整理，必须对项目的信息进行编码。

（1）项目的结构编码，依据项目结构图对项目结构每一层的每一个组成部分进行编码。

（2）项目管理组织结构编码，依据项目管理组织结构图，对每一个工作部门进行编码。

（3）项目的政府主管部门和各参与单位编码（组织编码），包括：

1）政府主管部门。

2）业主方的上级单位或部门。

3）金融机构。

4）工程咨询单位。

5）设计单位。

6）施工单位。

7）物资供应单位。

8）物业管理单位等。

（4）项目实施的工作项编码（项目实施的工作过程的编码）应覆盖项目实施的工作任务目录的全部内容，包括：

1）设计准备阶段的工作项。

2）设计阶段的工作项。

3）招标投标工作项。

4）施工和设备安装工作项。

5）项目动工前的准备工作项等。

（5）项目的投资项编码（业主方）/成本项编码（施工方），它并不是概预算定额确定的分部分项工程的编码，它应综合考虑概算、预算、标底、合同价和工程款的支付等因素，建立统一的编码，以服务于项目投资目标的动态控制。

（6）项目的进度项（进度计划的工作项）编码，应综合考虑不同层次、不同深度和不同用途的进度计划工作项的需要，建立统一的编码，服务于项目进度目标的动态控制。

（7）项目进度报告和各类报表编码，项目进度报告和各类报表编码应包括项目管理形成各种报告和报表的编码。

（8）合同编码，应参考项目的合同结构和合同的分类，应反映合同的类型、相应的项目结构和合同签订的时间等特征。

（9）函件编码，应反映发函者、收函者、函件内容所涉及的分类和时间等，以便函件的查询和整理

（10）工程档案编码，应根据有关工程档案的规定、项目的特点和项目实施单位的需求等而建立。

以上这些编码是因不同的用途而编制的，如投资项编码（业主方）、成本项编码（施工方）、服务于投资控制工作、成本控制工作；进度项编码服务于进度控制工作。但是有些编码并不是针对某一项管理工作而编制的，如投资、成本控制、进度控制、质量控制。合同管理、编制项目进展报告等都要使用项目的结构编码，因此就需要进行编码的组合。

10.2.3 项目信息处理的方法

当今的时代，信息处理已逐步向电子化和数字化的方向发展，应采取措施，使信息处理由传统的方式向基于网络的信息处理平台方向发展。以充分发挥信息资源的价值，以及信息对项目目标控制的作用。

基于网络的信息处理平台由一系列硬件和软件构成：

（1）数据处理设备，包括计算机、打印机、扫描仪、绘图仪等。

（2）数据通信网络，包括形成网络的有关硬件设备和相应的软件。

（3）软件系统，包括操作系统和服务于信息处理的应用软件等。

数据通信网络主要有如下三种类型：

1）局域网（LAN——由与各网点连接的网线构成网络，各网点对应于装备有实际网络接口的用户工作站）。

2）城域网（MAN——在大城市范围内两个或多个网络的互联）。

3）广域网（WAN——在数据通信中，用来连接分散在广阔地域内的大量终端和计算机的一种多态网络）。

互联网是目前最大的全球性的网络，它连接了覆盖100多个国家的各种网络，如商业性的网络（.com或.co）、大学网络（.ac或.edu）、研究网络（.org或.net）和军事网络（.mil）等，并通过网络连接数以千万台的计算机，以实现连接互联网的计算机之间的数据通信。互联网由若干个学会、委员会和集团负责维护和运行管理。

地下工程项目的业主方和项目参与各方往往分散在不同的地点，或不同的城市，或不同的国家，因此其信息处理应考虑充分利用远程数据通信的方式，如：通过电子邮件收集信息和发布信息；通过基于互联网的项目专用网站（PSWS——Project Specific Website）实现业主方内部、业主方和项目参与各方，以及项目参与各方之间的信息交流、协同工作和文档管理；或通过基于互联网的项目信息门户（PIP——Project Information Portal）；ASP（Active Server Page）模式为众多项目服务的公用信息平台实现业主方内部、业主方和项目参与各方，以及项目参与各方之间的信息交流、协同工作和文档管理。召开网络会议；基于互联网的远程教育与培训等。

10.3　基于BIM的工程项目管理信息系统设计

10.3.1　基于BIM的工程项目管理信息系统

45. 基于BIM的工程项目管理信息系统

在现代信息技术的影响下，现代地下工程建设项目管理已经转变为对项目信息的管理。传统的信息沟通方式已远远不能满足现代大型工程项目建设的需要，实践中许许多多的索赔与争议事件归根结底都是由于信息错误传达或不完备造成的。如何为工程项目的建设营造一个集成化的沟通和相互协调的环境，并提高工程项目的建设效益，已成为国内外工程管理领域的一个非常重要而迫切的研究课题。

近年来，作为建筑信息技术新的发展方向，BIM从一个理想概念成长为如今的应用工具，给整个建筑行业带来了多方面的机遇与挑战。

1. 建筑信息模型

建筑信息模型（BIM），是指在开放的工业标准下设施的物理和功能特征，及其相关项目生命周期信息的可计算或可运算的表现形式。BIM以三维数字技术为基础，通过一个共同的标准，目前主要是IFC，集成了地下工程项目各种相关信息的工程数据模型。作为一项新的计算机软件技术，BIM从CAD扩展到了更多的软件程序领域，如工程造价、进度安排，进而蕴藏着服务于设备管理等方面的潜能。BIM给建筑行业的软件应用增添了更多的智能工具，实现了更多的智能工序。设计师通过运用新式工具，改变了以往方案设计的思维方式；承建方由于得到新型的图纸信息，改变了传统的操作流程；管理者则因使用统筹信息的新技术，改变其工作日程、人事安排等一系列任务的分配方法。

在实际应用上，BIM参与者提高决策效率和正确性。比如，建筑设计可以从三维来考虑推敲建筑内外的方案；施工单位可取混凝土类型、配筋等信息，进行水泥等材料的备料及下料；物业单位则可以用其进行可视化业物业管理。基于BIM项目系统能够在网络环境中保持信息即时更新，并能够提供增加、变更、删除等操作，使建筑师、工程师、施工人员、业主、最终用户等所有项目系统相关用户可以清楚全面地了解项目此时的状态。这些信息促使加快决策进度、提高决策质量、降低项目成本。

2. 基于BIM的工程项目管理信息系统的优势分析

由于工程管理涉及的单位和部门众多，传统的地下工程项目管理信息系统信息输入只能停留在本部门或者单体工程的界面，常常出现滞后现象，难以进行及时整体工程的相互传输，阻碍了整个工程的信息汇总，必然形成信息孤岛现象。基于BIM构建的工程项目管理信息系统除了具有传统管理信息系统的特征优势外，还能满足以下要求。

（1）集成管理要求

随着工程总承包模式的不断推广和运用，人们越来越强调项目的集成化管理，同时对管理信息系统的要求也越来越高。如将项目的目标设计、可行性研究、决策、设计和计划、供应、实施控制、运行管理等综合起来，形成一体化的管理过程；将项目管理的各种职能，如成本管理、进度管理、质量管理、合同管理、信息管理等综合起来，形成一个有机的整体。

（2）全寿命周期管理要求

全寿命管理理念就是要求工程项目的建设和管理要在考虑工程项目全寿命过程的平台上进行，在工程项目全寿命期内综合考虑工程项目建设的各种问题，使得工程项目的总体目标达到最优。反映在管理信息系统建设上，就是说管理信息系统的建设不仅仅是为了工程项目实施过程，同时应考虑管理信息系统在工程竣工后纳入企业运行阶段的应用，这既可以满足业主实际工作的需要，又为业主、最终用户、承包商、分包商、监理机构、施工方等提供了后期总结数据。

10.3.2 基于BIM的工程项目管理信息系统的架构及功能

1. 工程项目管理信息系统架构

系统采用B/S（Browser/Server）结构，用户通过Web浏览器，访问广域网即可实现信息的共享。大多数事务通过服务器端加以实现，终端和服务器之间通过网络的连接，数据可以得到及时的传输和集成加工。这样的系统架构分为3层：即操作层、应用层和数据服务层。

第1层是操作层，也叫用户界面，供终端用户群业设计单位、总承包方、分包方、施工方、最终用户等通过网络提供的浏览器，用户群在网络许可范围内（专线、VPN，甚至整个广域网），通过网络协议，经过身份识别，并进行相应操作权限赋权后进入系统，进行相关操作。

第2层是应用层，将管理信息系统应用程序加载于应用服务器上，通过中间件接收用户访问指令，再将处理结果反馈给用户。

第3层是数据服务层，通过中间件的连接，负责将涉及数据处理的指令进行翻译和处理，如读取、查询、删除、新增等操作。

数据流同步触发器是一个实现BIM的重要组件。在系统数据库进行实现的时候，该触发器是加载在数据库所有数据表空间上的一个应用程序。利用该组件，当前端应用程序发出任何操作指令（如检索、增加、删除等），同步触发器将各数据库进行集成后，反馈给相应操作用户。在普通信息管理系统中，因为没有利用该组件对所有数据库的数据进行集成，所以系统无法提供各数据。

2. 工程项目管理信息系统模块及其功能

基于项目集成化和全生命周期管理的理念，工程项目管理信息系统共分为9大模块。

（1）项目前期管理模块。主要是对前期策划所形成的文件进行保存和维护，并提供查询的功能。

（2）项目策划管理模块。在这个模块当中，最重要的是编码体系和WBS。编码体系一旦定下来，是不可以更改的。每一项工作的编码都是唯一的，一个编码就代表了一项工作。在项目管理过程中，网络分析，成本管理，数据的储存、分析、统计都依靠编码来识别，编码设计对项目的整个计划及管理系统的运行效率都有很大的影响。

（3）招标投标管理模块。对工程招标投标而言，只要模拟相关招标投标法规定的程序即可。另外，对招标投标的管理应该根据工期计划和采购计划，来合理安排招标的工作。

（4）进度管理模块。该模块的主要组成部分有工期目标和施工总进度计划，单位工程施工进度计划，分部（项）工程施工进度计划，季度、月（旬）作业计划等。此外，该模块还应能提供进度控制的分析方法，如网络计划法、S曲线法、香蕉曲线法等。

（5）投资控制管理模块。项目总投资确定以后就需按各子项目、按项目实施的各个分阶段进行投资分配，编制建设概算和预算，确定计划投资，进而在工程进展的过程中，控制每个子项目、每一阶段的实际投资支出，确保项目投资目标实现。投资控制模块就是为实现这一目标而设立的。投资控制模块可用于制定投资计划，提供实际投资支出的信息，将实际投资与计划投资的动态跟踪比较，进行项目投资趋势分析，为项目管理人员采取决策措施提供依据，同时还应具备提供S曲线法、香蕉曲线法等投资控制的分析方法。

（6）质量管理模块。质量管理是一个质量保证体系，包括设计质量、施工质量和设备质量，是通过以验收为核心流程的规范管理，它主要通过各种质量文档的分类管理来实现。质量控制模块用于对设计质量、施工质量和设备安装质量等的控制和管理，它的功能提供有关工程质量的信息。另外，还提供质量控制的分析方法，如排列图法、因果分析图法等。

（7）合同管理模块。工程合同管理是对项目策划、签订、履行变更、索赔和争议解决的管理。合同的控制信息包括合同当事人、标的、数量和质量、工期款项或酬金、履行的地点、期限和方式、违约责任、风险分担、争议解决等，可通过不同归口进行相应的操作。其中，变更管理分模块是合同管理模块中的重要部分。

（8）物资设备管理模块。针对工程项目不同阶段和状态，对具体的物资和设备进行输入输出调用的管理，并采用相关的分析方法，如ABC法等。

（9）后期运行评价管理模块。主要是反映项目运行以后的状况，也对反映工程项目整体管理工作的数据进行汇总，为业主、最终用户、承包商、分包商、监理机构、施工方等提供一些后期总结数据。

10.3.3 BIM技术在地下工程项目管理中的应用

1. BIM技术在城市地铁工程项目管理的应用案例

（1）工程概况

××轨道交通一号线的LB站是地下二层岛式车站，沿LB南路呈东西向敷设。

（2）项目规划阶段

在××轨道交通一号线LB站项目规划中，相关规划人员通过绿色BIM模型分析环境，场地建模和建筑布局，并对项目进行虚拟仿真和指标测算，制定了相关标准，为后期的施工设计与管理确定了方向。

（3）项目设计阶段

在项目设计中，BIM技术主要用于土建，管综合全专业三方面的协同设计。

土建协同方面，利用BIM技术进行大场景分析，将建筑信息模型与GIS平台连接，将LB站地铁设计路线真实立体呈现在眼前，为LB站路线规划方案提供了数据支撑。利用BIM技术进行方案设计，通过Revit的三维建模，对LB站部分设计细节进行调整，将设计的高风亭修改成低风亭，将低风亭和冷却塔一起位移到科学合理的位置上，大大提高了方案的通过性。

管综协同方面，暖通，排水和电器三方的设计人员，以施工招标图为基础，进行协同设计，通过BIM技术，将三维模型和二维图纸关联，反复修改确认，在LB站项目中共解决了1049处专业碰撞，形成了满足设计要求和零碰撞的管综设计方案。

全专业协同方面，将全专业的数字信息录入BIM建筑信息平台，通过可视化技术将各专业设计以三维的方式呈现在建筑信息平台上，使设计者能够更加直观地查看各专业之间空间联系，从而做到各专业设计人员之间的沟通协调。

(4) 项目施工阶段

在LB站项目施工阶段，管理人员通过BIM虚拟建造技术，可以更加合理分配施工资源，准确安排各类人员的进场顺序。检修人员通过BIM仿真模拟技术，模拟进行设备检修，看现场的实时环境能不能够进行设备检修。设计人员通过电脑，手机等电子设备下载BIM 360 Glue系统，实时浏览项目的三维模型，及时发现和解决在施工现场出现的问题。如在LB站施工过程中，由于在项目设计阶段没有充分考虑顶棚厚度，设计人员在施工现场通过三维模型，提前发现了管线可能与顶棚发生碰撞，立即深化已有的机电图纸，避开了施工碰撞。

2. BIM技术在地下管网工程项目管理的应用案例

随着城市化进程的加速，城市地下管线建设发展异常迅猛，随之而来的地下管线管理方面的问题也越来越多，因施工导致的管线损坏而造成的停水、停气、停电以及通信中断等事故频发，排水管道排水不畅引发道路积水和城市水涝灾害司空见惯，窨井盖丢失“吞人”报道频频，近年来，以BIM为代表的信息技术正在为地下管网智慧建设提供新的解决方案。

某高校校园地下管网，种类有给水、排水、燃气、热力、电信、电力、工业和综合管沟（廊）八大类管线，错综复杂。在设计施工总体流程中应用BIM技术，建立协同工作环境，提高设计效率与质量，增强施工管控，加快了项目验收进度，显示出BIM技术在地下管网设计和施工项目管理的应用优势。

(1) 协同CDE搭建

为使得各参与方能够协同工作，需要从标准制定和软件环境部署两个方面搭建统一数据环境（CDE，Common Data Environment)。结合此项目地下管网特点，制定的标准包含5方面内容，即模型拆分、工作集、空间坐标、文件组织结构以及校审流程。以水电结构子系统类型作为模型划分基础原则，结合交付文件（文件类型-工程标识-工作阶段-工程区域文件专业-文件顺序号-文件版本号-文件状态）的命名规则，形成文件层级组织结构。各子系统根据各自局部坐标分别建模，最终根据工程测点进行组装，一方面方便任务拆解，另一方面保证建立的模型适应系统要求且拥有足够精度。同时，对于与业主、咨询（设计）工程师以及其他第三方的沟通，项目采用了业务协同（Business Collaboration）系统进行设计施工文件提交、函件发布与回复等。以上两种系统共同部署在项目私有云端，所提供的服务覆盖了工程过程中各参与方与各阶段需求，共同形成了 CDE 的软件支持环境。

（2）模型展示与虚拟漫游

地下管网最直接的 BIM 设计成果即为三维可视化的 BIM 模型。区别于以往，此工程结合协同环境和 BIM 流程，深化了 BIM 可视化的应用。首先，在设计阶段，做到了云端设计可视化，在多专业设计修改时可实时响应；其次，在施工阶段，发布的模型可以同时在桌面客户端和移动端进行显示查看，方便与现场人员交流；最后，设计的成果可以输出虚拟漫游执行程序，业主及相关方可沉浸式浏览管网等现场隐蔽工程，直观了解现场情况。

（3）参数化建模与碰撞检测

参数化建模为 BIM 技术的一大主要特征，在此工程的水电井设计中得到了应用。例如，对于不同类型的电井，主要差异点为主要尺寸（长、宽、高）不同，而其余细节设计相似。为此，不同的电井，仅需建立一套约束模板，同时通过设置长、宽、高的组合便可驱动模型自动变化，无需重复建模。参数化的建模技术大幅度提高了设计效率，为后期设计变更赋予了更大的灵活性。

（4）竣工记录

挖掘和施工完成后，需要记录现场的实际情况为了提高自己的绩效管理水平，提高交付数据的质量。此专案尝试使用 3d 扫描点云模型来储存资料，并与全站仪视图进行对比，简而言之，三维扫描仪的测量将更适合于管理底层网络建设，全面记录数据将节省时间和劳动力成本，并且向业主提供更加精准的数据。

BIM 除拥有精确的几何外形，还包含工程属性信息，如材料、造价、施工进度、质量验收等。在此工程施工管理过程中，施工方可以利用模型信息进行设计工程量快速校核、现场施工形象进度演示、关键问题研究和质量验收定位等应用，提升过程管控水平和效果。对于结构物密集或者施工难度较大的地方可以利用模型进行现场施工交底，从而提高交底验收率，加快竣工验收。

综上所述，BIM 是工程施工信息化历史上的一个革新。通过建立基于 BIM 的工程项目管理信息系统，使计算机可以表达项目的所有信息，信息化的建筑设计才能得以真正实现。系统可以实现项目基本信息管理、进度管理、质量管理、资金管理的整合，通过管理和利用项目统计数据，挖掘数据的潜力，发挥其决策支持功能；系统可以为行业规划与决策提供多维的信息支持，突破项目信息管理的传统方式。随着 BIM 的发展，不仅仅是现有技术的进步和更新换代，也将促使生产组织模式和管理方式的转型，并长远地影响人们对于项目的思维模式。

单元总结

通过本单元的学习让学生了解地下工程建设项目信息管理的概念，掌握项目信息管理系统，并通过信息管理的学习学会解决工程实际问题，同时了解最新前沿技术 BIM，带给学生以启迪。

思考及练习

一、单选题

1. 我国在建设工程项目管理中，当前最薄弱的工作领域是（　　）。

A. 质量管理　　B. 安全管理　　C. 成本管理　　D. 信息管理

2. 信息管理部门负责编制信息管理手册，在项目（　　）进行信息管理手册的必要的修改和补充，并检查和督促其执行。

A. 实施过程中　　B. 可行性研究阶段

C. 竣工验收时　　D. 开工时

3. 项目管理班子中各个工作部门的管理工作都与（　　）有关。

A. 信息处理　　B. 施工预算

C. 工程网络计划　　D. 信息编码

4. 建设工程项目的信息管理是通过对各个系统、各项工作和各种数据的管理，使项目的（　　）能方便和有效地获取、存储、存档、处理和交流。

A. 成本　　B. 图纸　　C. 信息　　D. 数据

5. 建设工程项目的信息管理的目的在通过有效的项目信息传输的（　　），为项目建设提供增值服务。

A. 组织　　B. 控制

C. 畅通　　D. 组织和控制

6. 信息管理，是指（　　）。

A. 信息的存档和处理　　B. 信息传输合理的组织和控制

C. 信息的处理和交流　　D. 信息合理的收集和存贮

二、多选题

1. 建设工程项目的信息管理是通过对（　　）的管理，使项目的信息能方便和有效地获取、存储、存档、处理和交流。

A. 各个系统　　B. 各个人员　　C. 各种材料　　D. 各项工作

E. 各种数据

2. 地下工程建设项目信息管理部门的工作任务主要包括（　　）等。

A. 负责编制信息管理手册，并在项目实施中进行修改和补充

B. 负责协调和组织项目管理班子中各个工作部门的信息处理工作

C. 负责信息处理工作平台的建立和运行维护

D. 负责工程档案管理

E. 负责项目现场管理

3. 在项目信息编码方法中，工程档案编码，应根据有关（　　）进行。

A. 工程档案的规定　　B. 项目的特点

C. 项目实施单位的需求　　D. 合同的类型

E. 合同签订的时间

4. 在项目信息编码方法中，合同编码应参考项目的合同结构和合同的分类，反映

（　　）等特征。

A. 合同的类型　　B. 项目的结构

C. 合同签订的时间　　D. 合同的规定

E. 合同的特点

5. 在项目信息分类中，按信息的内容属性分为（　　）。

A. 组织类信息　　B. 系统类信息

C. 经济类信息　　D. 技术类信息

E. 法规类信息

三、简答题

1. 简述工程项目信息管理的工作流程。

2. 数据通信网络主要有哪几种类型。

3. 地下工程项目的信息包括哪些方面？

4. 基于 BIM 的工程项目管理信息系统共分哪几大模块？

教学单元 11　地下工程竣工验收及后续管理

教学目标

1. 知识目标：了解工程验收及竣工备案、理解工程档案编制与管理，掌握竣工结算的编制依据、支付及审查。

2. 能力目标：具备竣工验收及后续收尾工作的理论知识及资料管理能力。

3. 素质目标：牢固树立"服务一流，诚信为本"的思想，感知先进的企业管理文化。

思政映射点：信守承诺，感知先进企业文化：有始有终、慎终如始。

实现方式：课堂讲解；课外阅读

参考案例：典型竣工验收案例

思维导图

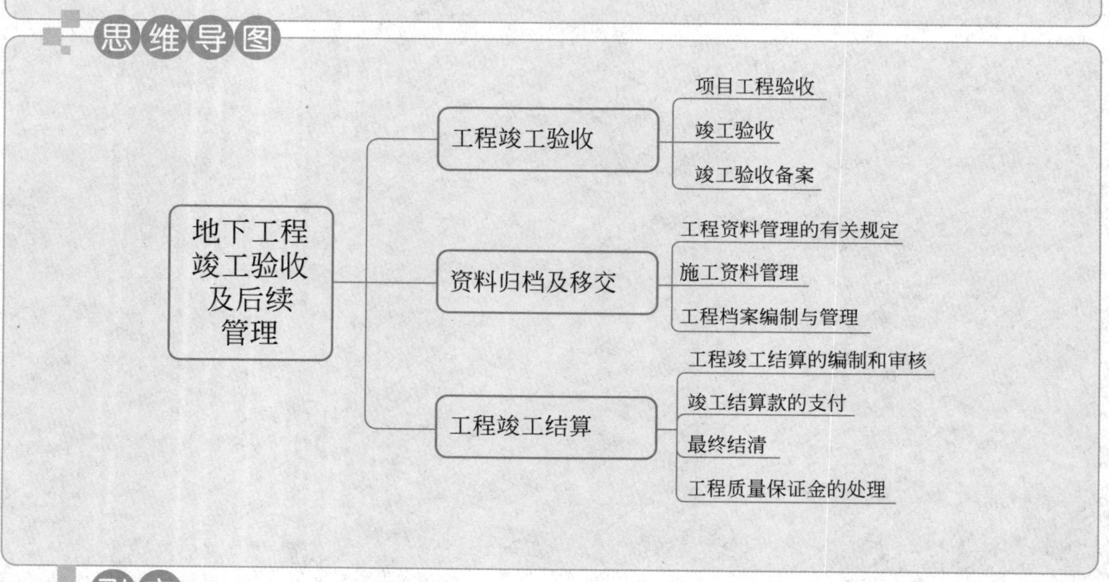

引文

一个项目实体工程完工后需要进行项目工程验收及备案，对相应的资料进行管理和移交归档，以便后续需要时能够有序查找。实体和资料完成移交后进行相关的资金结算工作，最终完成整个项目。

11.1　工程竣工验收

11.1.1　项目工程验收

46. 竣工验收条件

项目工程指单独立项、具备独立使用功能和运营能力的工程。

1. 项目工程验收条件

（1）项目所含单位工程均已完成设计及合同约定的内容，并通过了单位程验收。对不影响运营安全及使用功能的缓建、缓验项目已经相关部门同意。

（2）单位工程质量验收提出的遗留问题、政府监督部门责令整改的问题已全部整改完毕。

（3）设备系统经联合调试符合运营整体功能要求。

2. 项目工程验收组织

业主组织，业主各工程部门和运营管理部门、勘察单位、设计单位、施工单位、监理单位等项目负责人和政府监督管理部门参加。

11.1.2　竣工验收

1. 竣工验收条件

（1）项目工程验收的遗留问题全部整改完毕。

（2）有完整的技术档案和施工管理资料。

（3）试运行过程中发现的问题已整改完毕，有试运行总结报告。

（4）已通过规划部门对地下工程是否符合规划条件的核实和全部专项验收，并取得相关验收或认可文件；暂时甩项的，已经相关部门同意。

2. 竣工验收组织

竣工验收由建设单位组织，各参建单位项目负责人以及运营单位、负责规划条件核实和专项验收的城市政府有关部门代表参加，组成验收委员会。

（1）建设单位应对验收组主要成员资格进行核查。

（2）建设单位应制定验收方案，验收方案的内容应包括验收委员会人员组成、验收内容及方法等。

（3）验收委员会可按专业分为若干专业验收组。

47. 竣工验收程序和内容

3. 竣工验收程序和内容

（1）建设、勘察、设计、监理、施工等单位代表简要汇报工程概况、合同履约情况和在工程建设各个环节执行法律、法规和工程建设强制性标准的情况。

（2）建设单位汇报试运行情况。

（3）相关部门代表进行专项验收工作总结。

（4）验收委员会审阅工程档案资料、运行总结报告及检查项目工程验收遗留问题和试运行中发现问题的整改情况。

（5）验收委员会质询相关单位，讨论并形成验收意见。

（6）验收委员会签署工程竣工验收报告，并对遗留问题作出处理决定。

（7）竣工验收后，办理竣工验收签证书，竣工验收签证书必须有建设单位、监理单位、设计单位及施工单位的签字方可生效。

11.1.3 竣工验收备案

建设单位应按照政府相关要求办理备案手续。

1. 竣工验收备案的依据

（1）《房屋建筑和市政基础设施工程竣工验收规定》（建质〔2013〕171号）。

（2）《建设工程质量管理条例》（国务院令第279号）。

2. 竣工验收备案的程序

（1）经施工单位自检合格并且符合《房屋建筑和市政基础设施工程竣工验收规定》（建质〔2013〕171号）的有关规定。

（2）由施工单位在工程完工后向建设单位提交工程竣工报告的要求方可进行竣工验收。

（3）对符合竣工验收要求的工程，建设单位负责组织勘察、设计、施工、监理等单位，申请竣工验收，并经总监理工程师签署意见。

（4）建设单位必须在竣工验收7个工作日前将验收的时间、地点及验收组名单书面通知负责监督该工程的工程质量监督机构。

（5）建设单位应当自工程竣工验收合格之日起15d内，提交竣工验收报告，向工程所在地县级以上地方人民政府建设行政主管部门（备案机关）备案。

（6）备案机关收到建设单位报送的竣工验收备案文件、验证文件齐全后，应当在工程竣工验收备案表上签署文件收讫。工程竣工验收备案表一式两份，一份由建设单位保存，一份留备案机关存档。

（7）工程质量监督机构，应在竣工验收之日起5个工作日内，向备案机关提交工程质量监督报告。

（8）城建档案管理部门对工程档案资料按国家法律法规要求进行预验收，验收合格后，必须出具工程档案认可文件。

3. 竣工验收备案的相关法律责任

（1）备案机关发现建设单位在竣工验收过程中有违反国家有关地下工程质量管理规定行为的，应当在收讫竣工验收备案文件15d内，责令停止使用，重新组织竣工验收。

（2）建设单位在工程竣工验收合格之日起15d内未办理工程竣工验收备案的，备案机关责令限期改正，处20万元以上50万元以下罚款。

（3）建设单位将备案机关决定重新组织竣工验收的工程，在重新组织竣工验收前，擅自使用的，备案机关责令停止使用，处工程合同价款2%以上4%以下罚款。

（4）建设单位采用虚假证明文件办理工程竣工验收备案的，工程竣工验收无效，备案机关责令停止使用，重新组织竣工验收，处20万元以上50万元以下罚款；构成犯罪的，依法追究刑事责任。

（5）备案机关决定重新组织竣工验收并责令停止使用的工程，建设单位在备案之前已投入使用或者建设单位擅自继续使用造成使用人损失的，由建设单位依法承担赔偿责任。

（6）竣工验收备案文件齐全，备案机关及其工作人员不办理备案手续的，由有关机关责令改正，对直接责任人员给予行政处分。

11.2　资料归档及移交

11.2.1　工程资料管理的有关规定

1. 基本规定

（1）工程资料的形成应符合国家相关法律、法规、工程质量验收标准和规范、工程合同规定和设计文件要求。

（2）工程资料应为原件，应随工程进度同步收集、整理并按规定移交。

（3）工程资料应实行分级管理，分别由建设、监理、施工单位主管负责人组织本单位工程资料的全过程管理工作。

（4）工程资料应真实、准确、齐全，与工程实际相符合。对工程资料进行涂改、伪造、随意抽撤或损毁、丢失等，应按有关规定予以处理；情节严重者，应依法追究责任。

2. 分类与主要内容

（1）基建文件：决策立项文件，建设规划用地、征地、拆迁文件，勘察、测绘、设计文件、工程招标投标及承包合同文件、开工文件、商务文件、工程竣工备案文件等。

（2）监理资料：监理管理资料、施工监理资料、竣工验收监理资料等。

（3）施工资料：施工管理资料、施工技术文件、物资资料、测量监测资料、施工记录、验收资料、质量评定资料等。

11.2.2　施工资料管理

1. 基本规定

（1）施工合同中应对施工资料的编制要求和移交期限作出明确规定；施工资料应有建设单位签署的意见或监理单位对认证项目的认证记录。

（2）施工资料应由施工单位编制，按相关规范规定进行编制和保存，其中部分资料应移交建设单位、城建档案馆分别保存。

（3）总承包工程项目，由总承包单位负责汇集，并整理所有有关施工资料；分包单位应主动向总承包单位移交有关施工资料。

（4）施工资料应随施工进度及时整理，所需表格应按有关法规的规定认真填写。

（5）施工资料，特别是需注册建造师签章的，应严格按有关法规规定签字、盖章。

（6）竣工验收前，建设单位应请当地城建档案管理机构对施工资料进行预验收，预验收合格后方可竣工验收。

2. 提交企业保管的施工资料

（1）企业保管的施工资料应包括施工管理资料、施工技术文件、物资资料、测量监测资料、施工记录、验收资料、质量评定资料等全部内容。

（2）企业保管的施工资料主要用于企业内部参考，以便总结工程实践经验，不断提升企业经营管理水平。

3. 移交建设单位保管的施工资料

（1）竣工图表。

（2）施工图纸会审记录、设计变更和技术核定单。开工前施工项目部对工程的施工图、设计资料进行会审后并按单位工程填写的会审记录；设计单位按施工程序或需要进行设计交底的交底记录；项目部在施工前进行施工技术交底，并留有双方签字的交底文字记录。

（3）材料、构件的质量合格证明；原材料、成品、半成品、构配件、设备出厂质量合格证：出厂检（试）验报告及进场复试报告。

（4）隐蔽工程检查验收记录。

（5）工程质量检查评定和质量事故处理记录，工程测量复检及预验收记录、工程质量检验评定资料、功能性试验记录等。

（6）主体结构和重要部位的试件、试块、材料试验、检查记录。

（7）永久性水准点的位置、构造物在施工过程中测量定位记录，有关试验观测记录。

（8）其他有关该项工程的技术决定；设计变更通知单、洽商记录。

（9）工程竣工验收报告与验收证书。

11.2.3 工程档案编制与管理

48. 工程档案编制与管理

1. 竣工资料编制要求

（1）工程资料应采用耐久性强的书写材料。

（2）工程资料应字迹清楚、图样清晰、图表整洁、签字盖章手续完备。

（3）工程资料中文字材料幅面尺寸规格宜为 A4 幅面（297mm×210mm）。图纸宜采用国家标准图幅。

（4）工程资料的纸张应采用能够长期保存的韧力大、耐久性强的纸张。图纸一般采用蓝晒图，竣工图应是新蓝图。计算机出图必须清晰，不得使用计算机出图的复印件。

（5）所有竣工图均应加盖竣工图章，竣工图章尺寸应为：50mm×80mm。

（6）利用施工图改绘竣工图，必须标明变更修改依据；凡施工图结构、工艺、平面布置等有重大改变，或变更部分超过图面 1/3 的，应当重新绘制竣工图。

（7）不同幅面的工程图纸应按《技术制图 复制图的折叠方法》GB/T 10609.3—2009 统一折叠成 A4 幅面，图标栏露在外面。

2. 竣工资料整理要求

（1）资料排列顺序一般为：封面、目录、文件资料和备考表。

（2）封面应包括：工程名称、开竣工日期、编制单位、卷册编号、单位技术负责人和法人代表或法人委托人签字并加盖公章。

（3）目录应准确、清晰。

（4）文件资料应按相关规范的规定顺序编排。

（5）备考表应按序排列，便于查找。

3. 项目部的施工资料管理

（1）项目部应设专人负责施工资料管理工作。实行主管负责人责任制，建立施工资料员岗位责任制。

（2）在对施工资料全面收集基础上，进行系统管理、科学地分类和有秩序地排列。分类应符合技术档案本身的自然形成规律。

（3）工程施工资料一般按工程项目分类，使同一项工程的资料都集中在一起，这样能够反映该项目工程的全貌。而每一类下，又可按专业分为若干类。施工资料的目录编制，应通过一定形式，按照一定要求，总结整理成果，揭示资料的内容和它们之间的联系，便于检索。

11.3　工程竣工结算

工程竣工结算是指工程项目完工并经竣工验收合格后，发承包双方按照施工合同的约定对所完成的工程项目进行的合同价款的计算、调整和确认。工程竣工结算分为地下工程建设项目竣工总结算、单项工程竣工结算和单位工程竣工结算。单项工程竣工结算由单位工程竣工结算组成，地下工程建设项目竣工结算由单项工程竣工结算组成。

11.3.1　工程竣工结算的编制和审核

单位工程竣工结算由承包人编制，发包人审查；实行总承包的工程，由具体承包人编制，在总包人审查的基础上，发包人审查。单项工程竣工结算或地下工程建设项目竣工总结算由总（承）包人编制，发包人可直接进行审查，也可以委托具有相应资质的工程造价咨询机构进行审查。政府投资项目由同级财政部门审查。单项工程竣工结算或地下工程建设项目竣工总结算经发包人、承包人签字盖章后有效。承包人应在合同约定期限内完成项目竣工结算编制工作，未在规定期限内完成的，并且提不出正当理由延期的，责任自负。

1. 编制依据

工程竣工结算由承包人或受其委托具有相应资质的工程造价咨询人编制，由发包人或受其委托具有相应资质的工程造价咨询人核对。工程竣工结算编制的主要依据有：

（1）工程量清单计价规范以及各专业工程量清单计算规范。

（2）工程合同。

（3）发承包双方实施过程中已确认的工程量及其结算的合同价款。

（4）发承包双方实施过程中已确认调整后追加（减）的合同价款。

（5）工程设计文件及相关资料。

（6）投标文件。

（7）其他依据。

2. 竣工结算的审查

（1）工程竣工结算审查期限。根据《建设工程价款结算暂行办法》（财建〔2004〕369号）的规定，单项工程竣工后，承包人应在提交竣工验收报告的同时，向发包人递交竣工结算报告及完整的结算资料，发包人应按表11-1规定时限进行核对（审查）并提出审查意见。

工程竣工结算审查时限　　表11-1

工程竣工结算报告金额	审查时限（从接到竣工结算报告和完整的竣工结算资料之日起）
500万元以下	20d
500万～2000万元	30d
2000万～5000万元	45d
5000万元以上	60d

地下工程建设项目竣工总结算在最后一个单项工程竣工结算审查确认后15d内汇总，送发包人后30d内审查完成。

（2）发包人收到竣工结算报告及完整的结算资料后，在表11-1规定或合同约定期限内予以答复，逾期未答复的，按照合同约定处理，合同没有约定的，竣工结算文件视同认可；发包人对竣工结算文件有异议的，应当在答复期内向承包人提出，并可以在提出异议之日起的约定期限内与承包人协商；发包人在协商期内未与承包人协商或者经协商未能与承包人达成协议的，应当委托工程造价咨询机构进行竣工结算审核，并在协商期满后的约定期限内向承包人提出由工程造价咨询机构出具的竣工结算文件审核意见。

承包人如未在规定时间内提供完整的工程竣工结算资料，经发包人催促后14d内仍未提供或没有明确答复，发包人有权根据已有资料进行审查，责任由承包人自负。

《最高人民法院关于审理建设工程施工合同纠纷案件适用法律问题的解释（一）》（法释〔2020〕25号）第二十一条规定，当事人约定，发包人收到竣工结算文件后，在约定期限内不予答复，视为认可竣工结算文件的，按照约定处理。承包人请求按照竣工结算文件结算工程价款的，人民法院应予支持。

（3）发包人委托工程造价咨询机构核对竣工结算的，工程造价咨询机构应在规定期限内核对完毕，核对结论与承包人竣工结算文件不一致的，应提交给承包人复核，承包人应在规定期限内将同意核对结论或不同意见的说明提交工程造价咨询机构。工程造价咨询机构收到承包人提出的异议后，应再次复核，复核无异议的，发承包双方应在规定期限内在竣工结算文件上签字确认，竣工结算办理完毕。复核后仍有异议的，对于无异议部分办理不完全竣工结算；有异议部分由发承包双方协商解决，协商不成的，按照合同约定的争议解决方式处理。

承包人逾期未提出书面异议的，视为工程造价咨询机构核对的竣工结算文件已经承包人认可。

（4）接受委托的工程造价咨询机构从事竣工结算审核工作通常应包括下列三个阶段：

1）准备阶段。准备阶段应包括收集、整理竣工结算审核项目的审核依据资料，做好送审资料的交验、核实、签收工作，并应对资料的缺陷向委托方提出书面意见及要求。

2）审核阶段应包括现场踏勘核实，召开审核会议，澄清问题，提出补充依据性资料和必要的弥补性措施，形成会议纪要，进行计量、计价审核与确定工作，完成初步审核报告审定阶段应包括：就竣工结算审核意见与承包人和发包人进行沟通；召开协调会处理分歧事项工作形成结算审核成果文件；签认结算审定署表提交结算审核报告等工作。

3）竣工结算审核的成果文件应包括竣工结算审核书封面、签署页、竣工结算审核报告、竣工结算审定签署表、竣工结算审核汇总对比表、单项工程竣工结算审核汇卷对比表、单位工程竣工结算审核汇总对比表等。

（5）工程造价咨询机构接受发包人或承包人委托编审工程竣工结算，应按合同约定和实际履约事项认真办理，出具的竣工结算报告经发承包双方签字后生效。

凡由发承包双方授权的现场代表签字的现场签证以及发承包双方协商确定的索赔等费用，应在工程竣工结算中如实办理，不得因发承包双方现场代表的中途变更改变其有效性。

竣工结算审核应采用全面审核法，除委托咨询合同另有约定外，不得采用重点审核法、抽样审核法或类比审核法等其他方法。

3. 质量争议工程的竣工结算

发包人对工程质量有异议拒绝办理工程竣工结算时，应按以下规定执行：

（1）已经竣工验收或已竣工未验收但实际投入使用的工程，其质量争议按该工程保修合同执行，竣工结算按合同约定办理

（2）已竣工未验收且未实际投入使用的工程以及停工、停建工程的质量争议，双方应就有争议的部分委托有资质的检测鉴定机构进行检测，根据检测结果确定解决方案，或按工程质量监督机构的处理决定执行后办理竣工结算，无争议部分的竣工结算按合同约定办理。

11.3.2　竣工结算款的支付

工程竣工结算文件经发承包双方签字确认的，应当作为工程结算的依据，未经对方同意，另一方不得就已生效的竣工结算文件委托工程造价咨询机构重复审核。发包方应当按照竣工结算文件及时支付竣工结算款。竣工结算文件应当由发包人报工程所在地县级以上地方人民政府住房和城乡建设主管部门备案。

1. 承包人提交竣工结算款支付申请

承包人应根据办理的竣工结算文件，向发包人提交竣工结算款支付申请。该申请应包

括下列内容：

（1）竣工结算合同价款总额。

（2）累计已实际支付的合同价款。

（3）应扣留的质量保证金。

（4）实际应支付的竣工结算款金额。

2. 发包人签发竣工结算支付证书

发包人应在收到承包人提交竣工结算款支付申请后的约定期限内予以核实，向承包人签发竣工结算支付证书。

3. 支付竣工结算款

发包人签发竣工结算支付证书后的约定期限内，按照竣工结算支付证书列明的金额向承包人支付结算款。

发包人未按照规定的程序支付竣工结算款的，承包人可催告发包人支付，并有权获得延迟支付的利息。发包人在竣工结算支付证书签发后或者在收到承包人提交的竣工结算款支付申请规定时间仍未支付的，除法律另有规定外，承包人可与发包人协商将该工程折价，也可直接向人民法院申请将该工程依法拍卖。承包人就该工程折价或拍卖的价款优先受偿。

11.3.3 最终结清

最终结清，是指合同约定的缺陷责任期终止后，承包人已按合同规定完成全部剩余工作且质量合格的，发包人与承包人结清全部剩余款项的活动。

1. 最终结清申请单

缺陷责任期终止后，承包人已按合同规定完成全部剩余工作且质量合格的，发包人签发缺陷责任期终止证书，承包人可按合同约定的份数和期限向发包人提交最终结清申请单，并提供相关证明材料，详细说明承包人根据合同规定已经完成的全部工程价款金额以及承包人认为根据合同规定应进一步支付给他的其他款项。发包人对最终结清申请单内容有异议的，有权要求承包人进行修正和提供补充资料，由承包人向发包人提交修正后的最终结清申请单。

2. 最终支付证书

发包人收到承包人提交的最终结清申请单后，在规定时间内予以核实，向承包人签发最终支付证书。发包人未在约定时间内核实，又未提出具体意见的，视为承包人提交的最终结清申请单已被发包人认可。

3. 最终结清付款

发包人应在签发最终结清支付证书后的规定时间内，按照最终结清支付证书列明的金额，向承包人支付最终结清款。最终结清付款后，承包人在合同内享有的索赔权利也自行终止。发包人未按期支付的，承包人可催告发包人在合理的期限内支付，并有权获得延迟支付的利息。

最终结清时，如果承包人被扣留的质量保证金不足以抵减发包人工程缺陷修复费用的，承包人应承担不足部分的补偿责任。

最终结清付款涉及政府投资资金的，按照国库集中支付等国家相关规定和专用合同条款的约定办理。

承包人对发包人支付的最终结清款有异议的，按照合同约定的争议解决方式处理。

11.3.4　工程质量保证金的处理

1. 质量保证金的含义

根据住房和城乡建设部、财政部关于印发《建设工程质量保证金管理办法》的通知（建质〔2017〕138号）规定，工程质量保证金，是指发包人与承包人在工程承包合同中约定，从应付的工程款中预留，用以保证承包人在缺陷责任期内对工程出现的缺陷进行维修的资金。缺陷，是指工程质量不符合工程建设强制标准、设计文件，以及承包合同的约定。缺陷责任期是承包人对已交付使用的合同工程承担合同约定的缺陷修复责任的期限。缺陷责任期一般为1年，最长不超过2年，由发承包双方在合同中约定。

缺陷责任期与工程保修期既有区别又有联系。缺陷责任期实质上是承担缺陷修复和处理以及预留工程质量保证金的一个期限，而工程保修期是发承包双方按《建设工程质量管理条例》在工程质量保修书中约定的保修期限。《建设工程质量管理条例》规定，在正常使用条件下，地基基础工程和主体结构工程的保修期限为设计文件规定的合理使用年限。显然，缺陷责任期不能等同于工程保修期。

建质〔2017〕138号规定，缺陷责任期从工程通过竣工验收之日起计算。由于承包人原因导致工程无法按规定期限进行竣工验收的，缺陷责任期从实际通过竣工验收之日起计算。由于发包人原因导致工程无法按规定期限竣工验收的，在承包人提交竣工验收报告90d后，工程自动进入缺陷责任期。

2. 工程质量保修范围和内容

发承包双方在工程质量保修书中约定的工程的保修范围包括地基基础工程、主体结构工程，屋面防水工程、有防水要求的卫生间、房间和外墙面的防渗漏、供热与供冷系统、电气管线、给水排水管道、设备安装和装修工程，以及双方约定的其他项目。

具体保修的内容，双方在工程质量保修书中约定。

由于用户使用不当或自行修饰装修、改动结构、擅自添置设施或设备而造成功能不良或损坏者，以及对因自然灾害等不可抗力造成的质量损害，不属于保修范围。

视频微课

49. 工程质量保证金的处理

3. 工程质量保证金的预留及管理

建质〔2017〕138号规定，发包人应按照合同约定方式预留保证金，保证金总预留比例不得高于工程价款结算总额的3%。

合同约定由承包人以银行保函替代预留保证金的，保函金额不得高于工程价款结算总额的3%。在工程项目竣工前，已经缴纳履约保证金的，发包人不得同时预留工程质量保证金。采用工程质量保证担保、工程质量保险等其他保证方式的，发包人不得再预留保证金。

缺陷责任期内，由承包人原因造成的缺陷，承包人应负责维修，并承担鉴定及维修费用。由他人原因造成的缺陷，发包人负责组织维修，承包人不承担费用，且发包人不得从保证金中扣除费用。

案例

50. 某地铁项目竣工验收管理相关文件及表格

4. 质量保证金的返还

缺陷责任期内，承包人认真履行合同约定的责任，到期后，承包人向发包人申请返还保证金。

发包人和承包人对保证金预留、返还以及工程维修质量、费用有争议的，按承包合同约定的争议和纠纷解决程序处理。

单元总结

本单元阐述了地下工程竣工验收与备案、竣工资料移交与归档、工程竣工结算等方面内容，使学生对地下工程竣工管理能够了然于胸。

思考及练习

一、单选题

1. 竣工验收由（　　）组织。

A. 政府部门　　B. 建设单位

C. 监理单位　　D. 施工单位

2. 工程竣工验收备案表一式（　　）份，（　　）份由建设单位保存，（　　）份留备案机关存档。

A. 两、一、一　　B. 四、二、二

C. 三、一、二　　D. 三、二、一

3. 备案机关发现建设单位在竣工验收过程中有违反国家有关工程质量管理规定行为的，应当在收讫竣工验收备案文件（　　）内，责令停止使用，重新组织竣工验收。

A. 7d　　B. 15d　　C. 30d　　D. 45d

4. 建设单位在工程竣工验收合格之日起15d内未办理工程竣工验收备案的，备案机关责令限期改正，处（　　）罚款。

A. 10万元以下　　B. 10万元以上20万元以下

C. 20万元以上50万元以下　　D. 50万元以上

5. 凡施工图结构、工艺、平面布置等有重大改变，或变更部分超过图面（　　）的，应当重新绘制竣工图。

A. 1/5　　B. 1/4　　C. 1/3　　D. 1/2

6. 单位工程竣工结算由（　　）编制，发包人审查。

A. 承包人　　B. 监理人　　C. 发包人　　D. 政府部门

7. 缺陷责任期一般为（　　）年，最长不超过（　　）年，由发承包双方在合同中约定。

A. 1　1.5　　B. 1　2　　C. 2　3　　D. 1　3

8. 所有竣工图均应加盖（　　），竣工图章尺寸应为（　　）。

A. 竣工图章、50mm×100mm　　B. 竣工图章、60mm×90mm

C. 竣工图章、50mm×80mm　　D. 竣工图章、60mm×100mm

二、多选题

1. 工程资料应（　　）、（　　）、（　　），与工程实际相符合。

A. 真实　　B. 准确　　C. 齐全　　D. 没关系

E. 可靠

2. 工程资料可分为（　　）

A. 基建文件　　B. 监理资料　　C. 施工资料　　D. 政府监督文件

E. 质监站资料

3. 竣工结算除委托咨询合同另有约定外，不得采用（　　）等其他方法。

A. 全面审核法　　B. 重点审核　　C. 抽样审核法　　D. 类比审核法

E. 分项审核法

4. 竣工验收签证书必须有（　　）的签字方可生效。

A. 建设单位　　B. 监理单位　　C. 设计单位　　D. 施工单位

E. 质监机构

三、简答题

1. 竣工验收由哪家单位组织，验收委员会由哪些单位人员组成?

2. 简述缺陷责任期与工程保修期之间的联系和区别。

3. 简述竣工验收程序和内容。

4. 建设单位组织竣工验收的时间期限有哪些?

5. 简述工程质量保证金的定义。

6. 简述工程竣工结算审查期限要求。

教学单元12　地下工程风险控制与沟通管理

教学目标

1. 知识目标：了解风险管理的概念；熟悉项目风险的识别、评估、控制和管理，熟悉项目管理沟通和协调的方法；掌握在实际工作生活中如何利用风险管理的知识去解决有关问题。

2. 能力目标：具备地下工程风险因素分析及风险点管理的能力，具备项目管理沟通的能力。

3. 素质目标：引导学生思考企业风险防范与化解国家经济、社会等领域的重大风险防控的关系，培养学生社会责任感，沟通能力；具备“防范化解重大风险”的意识，能做好人生规划。

思政映射点：社会责任感，风险防范与化解意识，做好人生规划

实现方式：课堂讲解；课外阅读

参考案例：风险管理与内部控制典型案例

思维导图

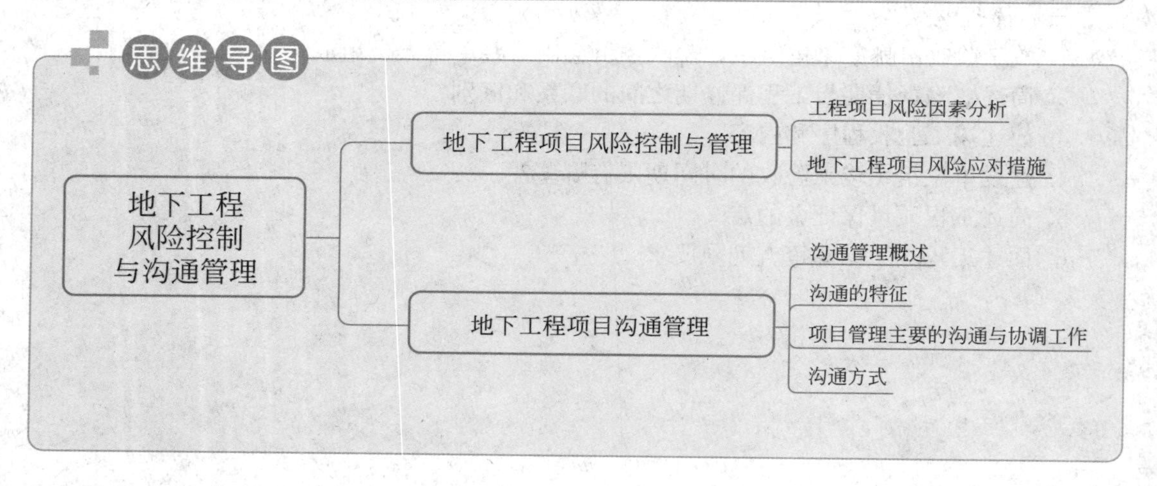

引文

任何工程项目都存在风险，尤其是地下工程，风险会造成工程项目实施的失控，如工期延长、成本增加、计划修改等，这些都会造成经济效益的降低，甚至项目的失败。正是由于风险会造成很大的损失，在现代项目管理中，风险管理已成为必不可少的重要环节。良好的风险控制与沟通管理能力能获得巨大的经济效果，同时它有助于企业竞争能力、素质和管理水平的提高。

12.1 地下工程项目风险控制与管理

2020年6月，国务院国有资产监督委员会正式印发《关于开展对标世界一流管理提升行动的通知》（国资发改革〔2020〕39号）要求加强风险管理，主要包括以下五个方面：

（1）进一步强化风险防控意识。抓好各类风险的监测预警，识别评估和研判处置，坚决守住不发生重大风险的底线。

（2）加强内控体系建设。充分发挥内部审计规范运营和管控风险等作用，构建全面全员、全过程、全体系的风险防控机制。

（3）推进法律管理与经营管理深度融合。突出抓好规章制度、经济合同、重大决策法律审核把关，切实加强案件管理，着力打造法治国企。

（4）健全合规管理制度。加强对重点领域、重点环节和重点人员的管理，推进合规管理全面覆盖、有效运行。

（5）加强责任追究体系建设。加快形成职责明确、流程清晰、规范有序的工作机制，加大违规经营投资责任追究力度，充分发挥警示惩戒作用。

12.1.1 工程项目风险因素分析

近十几年来，人们在项目管理系统中提出了全面风险管理的概念。全面风险管理是用系统的、动态的方法进行风险控制，以减少项目实行过程中的不确定性。它不仅使各层次的项目管理者建立风险意识，重视风险问题，防患于未然，而且在各个阶段、各个方面实施有效的风险控制，形成一个前后连贯的管理过程。

全面风险管理有四个方面的涵义：一是项目全过程的风险管理，从项目的立项到项目的结束，都必须进行风险的研究与预测、过程控制以及风险评价，实行全过程的有效控制以及积累经验和教训；二是对全部风险的管理；三是全方位的管理；四是全面的组织措施。

1. 风险的定义

通俗地讲，风险就是发生不幸事件的概率；换句话说，风险，是指一个事件产生我们所不希望的后果的可能性；某一特定危险情况发生的可能性和后果的组合。在工程建设中大致定义为：

（1）风险就是一个事件产生我们所不希望的后果的可能性。

（2）风险是指在一定条件下和一定时期内可能发生的各种结果的变动程度。

（3）在各种条件作用下，地下工程建设项目的实际收益达不到最低可接受水平的可能性。

风险，是指实际结果与预期目标的差异程度，差异越大，风险越大。在以工程项目正常施工为目标的行动过程中，如果某项活动或客观存在足以导致承险体系发生各类直接或间接损失的可能性，那么就称这个项目存在风险，而这项活动或客观存在所引发的后果就称为风险事故。

综上，虽然各个风险定义模式不同，但其中均包含了风险的两个基本要素，即：风险发生的概率和损失，仅仅是这两者之间的关系不同而已。目前比较通用的是用数学语言表达的风险函数，定义如公式（12-1）所示：

$$R=f(P, C) \tag{12-1}$$

式中，R——风险；

P——不利的风险事件出现的概率；

C——不利事件的后果，即损失。

这种函数关系最简单也是应用最多的是相乘关系，即：$R=P\times C$。这种风险函数定义默认每一风险因素对应一个发生概率和后果，是一个定性的定义。

2. 工程项目风险因素分析

全面风险管理强调风险的事先分析与评价，风险因素分析是确定一个项目的风险范围，即有哪些风险存在，将这些风险因素逐一列出以作为全面风险管理的对象。罗列风险因素通常要从多角度、多方位进行，形成对项目系统的全方位的透视。风险因素可以从以下方面进行分析：

（1）按项目系统要素进行分析

主要有三个方面的系统要素风险：

1）项目环境要素风险，最常见的有政治风险、法律风险、经济风险、自然条件风险、社会风险等。

2）项目系统结构风险，如以项目单元为分析对象，在实施以及运行过程中可能遇到的技术问题，人工、材料、机械、费用消耗的增加等各种障碍和异常情况等。

3）项目的行为主体产生的风险，如业主和投资者支付能力差，改变投资方向，违约不能完成合同责任等产生的风险；承包商（分包商、供应商）技术及管理能力不足，不能保证安全质量，无法按时交工等产生的风险；项目管理者（监理工程师）的能力、职业道德、公正性差等产生的风险。

4）“其他方”的风险，如外部主体（政府部门、相关部门）等产生的风险。

（2）按风险对目标的影响分析

按照项目的目标系统结构进行分析，它体现的是风险作用的结果，包括以下风险：

1）工期风险，如造成局部的（工程活动、分项工程）或整个工程的工期延长，不能及时完工。

2）费用风险，包括财务风险、成本超支、投资追加、报价风险、收入减少等。

3）质量风险，包括材料、工艺、工程等不能通过验收，工程试生产不合格或经过评价工程质量未达到标准或要求。

4）生产能力风险，项目建成后达不到设计生产能力。

5）市场风险，工程建成后产品达不到预期的市场份额，销售不足，没有销路，没有竞争力。

6）信誉风险，可能造成对企业的形象、信誉的损害。

7）人身伤亡以及工程或设备的损坏。

8）法律责任风险，可能因此被起诉或承担相关法律的或合创的责任。

（3）按管理的过程和要素分析

这个分析包括极其复杂的内容，但也常常是分析风险责任的主要依据，它主要包括：

1）高层战略风险，如指导方针战略思想可能有错误而造成项目目标设计的错误等。

2）环境调查和预测的风险。

3）决策风险，如错误的选择，错误的投标决策、报价等。

4）项目策划风险。

5）技术设计风险。

6）计划风险，如目标的错误理解，方案错误等。

7）实施控制中的风险，如合创、供应、新技术、新工艺、分包、工程管理失误等方面的风险。

8）运营管理的风险，如准备不足、无法正常运营、销售不畅等的影响。

3. 地下工程施工风险因素分析

视频微课

51. 地下工程施工风险因素分析

（1）地质、水文条件

工程水文地质条件是地下工程设计和施工最重要的基础资料，地质水文不确定性主要源于地质水文条件的复杂、勘查不清。工程所在区域的水文地质条件是经过漫长的地质年代形成的，经历了各种各样的自然和人为因素作用，其介质特性表现出很大的随机变异性。同时，地层中还存在大量水的活动与作用，如地表径流、地下潜水和承压水等。由于地质勘探、现场和室内试验等设备条件的限制，人们只能通过个别测试点的试验和若干试样的室内试验对岩土地质、水文参数做出量测估计。大量的试验统计结果表明，岩土体的水文地质物理力学参数存在极度的不确定性，具有很高的空间随机变异特性，这些复杂因素的存在给地下工程建设带来了巨大的风险。

（2）工程决策和管理

工程决策和管理是隧道及地下工程风险发生的外在孕险因素。在工程的规划、设计、施工和运营等全寿命周期内，最主要的问题是建设的决策、管理和组织。隧道及地下工程与其他工程项目相比，由于具有工程本身的隐蔽性、复杂性和不确定性等突出特点，工程投资风险很大，无论是哪个阶段都会遇到很多工程决策、管理和组织问题。从工程立项规划开始，工程建设选址、工程的设计与施工技术方案决策、工程的施工组织管理、施工安全和质量监控、技术人员的人为判断或操作失误等，每项中都存在大量风险因素，工程决策和管理决定工程内在风险因素是否最终发生风险。

（3）施工技术、设备和操作

施工技术、设备和操作的不确定是工程风险发生的导火索，即风险的致险因子。隧道及地下工程建设中，建设队伍、机械设备、施工操作技术水平等对工程的建设风险都有直接的影响。由于工程施工技术方案与工艺流程复杂，且不同的工法有不同的适用条件，贸然采取某种方案、技术和设备，如出现设备类型与水文、地质和边界条件不匹配，机械设备发生停机、故障或失效，势必会导致施工风险事故的发生。同时，整个工程的建设周期长、施工环境条件差，施工人员很容易发生人为不良操作或操作失误，进一步加剧各种风险事故的发生的可能性和风险损失后果。

（4）工程周边环境条件

工程周围环境条件不确定性主要包括周围建筑物、已有隧道、地下管线和道路等。隧道及地下工程所建区域周围的地面和地下环境设施一般都很复杂，尤其是城市繁华地带。周边环境的复杂性主要体现在：

1）地面构筑物的使用年限、结构类型（框架结构、砖混结构、砖结构）、基础类型（如条形基础、桩基等）和文物价值。

2）构筑物与隧道及地下工程之间的空间位置关系。

3）临近已有的隧道和地下工程运营保护状况。

4）周边道路及管线的类别、年限、材料及施工方法。

5）周围生态环境状况和社会群体等在隧道及地下工程的建设过程中，无论采用何种工法或工艺都会不可避免的对以上这些构筑物和人群造成直接或间接的影响或破坏。

12.1.2 地下工程项目风险应对措施

1. 风险应对策略

风险分析的最终目的是制定应对策略，避免或降低风险带来的损失。风险应对策略可以分为主动应对策略和被动应对策略。主动应对策略包括风险回避、风险控制、风险转移、风险自留，主要是为了降低风险发生的概率；而被动应对策略主要是指合理有效的风险应急预案。

（1）主动应对

1）风险回避

风险回避是中断风险来源，使其不发生或遏制其发展。回避风险有两种基本途径，一是拒绝承担风险，如了解到项目风险较大，可能造成重大损失或风险防范的代价很大时，放弃使用有风险的项目资源、项目技术、项目设计方案等；二是放弃以前所承担的风险，如了解到某一项目计划有许多新的过去未发现的风险，决定放弃进一步的项目计划以避免风险。

回避风险虽然是一种风险防范措施，但却是一种消极的防范手段。在现代社会生产经营实践中存在着各种风险可能，要想完全回避这种可能是不现实的。采取回避策略，最好在项目活动尚未实施时进行。放弃或改变正在进行的项目。一般都要付出高昂的代价。并且，回避风险在避免损失的同时失去了获利的机会。

2）风险控制

风险控制也称风险分散，目的是通过采取一系列有效控制风险的措施，努力防止风险发生，减小风险损失，也是风险管理中最重要的对策。风险管理机构或决策人员应就识别出的主要风险因素逐一提出技术上可行、经济上合理的预防措施，将风险损失控制在最小的程度。风险控制主要应用于设计和施工阶段。

风险控制与风险回避不同之处在于，风险控制是采取主动行动，以预防为主，防控结合的对策，不是消极回避、放弃或中止。风险控制策略包括风险预防和风险抑制两个方面的工作，风险预防是通过采取预防措施，减少损失发生的机会；而风险抑制是设法降低所发生的风险损失的严重性，使损失最小化。两种措施是相辅相成的，都是希望以较小的经济成本获得较大的安全保证。风险控制策略的具体做法如下：

① 预防和减少风险源和风险因素的产生。

② 抑制已经发生的风险事故的扩散速度和扩散空间。

③ 增强被保护对象的抗风险的能力。

④ 设法将风险与保护对象隔离。

⑤ 妥善处理风险事件，尽力减轻被保护对象遭受的损失。

⑥ 加强职业安全教育，避免由于人为因素所导致的损失。

3）风险转移

风险转移是项目的操作者通过保险契约或非保险契约将本应自己承担的风险损失转移出去的过程，它仅将风险管理的责任转移给他方，并不能从根本上消除风险。常用的方式有工程保险转移和合同转移两种。

① 保险风险转移

工程项目保险是指业主、承包人或其他被保险人向保险人缴纳一定的保险费，一旦所投保的风险事件发生，造成财产或人身伤亡时，则由保险人给予补偿的一种制度，是项目风险管理计划最重要的转移技术和基础。考虑到地下工程建设项目的投资规模较大、建设工期较长、涉及面广、潜伏的风险因素较多项目业主和承包商应采用保险方法，支付少量的保险费用，以换取受到损失时得到补偿的保障。但是应注意的是并非所有的风险均是可保险的。

② 合同转移

合同转移措施是指业主通过与设计方、承包商等分别签订合同，明确规定双方的风险责任，从而减少业主对对方损失的责任。合同转移是一种控制性措施，而非简单地让其他方代业主承担项目风险。对于不可保险的风险工程项目的业主或承包人常采用合同转移的方法。常用的方式有工程联合投标（或承包）、工程担保或履约保证、工程分包、选择工程合同的计价方式、利用合同中的转移责任条款等。

③ 风险自留

风险自留是将风险留给自己承担。与风险控制策略不同，风险自留并未改变风险的性质，即风险发生的频率和损失的严重程度。风险自留策略可分为非计划性风险自留和计划性风险自留。

A. 非计划性风险自留

非计划性风险自留是当事人没有意识到风险的存在或没有处理风险的准备时，被动地承担风险。出现这种情况主要是因为：风险识别过程的失误，造成未能意识到风险的存在；风险的评价结果认为可以忽略，而事实并非如此；风险管理决策延误。事实上，由于地下建设项目的复杂性，项目投资者在决策阶段不可能识别出所有的风险因素，故应随时做好处理非计划性风险的准备，及时采取对策，避免风险损失扩大。

B. 计划性风险自留

计划性风险自留是当事人经过合理的判断和审慎的分析评估，有计划地主动承担风险。对于某些风险是否自留取决于相关的环境和条件。当风险自留并非唯一的选择时，应将风险自留与风险控制方法进行认真的对比分析，制定最佳策略。

（2）被动应对

由于突发事件的影响，“紧急事件应急预案”已被大多数人所熟悉，它其实就是风险管理中被动应对的方法。其主要作用就是在突如其来的风险出现以前制定一套应对此类事故的补救办法，尽量减少突发风险所造成的各种损失。在项目的各个阶段尤其是具体的操作阶段应该根据实际情况制定不同风险等级的应急预案，一旦风险出现马上执行。

视频微课

52. 风险应对措施

2. 风险应对措施

地下工程施工安全风险应对措施根据各阶段所存在的风险，采取相应的安全风险控制管理措施。

（1）规划设计阶段的安全风险控制

工程规划设计阶段的安全风险控制具体的工作内容有：制定设计方案的安全审查内容和程序，审核地质、水文勘察资料、地下管线资料以及周围建筑的资料，审核与岩土和地下工程有关的设计，审核相应的施工方法、施工规范以及辅助工法等，审核施工安全措施和方法，审核施工单位监测系统的配置原则，建立完善的工程全程监测系统，建立并完善资料数据库和风险管理信息系统等。

按照设计流程及安全风险因素，规划设计阶段的安全风险控制，具体可通过以下几点实现：

1）在设计规划阶段，必须要严格把关投标单位的资质能力，在设计方案评选时考虑安全因素，初步设计时将安全列为重点之一。

2）在设计实施阶段，业主要驻院监督设计，监理要定期抽查，地质勘察必须符合安全设计标准，并要明确设计人员的安全责任，除此之外，还要对设计人员进行资质审查及安全教育。

3）在设计评审阶段，业主及监理要对安全技术措施进行重点审查，设计单位也要内部评审。

4）在指导施工阶段，首先要进行技术安全交底，变更设计时要考虑安全因素，对于可能会影响安全的设计变更，业主、监理要严格审查。

（2）施工阶段的安全风险控制

1）建立完善的安全风险保障和职业健康管理体系。首先建设主管部门要保障地下工程建设的安全，督促各有关主体严格按照程序进行建设，明确安全生产主体责任，杜绝违规、违法；其次在保证施工安全的基础上，还要建立安全风险保障制度，并建立以第一责任人为核心的分级安全负责体制，对于已经发现的安全隐患，必须要定任务、定责任、定期限、定效果；最后还要加强施工场所的职业危害防治，对从业人员进行职业健康培训，保障从业人员的健康，并设专人对施工现场的危害因素进行监测。

2）加强对重大危险源以及安全事故的管理控制。企业要根据重大危险源辨识标准，建立重大危险源数据库，以全面掌握重大危险源的分布情况，通过对分布情况的了解，提出有效整改措施，并落实安全教育、岗位安全检查及评估活动，重点加强重大危险源的分部分项监管。

3）建立应急响应机制和应急预案。当事故避无可避的时候，一套完善的应急响应机制和应急预案就显得很有必要了，它可以帮助我们及时组织有效的救援行动，控制灾害蔓延，降低危害程度。由于地下工程的施工相对较为复杂，因此，应当实行分级响应制度，具体流程：当事故发生时，首先要由接管人员对响应级别进行判断，在报警的同时，就要启动应急预案，接着就要开展救援行动，当事态受到控制后，就可以结束应急，若事态未受到控制，则应立即申请救援。

4）运用PDCA循环模式，包括Plan、Do、Check、Action四个环节，可使得管理变得更为连续、动态、循环，将该模式应用于施工现场的安全风险控制管理，能够有效降低事故的发生率。首先是根据地下工程建设危险源的识别情况，确定安全风险控制管理目标，并制定有效的管理方针和计划；接着是根据安全计划，切实地执行计划内容；然后就是总结安全计划的执行结果，对安全风险控制管理进行检查验收；最后是对危险源控制结果进行分析，肯定成功经验，吸取、总结失败经验，避免隐患的再次出现。

综上所述，地下工程具有工程环境复杂、参与单位多、工程难度大、技术要求高、规模大工期长、对环境影响控制要求高等特点，是一项相当复杂的高风险性系统工程，一旦发生工程事故，将造成重大的人员伤亡和财产损失，影响工程进度，并给社会造成不良影响。所以，在地下工程建设过程中，各方应履行安全生产责任，加强工程安全管理。

作为在地下工程处于主导地位的建设单位，应认真研究和采取合适的安全管理策略。只有这样，才能构建以建设单位为主导、施工单位为中心，参建各方各司其职，各负其责，协同配合，层层把关的地下工程安全质量联防联控机制。

3. 案例分析

某城市地铁二号线××标暗挖隧道下穿城市引水管道的建设过程中，从安全风险控制的角度出发，规划设计阶段要注意以下几点：

（1）根据地质报告：该处地质情况差，区间土层以黏土为主，局部为夹砂层，在管道下方有砂层透镜体存在，隧道结构在卵石土层中穿过，采用矿山法施工。而矿山法施工容易冒顶，使引水管破坏，为区间结构的施工带来一定的风险性，所以从安全的角度出发，首先应从地面对该段地层进行加固，改变土体性质。

（2）为防止隧道开挖引起的地面下沉对管道产生破坏，在管道底座下应设置600mm厚C40钢筋混凝土暗梁。

（3）在过河引水管初衬完毕后，应及时进行二衬，以减少对河引水管产生沉降影响，遇到较差地层时，为了保证工作面稳定，应及时喷射混凝土封闭工作面。

（4）为提高土层的水平抗力，以防止隧道开挖面发生坍塌，应通过降水及时降低开挖范围内土层的地下水，使其得以压缩固结，施工过程应加强施工监测，使暗挖处于安全监控中。所有测点均应反映施工中该点受力或变形随时间的变化，直到测试数据趋于稳定为止；观测数据应及时整理和分析，出现异常时，要采取相应的措施；还要能较好地预报下一施工步骤地层支护的稳定与受力情况和地表沉降等。

12.2 地下工程项目沟通管理

视频微课

53. 沟通的作用和内容

12.2.1 沟通管理概述

1. 沟通的概念

沟通是信息的交流，是人际（或组织）之间传递和交流信息的过程。

在工程项目管理中工程项目相关各方通过信息的交流和传递进行沟通，建立人的思想和信息之间的联系。沟通是工程项目管理的重要内容，它包括为了确保工程项目信息的合理、收集和传输，保证相互动作协调的一系列过程。

2. 沟通的作用

对工程项目管理而言，良好的信息沟通对组织、指挥、协调和控制项目的实施过程，对促进和改善人际关系具有重要作用。其作用体现如下几个方面：

（1）为项目决策和计划提供依据。来自项目内外的准确、完整、及时的信息有利于项目领导班子作出正确的决策。

（2）为组织和控制管理过程提供依据。在工程项目管理组织内部，没有良好的信息沟通，就无法实施科学的管理。只有通过信息沟通，项目班子在掌握了项目的各个方面信息之后才能为科学管理提供依据，才能有效地提高工程项目组织的效能。

（3）项目经理领导工作的重要手段。项目经理依赖于各种途径将意图传递给下级人员并使下级人员理解和执行；下级人员与项目经理之间是带着一定的动机、目的、态度通过各种途径传递信息、情感、态度、思想、观点等，因此沟通能力与领导过程的成功性关系极大。

3. 沟通的内容

沟通内容包括人际关系、组织结构关系、供求关系和协作配合关系。

（1）人际关系沟通，是指与项目相关单位或部门人与人之间在管理工作中的沟通。包括项目组织内部、施工项目组织与关联单位的人际关系沟通。

（2）组织机构关系沟通，是指与项目相关的组织机构各层面在管理工作中的沟通。包括项目组织与上级公司各职能部门、项目组织与分包商之间的关系沟通。

（3）供求关系沟通是指项目相关的物资供应部门和生产要素供应部门与供应商之间的沟通，包括材料供应商、设备供应商等之间的关系沟通。

（4）协作配合关系沟通，是指与项目相关的协作单位或部门之间的沟通。包括远、外层单位的协作配合，以及内部各部门、上下级、管理层与作业层之间的关系沟通。

12.2.2 沟通的特征

1. 复杂性

在工程项目建设周期的各阶段中，项目的各相关方在所建立的组织模式下不仅要进行组织间的相互沟通，还要与政府有关机构、公司、企业、居民等进行有效的沟通，同时由于项目各相关方的利益和角色不同，沟通的途径、方式方法与技巧也千差万别。另外，由于工程项目一次性的本质特点，使项目所建立的管理组织也具有临时性，所有这些都注定了工程项目沟通的复杂性。

2. 系统性

工程项目建设是一个复杂的系统工程，工程项目建设的各阶段将会全部或局部地涉及社会政治、经济、文化等多方面，对生态环境、能源将产生或大或小的影响，这就决定了工程项目沟通管理应从整体利益出发，运用系统的观点和分析方法，全过程、全方位地进行有效的管理。

12.2.3 项目管理主要的沟通与协调工作

1. 内部的沟通与协调

（1）建立完善、实用的管理系统

内部人际关系的沟通与协调应依靠各项规章制度，通过做好思想工作，加强教育培训，提高人员素质等方法实现。

（2）建立项目激励制度

项目经理应注意从心理学、行为科学的角度激励各成员的积极性，有激励措施。工作作风要民主、不专行，让成员独立工作，充分发挥成员的积极性和创造性，公平、公正地处理事务。员工的工作成绩要向上级及时汇报，并及时表彰。

（3）形成较稳定的项目管理及施工队伍

形成相对稳定的施工队伍，管理层和操作层沟通更容易，配合更默契，会使项目管理工作进行得较顺畅。

（4）做好考核评价工作

建立公平、公正的考核工作业绩的办法、标准，并定期客观地对成员进行考核并且作出合理的评价。

2. 项目经理部与企业管理部门的沟通与协调

（1）项目经理部与企业管理层关系的沟通与协调应严格执行“项目管理目标责任书”，在行政和生产管理上，根据企业最高领导者的指令以及企业管理制度来进行。项目经理部受企业有关职能部门的指导，二者既是上、下级行政关系，又是服务与服从、监督与执行的关系，即企业层次生产要素的调控体系要服务于项目层次生产要素的优化配置，同时项目生产要素的动态管理要服从于企业主管部门的宏观调控。

（2）企业要对项目管理全过程进行必要的监督与调控，项目经理部要按照与企业签订的责任状，尽职尽责、全力以赴地抓好项目的具体实施。在经济往来上，根据企业法定代表人与项目经理签订的“项目管理目标责任书”，严格履约、按实结算，建立双方平等的经济责任关系；在业务管理上，项目经理部作为企业内部项目的管理层，必须接受企业职能部、室的业务指导和服务。

（3）项目经理部要按时准确上报一切统计报表和各种资料，包括技术、质量、预算、定额、工资、外包队伍的使用计划及工程管理相关资料。

3. 近外层次和远外层次的沟通与协调

项目经理部进行近外层关系和远外层关系的沟通必须在企业法定代表人的授权范围内实施。

（1）项目经理部与发包人的沟通与协调

1）项目经理部与发包人之间的关系沟通与协调应贯穿于施工项目管理的全过程。沟通与协调的目的是搞好协作，沟通与协调的方法是执行合同，沟通与协调的重点是资金问题、质量问题和进度问题。

2）项目经理部在施工准备阶段要求发包人按规定的时间履行合同约定的义务，保证工程顺利开工。项目经理部应在规定时间内承担合同约定的义务，为开工后连续施工创造条件。

3）项目经理部应及时向发包人或监理机构提供有关的生产计划、统计资料、工程事故报告等，发包人按规定时间向项目经理部提交技术资料。

4）让发包人投入到项目全过程，实施必须执行发包人的指令，使发包人满意。

① 使发包人理解项目和项目实施的过程，减少非程序干预。特别应防止发包人内部其他部门人员随便干预和指令项目，或将发包人内部矛盾、冲突带入到项目中。让发包人投入项目实施过程，使发包人理解项目和项目实施的过程，学会项目管理方法，以减少非程序干预和超级指挥。

② 项目经理作出决策时要考虑到发包人的期望，经常了解发包人所面临的压力，以及发包人对项目关注的焦点。

③ 尊重发包人，随时向发包人报告情况。在发包人作出决策时，提供充分的信息，让其了解项目的全貌、项目实施状况、方案的利弊得失及对目标的影响。

④ 加强计划性和预见性，让发包人了解承包商和非程序干预的后果。

（2）项目经理部与监理单位的沟通与协调

1）项目经理部应按《建设工程监理规范》GB/T 50319—2013 的规定和施工合同的要求，接受监理单位的监督和管理，应充分了解监理工作的性质、原则，尊重监理人员，对其工作积极配合，始终坚持目标一致的原则，并积极主动地工作，搞好协作配合。

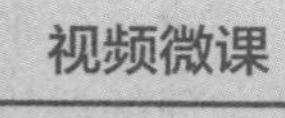

54. 项目部与监理、设计单位的沟通

2）在合作过程中，项目经理部应及时向监理机构提供有关生产计划、统计资料、工程事故报告等，应注意现场签证工作，遇到设计变更、材料改变或特殊工艺以及隐蔽工程等情况应及时得到监理人员的认可，并形成书面材料，尽量减少与监理人员的摩擦。

3）项目经理部应严格地组织施工，避免在施工中出现敏感问题。与监理意见不一致时，双方应以进一步合作为前提，遵循相互理解、相互配合的原则进行协商，项目经理部应尊重监理人员或监理机构的最后决定。

（3）项目经理部与设计单位的沟通与协调

1）项目经理部应注重与设计单位的沟通，对设计中存在的问题应主动与设计单位磋商，积极支持设计单位的工作，同时也要争取设计单位的支持。

2）项目经理部在设计交底和图纸会审工作中，应与设计单位进行深层次交流，准确把握设计要点，对设计与施工不吻合或设计中的隐含问题应及时予以澄清和落实。

3）项目经理部应在隐蔽工程验收和交工验收等环节与设计单位密切配合，同时应接受发包人和监理工程师对双方的沟通与协调。

4）对于争议问题，应巧妙地利用发包人和监理工程师的职能，避免正面冲突。

（4）项目经理部与供应商的沟通与协调

1）项目经理部与供应商应依据供应合同，充分运用价格机制、竞争机制和供求机制搞好协作配合，建立可靠的供求关系，确保材料质量和服务质量。

2）项目管理应在项目管理实施规划的指导下，认真制订材料需求计划，认真调查市场，在确保材料质量和供应的前提下选择供应商。

3）为了保证双方的顺利合作，项目经理部应与材料供应商签订供应合同，供应合同应明确供应数量、规格、质量、时间和配套服务等事项。

（5）项目经理部与其他部门的沟通与协调

项目经理部与公共部门有关单位的关系应通过加强计划性和通过发包人或监理工程师进行沟通与协调。

（6）项目经理部与分包商的关系的沟通与协调

1）项目经理部与分包人关系的沟通与协调应按分包合同执行，正确处理技术关系、经济关系，正确处理项目进度控制、质量控制、安全控制、成本控制、生产要素管理和现场管理中的协作关系。

2）项目经理部应对分包单位的工作进行监督和检查。

3）项目经理部应加强与分包人的沟通，及时了解分包的情况，发现问题及时处理，并以平等的合同双方的关系支持分包人的工程施工管理活动。

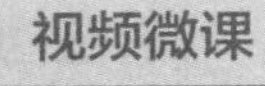

12.2.4 沟通方式

55. 沟通方式

沟通方式包括正式沟通、非正式沟通，书面沟通、口头沟通、言语沟通与体语沟通。沟通方式的选取取决于欲沟通的对象。

1. 正式沟通

（1）正式沟通的方法

正式沟通是组织内部的规章制度所规定的沟通方法，沟通的形式主要包括组织正式发布的命令、指示、文件，组织召开的正式会议，组织正式颁发的法令规章、手册、简报、通知、公告，以及组织内部上下级之间和同事之间因工作需要而进行的正式接触。

（2）正式沟通的特点

正式沟通的优点是沟通效果好，比较严肃而且约束力强，易于保密，可以使信息沟通保持权威性；缺点是沟通速度慢。

2. 非正式沟通

（1）非正式沟通的方式

非正式沟通指在正式沟通渠道之外进行的信息传递和交流，是一类以社会关系为基础与组织内部的规章制度无关的沟通方式。它的沟通对象、时间及内容等都是未经计划和难以辨别的。因为非正式沟通是由于组织成员的感情和动机上的需要而形成的，所以其沟通渠道是通过组织内的各种社会关系，这种社会关系超越了部门、单位及层次。

（2）非正式沟通的特点

非正式沟通的优点是沟通方便，沟通速度快，而且能提供一些正式沟通中难以获得的信息，通常情况下，来自非正式沟通的信息反而易于获得接收者的重视。缺点是容易失真。

3. 书面沟通

（1）书面沟通的方式

书面沟通一般采用通知、文件、报刊、会议记录、往来信函、报告、备忘录以及电子邮件等书面形式进行的信息传递和交流。

（2）书面沟通的特点

书面沟通的优点是可以作为资料长期保存，反复查阅，沟通显得正式和严肃。书面沟通资料可以作为档案。

4. 口头沟通

（1）口头沟通的方式

口头沟通就是运用口头表达方式，如谈话、游说、演讲等进行信息交流的活动。口头沟通的方式有私下联系、团队会议或者打电话。

（2）口头沟通的特点

口头沟通的优点是沟通方便，具有很大的灵活性且沟通速度快，能提供一些正式沟通中难以获得的信息，双方可以自由交换意见。缺点是约束力不强。

（3）口头沟通的注意事项

1）应对反映参与者文化差异的身体语言保持敏感。

2）不要使用可能被误解成歧视、偏见或攻击性的言辞。

3）面对面沟通对于促进团队建设、发展良好工作关系和建立共同目标特别重要。

4）要注意沟通的主动性。

5）口头沟通应该坦白、明确。

6）口头沟通的时间选择很重要。

7）要注意有效地聆听。

5. 言语沟通和体语沟通

言语沟通是利用语言、文字、图画、表格等形式进行的。肢体语言沟通是利用动作、表情、姿态等非语言方式（形体）进行的，一个动作、一个表情、一个姿势都可以向对方传递某种信息，身体语言和语调变化是丰富口头沟通的重要因素。身体语言不仅可被讲话人使用，同时也可被听者作为向讲话人提供反馈的一种方式使用。

单元总结

通过本单元的学习，学生了解了风险管理的概念，熟悉项目风险的识别、评估、控制和管理；并使学生掌握在实际工作生活中如何利用风险管理的知识去解决有关问题，如何进行有效沟通。

思考及练习

一、单选题

1. 项目风险的可预测性比重复进行的生产或业务活动的风险要（　　）。

A. 强　B. 差　C. 一样　D. ABC 都有可能

2. 项目最大的不确定性风险存在于项目的（　　）。

A. 早期　B. 中期　C. 后期　D. ABC 都有可能

3. 管理项目风险的主体是（　　）。

A. 施工负责人　B. 设备负责人

C. 采购负责人　D. 项目经理

4. 风险衡量的基本统计工具是（　　）。

A. 函数　B. 概率　C. 方程　D. 公式

5. 风险防范又称风险理财，其主要方法有（　　）。

A. 风险承担　B. 保险

C. 财务型非保险风险转移　D. ABC 都是

二、多选题

1. 确定客观概率的方法主要有（　　）。

A. 代数法　B. 演绎法　C. 统计法　D. 归纳法

E. 推理法

2. 人为风险可分为（　　）。

A. 政治风险　B. 经济风险

C. 行为和组织风险　D. 技术风险

E. 其他风险

3. 下面各个风险中，相对独立的风险是（　　）。

A. 技术风险　B. 自然风险

C. 经济风险　D. 社会风险和政治风险

E. 管理风险

4. 风险损失的无形成本包括（　　）。

A. 减少了机会　B. 降低了生产率

C. 资源分配不当　　D. 中间成本
E. 利润

5. 国际风险主要包括（　　）。
A. 政治风险　　B. 经济风险
C. 社会风险　　D. 商务风险
E. 组织风险

6. 沟通方式包括（　　）。
A. 正式沟通　　B. 会议沟通　　C. 书面沟通　　D. 口头沟通
E. 非正式沟通

7. 沟通内容包括（　　）。
A. 家庭关系　　B. 人际关系　　C. 组织结构关系　　D. 社会关系
E. 供求关系和协作配合关系

8. 沟通的特征有（　　）。
A. 复杂性　　B. 单调性　　C. 系统性　　D. 重复性
E. 重要性

三、简答题

1. 根据《关于开展对标世界一流管理提升行动的通知》（国资发改革〔2020〕39 号）要求加强风险管理，主要包括哪些方面？
2. 简述全面风险管理四个方面的涵义。
3. 风险的主要分类有什么？地下工程项目的风险因素主要包括哪几个方面？
4. 风险应对策略有哪些？
5. 地下工程项目施工阶段的安全风险应对措施有哪些？
6. 简述项目部沟通的作用。

参考文献

[1] 中华人民共和国住房和城乡建设部．建设工程项目管理规范：GB/T 50326—2017 [S]．北京：中国建筑工业出版社，2017.

[2] 全国一级建造师执业资格考试用书编写委员会．建设工程项目管理 [M]. 北京：中国建筑工业出版社，2022.

[3] 项建国．建筑工程项目管理（第三版）[M]. 北京：中国建筑工业出版社，2015.

[4] 银花．建筑工程项目管理（第 2 版）[M]. 北京：机械工业出版社，2021.

[5] 李玉甫．建设工程项目管理 [M]. 北京：中国建筑工业出版社，2021.

[6] 杨霖华．建筑工程项目管理 [M]. 北京：清华大学出版社，2019.

[7] 关秀霞．建筑工程项目管理（第 2 版）[M]. 北京：清华大学出版社，2020.

[8] 李昭晖．地下工程施工安全管理 [M]. 西安：西安交通大学出版社，2022.

[9] 张广兴．地下工程施工技术 [M]. 武汉：武汉大学出版社，2017.

[10] 沈万岳．建筑工程安全技术与绿色施工 [M]. 杭州：浙江大学出版社，2021.

[11] 徐一骐．城市轨道交通工程施工重大风险源辨识与防控 [M]. 北京：中国建筑工业出版社，2021.

[12] 翟丽旻．建筑施工组织与管理 [M] 北京：北京大学出版社，2013.

[13] 国向云．建筑工程施工项目管理 [M] 北京：北京大学版社，2009.

[14] 危道军．工程项目管理（第 2 版）[M] 武汉：武汉理工大学出版社，2009.

[15] 缪长江．建设工程施工管理 [M]. 北京：中国建筑工业出版社，2007.

[16] 田金信．建设项目管理（第 3 版）[M]. 北京：高等教育出版社，2017.

[17] 许程洁．工程项目管理 [M]. 武汉：武汉理工大学出版社，2012.

[18] 钟汉华．建筑工程项目管理 [M]. 武汉：华中科技大学出版社，2016.

[19] 丁士昭．建设工程项目管理 [M]. 北京：中国建筑工业出版社，2014.

[20] 谢乐乐．关于工程项目后评价的讨论 [J]．广西质量监督导报，2020（1）：14.

[21] 李朝升．肖钰杰．固定资产投资项目后评价 [J]．中国招标，2020（1）：96-99.

[22] 孙会会．工程建设项目后评价方法 [J]．四川水泥，2019（11）：173.

[23] 林航臣．我国隧道及地下工程技术的发展和展望 [J]. 建筑技术开发，2020（2）：107-108.

[24] 姚云晓．隧道及地下工程作业环境中职业性有害因素防控措施及有关问题的思考 [J]. 隧道建设，2012（10）：620-625.

[25] 洪开荣等．近 2 年我国隧道及地下工程发展与思考（2019—2020 年）[J]. 隧道建设，2021（8）：1260-1280.

[26] 中华人民共和国住房和城乡建设部．建筑施工组织设计规范：GB/T 50502—2009 [S]．北京：中国建筑工业出版社，2009.

[27] 中华人民共和国住房和城乡建设部．工程建设施工企业质量管理规范：GB/T 50430—2017 [S]．北京：中国建筑工业出版社，2017.

[28] 中华人民共和国住房和城乡建设部．建筑工程绿色施工规范：GB/T 50905—2014 [S]．北京：中国建筑工业出版社，2014.

[29] 中华人民共和国住房和城乡建设部．施工企业安全生产评价标准：JGJ/T 77—2010 [S]．北京：中国建筑工业出版社，2010.

[30] 中华人民共和国住房和城乡建设部．建筑工程施工质量验收统一标准：GB 50300—2013 [S]．北京：中国建筑工业出版社，2013.